WTB

Wissenschaftliche Taschenbücher

TEXTE

S. G. Brush

Kinetische Theorie

Band II

Irreversible Prozesse

Einführung und Originaltexte

Akademie-Verlag · Berlin
Pergamon Press · Oxford
Vieweg + Sohn · Braunschweig

WTB Wissenschaftliche Taschenbücher

ROLF BORSDORF / MANFRED SCHOLZ
Spektroskopische Methoden in der organischen Chemie

WERNER HABERDITZL
Magnetochemie

GERHARD HEBER
Mathematische Hilfsmittel der Physik, Teil I und II

A. A. SOKOLOW
Elementarteilchen

HERBERT GOERING
Elementare Methoden zur Lösung von Differentialgleichungsproblemen

HEINZ AHRENS
Varianzanalyse

HANS JÜRGEN TREDER
Relativität und Kosmos
Raum und Zeit in Physik, Astronomie und Kosmologie

ALBERT EINSTEIN
Grundzüge der Relativitätstheorie

ALBERT EINSTEIN
Über die spezielle und die allgemeine Relativitätstheorie

GÜNTHER LUDWIG
Wellenmechanik, Einführung und Originaltexte

HARRY PAUL
Lasertheorie, Teil I und II

FRANZ RUDOLF KESSLER

Einführung in die physikalischen Grundlagen der Kernenergiegewinnung

EBERHARD HOFMANN

Eiweiße und Nucleinsäuren als biologische Makromoleküle

Dynamische Biochemie, Teil I

EBERHARD TEUSCHER

Pharmakognosie, Teil I und II

D. TER HAAR

Quantentheorie, Einführung und Originaltexte

J. H. SANDERS

Die Lichtgeschwindigkeit, Einführung und Originaltexte

JEAN KUNTZMANN

Unendliche Reihen

Mathematische Hilfsmittel der Physik und Chemie

Mit 94 Übungen und 29 Aufgaben

JEAN KUNTZMANN

Systeme von Differentialgleichungen

Mathematische Hilfsmittel der Physik und Chemie

Mit 88 Übungen und 40 Aufgaben

JEAN KUNTZMANN

Komplexe Veränderliche

Mathematische Hilfsmittel der Physik und Chemie

Mit 90 Übungen und 37 Aufgaben

FERDINAND CAP

Einführung in die Plasmaphysik

I. Theoretische Grundlagen

— insgesamt 3 Bände —

J. A. ROSANOW

Wahrscheinlichkeitstheorie

STEPHEN G. BRUSH

Kinetische Theorie, Teil I und II

Einführung und Originaltexte

WTB

BAND 67

S. G. Brush

Kinetische Theorie II

Irreversible Prozesse

Einführung und Originaltexte

Mit 7 Abbildungen

AKADEMIE-VERLAG · BERLIN

PERGAMON PRESS · OXFORD

VIEWEG + SOHN · BRAUNSCHWEIG

WTB TEXTE

Verantwortlicher Herausgeber dieses Bandes:
Dr. Günther Eisenreich
Sektion Mathematik der Karl-Marx-Universität, Leipzig

Übersetzung aus dem Englischen:
Dr. G. Eisenreich

Übersetzung des Bandes „Kinetic Theory", Vol. 2
aus der Reihe „Selected Readings in Physics"
(herausgegeben von D. ter Haar)

1970

Lizenznummer: 202 · 100/429/70
Herstellung: VEB Druckhaus „Maxim Gorki", 74 Altenburg
Bestellnummer: Akademie-Verlag 7067 · ES 18 B 4, 18 B 1
Pergamon Press 08 017562 7
Vieweg + Sohn 6067
Printed in German Democratic Republic

Vorwort

Dies ist der zweite Band einer Sammlung grundlegender Arbeiten über die kinetische Gastheorie; er enthält insbesondere die zwei Arbeiten von MAXWELL und BOLTZMANN, in denen die Grundgleichungen für Transportprozesse in Gasen formuliert werden, einschließlich der ersten Herleitung des BOLTZMANNschen „H-Theorems", sowie eine Probe der späteren Diskussion dieses Satzes und des Irreversibilitätsproblems.

Während wir uns in Band I darauf beschränkt haben, kurze Arbeiten relativ elementaren Charakters nachzudrucken, und von längeren Arbeiten nur Auszüge gegeben haben, wird der vorliegende Band fast vollständig von zwei ziemlich langen und ins einzelne gehenden Abhandlungen eingenommen. Wir hoffen, daß ernsthafte Studierende der Physik (fortgeschrittene Studenten oder Doktoranden) aus einem eingehenden Studium dieser Arbeiten Nutzen ziehen werden. Wenn auch einige der Ergebnisse der Untersuchungen MAXWELLS und BOLTZMANNS in moderne Lehrbücher eingegangen sind, werden die Ableitungen doch gewöhnlich in sehr geraffter Form dargeboten. Die Darstellung von BOLTZMANN fällt in das andere Extrem und ist vielleicht übermäßig kompliziert und wiederholt sich oft; dennoch kann man zu einem tieferen Verständnis des Gegenstandes gelangen, wenn man sich die Zeit nimmt, die Einzelheiten der Ableitungen zu verfolgen (wie auch aus der anhaltenden und zu Recht bestehenden Popularität des großartigen TOLMANschen Buches „The Principles of Statistical Mechanics" hervorgeht). Es mag bemerkt werden, daß die MAXWELLsche Theorie, die viele Jahre lang als physikalisch nicht ganz sachgemäß angesehen wurde, weil sie sich auf ein künstliches Molekülmodell bezieht, in der mathematischen Behandlung von Transporterscheinungen von großem Wert ist; das MAXWELLsche Kraftgesetz, das mit der reziproken fünften Potenz geht, stellt einen idealisierten Grenzfall dar, der in der Transporttheorie dieselbe Rolle wie das ideale Gas bei der Untersuchung der thermodynamischen Gleichgewichtseigenschaften spielt.

Für Leser, die sich rasch einen globalen Überblick über den Gegenstand verschaffen wollen, ohne die technischen Details eingehend zu studieren, empfehlen wir die folgenden Abschnitte: Einführung; von Arbeit 1 die ersten 7 und die letzten 10 Seiten; von Arbeit 2 die ersten 5 Seiten, die unmittelbar den Gleichungen (16) und (25) folgenden Abschnitte und die Entropiediskussion auf den letzten 3 Seiten; von Arbeit 3 die ersten 5 Seiten; Arbeit 6 vollständig; Arbeit 10 vollständig.

Nachtrag zu Bd. I

Nachdem der erste Band dieser Reihe vorbereitet war, erschien eine historische Untersuchung, in der nachgewiesen wurde, daß die gewöhnlich als BOYLEsches Gesetz bekannte Beziehung zwischen Druck und Volumen eines Gases ebensogut HENRY POWER wie TOWNELEY und NOYLE zu verdanken ist; vgl. C. WEBSTER, Nature [London] **197** (1963) 226; Arch. Hist. exakt Sci. **2** (1965) 441; I. B. COHEN, Nature [London] **204** (1964) 618.

Inhaltsverzeichnis

Vorwort 5

Teil 1

Einleitung 13
Boltzmann 16
Energiedissipation 18
Einflüsse der Energiedissipation auf die Kultur 23
Der statistische Charakter des zweiten Hauptsatzes 24
Die ewige Wiederkehr und der Wiederkehreinwand 27
Literatur 32

Teil 2

1. Über die dynamische Theorie von Gasen 37
James Clerk Maxwell
Über die Wechselwirkung zweier Moleküle 51
Über die Wechselwirkung zweier Systeme sich bewegender Moleküle 55
1. Integration über φ 57
2. Integration über b 59
Bestimmung von ϑ für gewisse Kraftgesetze 59
3. Integration über $\mathrm{d}N_2$ 63
Über die Endverteilung der Geschwindigkeit unter den Molekülen zweier Systeme, die aufeinander nach einem beliebigen Kraftgesetz einwirken 64
Änderung von Funktionen der Geschwindigkeit auf Grund von Stößen zwischen den Molekülen 69
Über die Wirkung äußerer Kräfte auf ein System sich bewegender Moleküle 72

Über die totale Änderungsgeschwindigkeit der verschiedenen Funktionen der Geschwindigkeit der Moleküle des ersten Systems, die von ihren Stößen mit Molekülen beider Systeme und von der Wirkung äußerer Kräfte herrührt 73
Theorie eines aus sich bewegenden Molekülen zusammengesetzten Mediums 74
Übertragung von Größen durch ein ebenes Flächenstück 76

α) Übertragung von Materie durch eine Ebene — Geschwindigkeit der Flüssigkeit 77

β) Impulsübertragung durch eine Ebene — Drucksystem an einem beliebigen Punkt der Flüssigkeit 78
Energie in dem Medium — eigentliche Wärme 80

γ) Energieübertragung durch eine Ebene — Wärmeleitung 81

Über die Änderungsgeschwindigkeit von Q in einem Volumenelement, wenn Q irgendeine Eigenschaft der Moleküle in diesem Element ist 81
Kontinuitätsgleichung 83
Bewegungsgleichungen (α) 83
Gleichgewichtsbedingung für ein Gasgemisch 84
Diffusion von Gasen 85
Definition des Diffusionskoeffizienten 89
Interdiffusion durch ein kleines Loch 90
Änderung der unsichtbaren Wärmebewegung (β) 91

1. Temperaturgleichgewicht zwischen zwei Gasen — Gesetz der äquivalenten Volumina 92

Abkühlung durch Expansion 95
Spezifische Wärme der Masseneinheit bei konstantem Volumen 95
Spezifische Wärme der Masseneinheit bei konstantem Druck 96
Thermische Diffusionseffekte 97
Bestimmung der von der Bewegung des Mediums herrührenden Druckungleichheit in verschiedenen Richtungen 99
Hinsichtlich der Viskosität korrigierte Bewegungsgleichungen 101
Viskosität eines Gasgemisches 105

Wärmeleitung in einem einzelnen Medium (γ) 108
[Endtemperaturgleichgewicht] 110
Leitfähigkeitskoeffizient 112

2. Weitere Studien über das Wärmegleichgewicht unter Gasmolekülen 115

LUDWIG BOLTZMANN

I. Betrachtung einatomiger Gasmoleküle 119
II. Ersetzung der Integrale durch Summen 153
III. Diffusion, Reibung und Wärmeleitung der Gase . . 172
IV. Betrachtung mehratomiger Gasmoleküle 183
V. Die Moleküle machen von einem Zusammenstoße bis zum nächsten nicht sehr viele Schwingungen 206
VI. Auflösung der Gleichung (81) und Berechnung der Entropie 215

3. Die kinetische Theorie der Energiedissipation 226

WILLIAM THOMSON

Anhang: Berechnung der Wahrscheinlichkeit hinsichtlich der Diffusion von Gasen 235

4. Über die Beziehung eines allgemeinen mechanischen Satzes zum zweiten Hauptsatze der Wärmetheorie . . . 240

LUDWIG BOLTZMANN

5. Über das Dreikörperproblem und die Gleichungen der Dynamik 248

HENRI POINCARÉ

§ 1. Bezeichnungen und Definitionen 248
§ 8. Anwendung von Integralinvarianten 250

6. Mechanistische Weltauffassung und Erfahrung 258

HENRI POINCARÉ

7. Über einen Satz der Dynamik und die mechanische Wärmelehre 264

ERNST ZERMELO

8. Entgegnung auf die wärmetheoretischen Betrachtungen des Hrn. E. Zermelo 276

Ludwig Boltzmann

Anhang 286

9. Über mechanische Erklärungen irreversibler Vorgänge. Eine Antwort auf Hrn. Boltzmanns „Entgegnung" . . 290

Ernst Zermelo

10. Zu Hrn. Zermelos Abhandlung „Über die mechanische Erklärung irreversibler Vorgänge" 301

Ludwig Boltzmann

Anhang 308

Namen- und Sachverzeichnis 310

Teil 1

Einleitung

Die im ersten Band dieser Reihe abgedruckten Werke befaßten sich mit dem Wesen der Wärme und der Gase. Um 1865 schien diese Frage durch die allgemeine Annahme der Thermodynamik und der kinetischen Gastheorie definitiv gelöst zu sein. Die Wissenschaftler konnten nun daran gehen, aus diesen Theorien detaillierte Folgerungen zu ziehen und diese mit den Experimenten zu vergleichen.

In Kenntnis der empirischen Gesetze, die Druck, Volumen und Temperatur miteinander verknüpfen, hatten sich viele Wissenschaftler die kinetische Erklärung zu eigen gemacht, die auf den Stößen der Moleküle an die Behälterwände beruht. Die Gesetze der idealen Gase ließen sich dadurch herleiten, daß man annahm, der von den Molekülen selbst eingenommene Raum sei im Vergleich zu dem Gesamtvolumen des Gases vernachlässigbar. Es lag auf der Hand, Abweichungen von den idealen Gasgesetzen in Erweiterung des Geltungsbereichs der Theorie dadurch zu erklären zu suchen, daß man diese Annahme fallen läßt, wenn auch erst 1873 J. D. VAN DER WAALS die fruchtbarste mathematische Formulierung hierfür gelang. Genaue experimentelle Daten über Viskosität, Wärmeleitfähigkeit und Diffusion waren jedoch erst nach 1850 verfügbar, so daß die ersten Anhänger der kinetischen Gastheorie gezwungen waren, diese Eigenschaften zu berechnen, ohne den Vorteil zu genießen, die Antwort im voraus zu wissen. Außerdem hängt die erste Näherung für die Transportkoeffizienten von der Art der Annahme ab, die man über die kurzreichweitigen intermolekularen Kräfte macht, während diese in die Gleichgewichtseigenschaften erst in zweiter Näherung eingeht. Unter solchen

Umständen hatte eine Übereinstimmung der Experimente mit den theoretischen Voraussagen natürlich viel mehr Überzeugungskraft; und so kam beispielsweise der Entdeckung MAXWELLS, daß die Viskosität eines Gases von der Dichte unabhängig ist (Arbeit 10, Bd. 1), bei der Begründung der kinetischen Gastheorie große Bedeutung zu.

Man kann zwischen zwei Arten irreversibler Prozesse unterscheiden: bei der einen liegt ein kontinuierlicher Massen-, Impuls- oder Energiefluß vor, der auf von außen eingeprägte Unterschiede in der Konzentration, Geschwindigkeit und Temperatur zurückzuführen ist; bei der zweiten bewegt sich ein Gas, das sich ursprünglich in einem Gleichgewichtszustand befindet, ohne äußere Einwirkung spontan einem Gleichgewicht zu. (Beide Typen hängen natürlich eng miteinander zusammen, wie die MAXWELLsche Theorie der Relaxationsprozesse zeigt (Arbeit 1), und auf Grund moderner Arbeiten über das „Fluktuations-Dissipationstheorem" lassen sich die Transportkoeffizienten durch die Relaxation der Schwankungen ausdrücken und umgekehrt.)

In Verfolg der Einführung des Begriffs der „mittleren freien Weglänge" von CLAUSIUS im Jahre 1858 (Bd. 1, Arbeit 9) und der darauf basierenden MAXWELLschen Theorie der Transportprozesse (Bd. 1, Arbeit 10) wurde von Wissenschaftlern wie O. E. MEYER, J. STEFAN, P. G. TAIT, G. JÄGER und J. H. JEANS ein gutes Stück theoretische Arbeit geleistet,[1]) die darauf gerichtet war, die Theorie der mittleren freien Weglänge zu verfeinern und sie auf verschiedenartige Erscheinungen anzuwenden. MAXWELL selbst gelangte fast sogleich zu der Überzeugung, daß die Methode der mittleren freien Weglänge als Grundlage der kinetischen Theorie ungeeignet sei, wenn sie auch für grobe Näherungen nützlich sein könne, und während er seine eigene ursprüngliche Behandlung der Diffusion

[1]) Siehe die in der Literatur zitierten Werke von BOLTZMANN (1896–1898), BRUSH (1962), JEANS (1925), KENNARD (1938) und LOEB (1934).

und Wärmeleitung revidierte, veröffentlichte er keine weiteren auf dieser Methode basierenden Arbeiten.[1]) Statt dessen entwickelte er das in Arbeit 1 beschriebene genauere Verfahren, das auf den Transportgleichungen beruht.

Die MAXWELLschen Transportgleichungen stellen eine Methode zur Berechnung der Transportgeschwindigkeit irgendeiner durch molekulare Eigenschaften definierbaren Größe wie Masse, Impuls und Energie dar, die mit den makroskopischen Gleichungen wie den NAVIER-STOKESschen Gleichungen der Hydrodynamik in Einklang steht. Zur wirklichen Berechnung der Transportkoeffizienten ist jedoch im allgemeinen die Kenntnis der Verteilungsfunktion der Geschwindigkeit notwendig, von der nicht länger angenommen wird, daß sie mit der MAXWELLschen Gleichgewichtsverteilung übereinstimmt; es gibt jedoch noch keinen direkten Weg, diese Funktion zu berechnen. Erst 1916 arbeitete SYDNEY CHAPMAN eine systematische Methode zur Berechnung der Geschwindigkeitsverteilungsfunktion und aller Transportkoeffizienten von Gasen mittels der Transportgleichungen aus. MAXWELL entdeckte jedoch, daß in einem speziellen Fall, wenn nämlich die Kraft zwischen den Molekülen mit der reziproken fünften Potenz des Abstands variiert, die Verteilungsfunktion derart in die Gleichungen eingeht, daß man die Transportkoeffizienten ohne ihre Kenntnis berechnen kann. In diesem Falle stellt sich heraus, daß der Zähigkeitskoeffizient direkt proportional zur Temperatur ist, während er im Falle harter Kugeln der Quadratwurzel aus der Temperatur proportional ist. MAXWELLS eigene Messungen der Viskosität der Luft, die er etwa zur selben Zeit ausführte, verleiteten ihn zu dem Glauben, daß das erstere Resultat mit dem Experiment in Einklang stehe.[2]) Die zur reziproken fünften Potenz proportionale Kraft,

[1]) Zur Diffusionstheorie vgl. FURRY (1948). Es ist zu hoffen, daß die MAXWELLschen Manuskripte über Wärmeleitung und andere Gegenstände der kinetischen Theorie in Kürze veröffentlicht werden.

[2]) J. C. MAXWELL: Philos. Trans. roy. Soc. [London] 156 (1866) 249.

die aus rein mathematischen Gründen einen exakt lösbaren Fall darstellt, schien daher gleichzeitig ein gutes Modell für reale Gase abzugeben, und MAXWELL nahm es provisorisch als Grundlage für seine spätere Arbeit.[1])

Boltzmann

LUDWIG BOLTZMANN (1844—1906), dessen Arbeiten den größeren Teil dieses Bandes einnehmen, wurde in Wien geboren und erzogen und lehrte dort die meiste Zeit seines Lebens. Er ist auf Grund seiner Arbeit über die kinetische Gastheorie und statistische Mechanik wohlbekannt. Seine Gleichung für die Geschwindigkeitsverteilungsfunktion von Molekülen (die in dem hier als Arbeit 2 abgedruckten Aufsatz erstmalig hergeleitet wurde) wird seither ausgiebig benutzt, um Transporteigenschaften wie Viskosität, Wärmeleitfähigkeit und Diffusion zu studieren. Die BOLTZMANNsche Gleichung ist in Wahrheit dem MAXWELLschen System von Transportgleichungen äquivalent und läßt sich genauso schwer lösen wie diese. Gerade so, wie CHAPMAN die MAXWELLschen Gleichungen löste, fand DAVID ENSKOG (1917) die Lösung der BOLTZMANN-Gleichung im allgemeinen Fall, und die MAXWELL-BOLTZMANN-CHAPMAN-ENSKOGsche Theorie bildet die Vollendung der klassischen kinetischen Theorie von Gasen geringer Dichte. Die grundlegende Theorie ist seit 1917 im wesentlichen ungeändert geblieben; sie bildet mit entsprechenden Modifikationen die Grundlage für viele moderne Theorien der tropfbaren Flüssigkeiten, der Festkörper, Plasmen und des Neutronentransports.

Obgleich BOLTZMANN selbst nicht zur vollständigen

[1]) J. C. MAXWELL: Trans. Cambridge Philos. Soc. **12** (1879) 457; vgl. auch BOLTZMANN (1896), Kap. III. In den späteren Arbeiten von CHAPMAN und ENSKOG ist gezeigt worden, daß Thermodiffusion, die es in Molekülsystemen mit irgendeinem allgemeinen Kraftgesetz gibt, in dem Spezialfall von Kräften, die mit der reziproken vierten Potenz gehen, zufällig nicht auftritt.

Lösung seiner Gleichung für die Verteilungsfunktion gelangt ist, hat er aus ihr eine wichtige Folgerung hergeleitet, die später[1]) unter dem Namen H-Theorem bekannt geworden ist (siehe den letzten Teil des ersten Abschnitts von Arbeit 2). Mittels des H-Theorems soll die Irreversibilität der natürlichen Prozesse dadurch erklärt werden, daß es zeigt, wie die Molekülstöße zu einem Anwachsen der Entropie führen; eine beliebige Anfangsverteilung der Molekülagen und -geschwindigkeiten mündet fast sicher in einen Gleichgewichtszustand, in dem die Geschwindigkeiten dem MAXWELLschen Gesetz gemäß verteilt sind.

BOLTZMANN hat auch das MAXWELLsche Geschwindigkeitsverteilungsgesetz verallgemeinert, um es auf physikalische Systeme anwenden zu können, in denen interatomare Kräfte und äußere Felder zu berücksichtigen sind.[2]) Der sogenannte BOLTZMANN-Faktor $e^{-E/kT}$, der die relative Wahrscheinlichkeit einer Konfiguration der Energie E bei der Temperatur T angibt, bildet die Grundlage für alle Berechnungen der Gleichgewichtseigenschaften von Materie vom molekularen Standpunkt aus. BOLTZMANN zeigte weiterhin, daß die Entropie eines Systems in irgendeinem physikalischen Zustand aus seiner Wahrscheinlichkeit berechenbar ist, die man erhält, indem man die Anzahl der Molekülkonfigurationen berechnet, die diesem Zustand entsprechen.[3]) Dieses Resultat sowie die STEFAN-BOLTZMANNsche Formel für die Energie der schwarzen Strahlung[4])

---

[1]) BOLTZMANN verwendete ursprünglich den Buchstaben E und änderte ihn erst 1895 in H ab; H wurde anscheinend erstmalig von S. H. BURBURY (Philos. Mag. **30** (1890) 301) zur Bezeichnung dieser Größe benutzt. Unter den modernen Physikern ging das Gerücht um, H sollte eigentlich ein großes Eta sein, da der Buchstabe Eta von GIBBS und anderen Autoren zur Bezeichnung der Entropie angewendet worden ist (vgl. S. CHAPMAN: Nature [London] **139** (1937) 931). Dies kann aber kaum richtig sein, wenn der Gebrauch auf BURBURY zurückgeht, da dieser keine derartige Andeutung in seiner Arbeit macht.

[2]) L. BOLTZMANN: Wiener Ber. **58** (1868) 517.

[3]) L. BOLTZMANN: Wiener Ber. **76** (1877) 373.

[4]) Als eine empirische Verallgemeinerung von J. STEFAN (Wiener Ber. **79** (1879) 391) festgestellt und aus der Thermodynamik und der MAXWELLschen Theorie des Elektromagnetismus von L. BOLTZMANN (Ann. Phys. [Leipzig] **22** (1884) 291) hergeleitet.

halfen MAX PLANCK bei seiner Aufstellung der Quantentheorie im Jahre 1900.[1])

Die BOLTZMANNsche Arbeit wurde von britischen Wissenschaftlern mit ziemlichem Interesse verfolgt, und umgekehrt trug BOLTZMANN dazu bei, deutschen Wissenschaftlern die MAXWELLsche Theorie des Elektromagnetismus nahezubringen.[2]) Für seine eigenen Theorien fand er jedoch in Deutschland nicht immer Unterstützung. In den 90er Jahren mußte er die kinetische Gastheorie und sogar die Existenz der Atome gegen die Angriffe von WILHELM OSTWALD, PIERRE DUHEM, ERNST MACH u. a. verteidigen. BOLTZMANN glaubte sich selbst in diesem Kampf auf der Verliererseite zu befinden und befürchtete, daß die „Energetik“ und die „Reaktion gegen den Materialismus“ sein Lebenswerk zerstören werde.[3]) Im Verlauf weniger Jahre nach seinem Selbstmord 1906 wurde jedoch die Existenz der Atome durch Experimente wie etwa das über die BROWNsche Bewegung definitiv festgestellt, und selbst OSTWALD mußte zugeben, daß er unrecht hatte.[4])

Energiedissipation

Die moderne Idee der Irreversibilität physikalischer Prozesse gründet sich auf den zweiten Hauptsatz der Thermodynamik in seiner verallgemeinerten Form. Bekanntlich wurde der zweite Hauptsatz erstmals von SADI CARNOT 1824 in seiner Abhandlung über den Wir-

---

[1]) Vgl. M. J. KLEIN: Arch. hist. exact Sci. **1** (1962) 459; The Natural Philosopher **1** (1963) 83.

[2]) L. BOLTZMANN: Vorlesungen über MAXWELLS Theorie der Elektrizität und des Lichts. J. A. Barth, Leipzig 1891 und 1893.

[3]) Vgl. BOLTZMANN (1896–1898), S. 1–6 und V–VI sowie S. 13–17, 23–28 und 215–216 der englischen Ausgabe.

[4]) Vgl. W. OSTWALD: Nature [London] **70** (1904) 15 (vorher) und: Grundriß der allgemeinen Chemie, 4. Aufl. Engelmann, Leipzig 1909 (Vorbericht) (nachher); vgl. auch S. G. BRUSH: Arch. hist. exact Sci. **5** (1968) 1.

kungsgrad von Dampfmaschinen[1]) ausgesprochen, und das Problem, aus einer gegebenen Brennstoffmenge einen maximalen Betrag an Arbeit herauszuholen, scheint der Anstoß für viele Untersuchungen des neunzehnten Jahrhunderts über Wärme und ihre Umwandlungen gewesen zu sein.

Obgleich man auch in der technischen Literatur vor 1850 verstreut Feststellungen darüber finden kann, daß immer etwas verlorengeht oder dissipiert wird, wenn Wärme zur Erzeugung mechanischer Arbeit benutzt wird, so hat doch erst 1852 WILLIAM THOMSON (später Lord KELVIN) die Existenz einer „universellen Tendenz in der Natur zur Dissipation mechanischer Energie" ausgesprochen.[2]) Gleichzeitig sprach er seine Schlußfolgerung aus, „daß die Erde vor einem endlichen Zeitabschnitt in der Vergangenheit für die Bewohnung durch Menschen in der gegenwärtig üblichen Weise ungeeignet war und es nach einem künftigen Zeitabschnitt wiederum so sein wird, wenn die in der materiellen Welt ablaufenden Prozesse wie gegenwärtig verlaufen".

Die Folgerungen aus dem THOMSONschen Dissipationsprinzip wurden zwei Jahre später von HERMANN VON HELMHOLTZ in einer Vorlesung ausgearbeitet, in der er den Endzustand des Universums beschreibt: Alle Energie wird schließlich in Wärme bei gleichförmiger Temperatur umgewandelt sein, und alle natürlichen Prozesse müssen aufhören; „kurz das Weltall wird von da an zu ewiger Ruhe verurteilt sein". Damit wurde die Auffassung des „Wärmetods" des Universums explizit ausgesprochen.[3])

Die moderne Fassung des Dissipationsprinzips schließt den 1865 von CLAUSIUS eingeführten Begriff der „Entropie" ein.[4]) Es sollte betont werden, daß der zweite Hauptsatz in der CLAUSIUSschen Formulierung keinen neuen physikalischen Inhalt erhält, daß aber trotzdem der bloße Vorgang, einer physikalischen Größe, die vorher nur durch

[1]) Vgl. CARNOT (1824). [2]) Vgl. KELVIN (1852).

[3]) H. VON HELMHOLTZ: Vorträge und Reden, Bd. 1. Vieweg, Braunschweig 1884, S. 43.

[4]) R. CLAUSIUS: Ann. Phys. [Leipzig] 125 (1865) 353.

mathematische Formeln und unschöne Umschreibungen dargestellt worden war, einen neuen, kurzen Namen zu geben, auf die spätere Geschichte des Gegenstandes einen nicht zu verleugnenden Einfluß gehabt hat. Entropie ist dem griechischen τροπή entlehnt, was Umwandlung bedeutet, und war absichtlich so gewählt, daß es ähnlich wie das Wort Energie klingt. Die beiden Hauptsätze der Thermodynamik lassen sich dann folgendermaßen formulieren:

1. Die Energie des Weltalls ist konstant.
2. Die Entropie des Weltalls strebt einem Maximum zu.

Ehe wir zu der Rolle zurückkehren, die die Energiedissipation in der Geschichte der kinetischen Theorie gespielt hat, wollen wir darauf eingehen, welchen Gebrauch THOMSON ursprünglich von seinem Dissipationsprinzip gemacht hat. Eines der größten Ziele der mathematischen Physik im achtzehnten Jahrhundert bestand darin, aus der NEWTONschen Mechanik die Stabilität des Sonnensystems herzuleiten, und zu Beginn des neunzehnten Jahrhunderts war dieses Ziel durch das Werk von Wissenschaftlern wie LAGRANGE, LAPLACE und POISSON anscheinend erreicht worden. Infolgedessen nahm man allgemein an, die Erde habe seit unbegrenzter Zeit in der Vergangenheit denselben mittleren Abstand von der Sonne beibehalten und die physikalischen Bedingungen auf der Erdoberfläche seien seit unzähligen Millionen Jahren etwa dieselben wie jetzt. Diese Annahme bildete die Grundlage für die von HUTTON und LYELL vertretene „uniformitaristische" Theorie in der Geologie, die allmählich die frühere „Katastrophenlehre" ersetzte. Nach den Uniformitaristen ist das gegenwärtige Erscheinungsbild der Erdoberfläche als Ergebnis physikalischer Ursachen wie etwa der Erosion zu erklären, deren Wirkung noch heute beobachtet werden kann, im Gegensatz zu der Postulierung katastrophenartiger Hebungen in der Vergangenheit wie etwa der Sintflut.[1]) In gleicher Weise

[1]) C. C. GILLISPIE: Genesis and Geology. Harvard University Press, 1951; A. WOLF: A History of Science, Technology, and Philosophy in the 18th Cen-

nimmt die DARWIN-WALLACEsche Theorie der biologischen Evolution durch natürliche Zuchtwahl an, daß die Entstehung und die Entwicklung der Arten durch allmähliche Veränderungen während einer sehr langen Zeitperiode stattgefunden haben können, während der sich die physikalischen Bedingungen nicht sehr stark geändert haben, und DARWIN selbst stützte sich bei der Aufstellung seiner Theorie in der Tat stark auf die uniformitaristische Geologie.[1]) Gerade diese Annahme konstanter physikalischer Bedingungen wurde von THOMSON angegriffen, indem er sich auf das Dissipationsprinzip in Verbindung mit der FOURIERschen Theorie der Wärmeleitung stützte. Er zeigte, daß unter der Voraussetzung, die Erde sei früher einmal sehr heiß gewesen und verliere ihre Wärme langsam durch Leitung vom Zentrum nach außen und es gäbe keine anderen Wärmequellen, aus den experimentellen Daten über die gegenwärtige Wärmeverlustrate und gewissen plausiblen Annahmen über die Leitfähigkeit des Erdinnern folgt, daß die gegenwärtigen Bedingungen höchstens etwa 20 Millionen Jahre gedauert haben können. Vor dieser Zeit mußte die Temperatur der ganzen Erde so hoch gewesen sein, daß der ganze Erdball flüssig war. Daher müsse die uniformitaristische Geologie, deren Verfechter über Perioden von Hunderten von Millionen Jahren konstante Bedingungen angenommen haben, falsch sein.[2])

Es folgte eine scharfe Kontroverse zwischen Physikern

---

tury, Bd. 1, 2. Aufl. Macmillan, New York 1952, Kap. XV; S. J. GOULD: Amer. J. Sci. **263** (1965) 223; F. C. HABER: The Age of the World, Moses to Darwin. Johns Hopkins Press, Baltimore 1959; KARL A. VON ZITTEL: Geschichte der Geologie und Paläontologie bis Ende des 19. Jahrhunderts. R. Oldenbourg, München und Leipzig 1899.

[1]) Vgl. CH. DARWIN: Die Entstehung der Arten durch natürliche Zuchtwahl, Kap. X, Die Lückenhaftigkeit der geologischen Urkunden. Reclam, Leipzig o. J., S. 278–303.

[2]) W. THOMSON, Trans. roy. Soc. Edinburgh **13** (1864) 157; Proc. roy. Soc. Edinburgh **5** (1866) 512; Trans. Glasgow. Geol. Soc. **3** (1871) 1, 215; A Source Book in Astronomy (H. Shapley u. H. E. Howarth. ed.), McGraw-Hill, New York 1929.

(die von THOMSON und P. G. TAIT angeführt wurden) und Geologen (mit T. H. HUXLEY an der Spitze) über die Zulässigkeit verschiedener Methoden zur Altersbestimmung der Erde.[1]) In diesem Streit spielten religiöse Gesichtspunkte eine gewisse Rolle, denn THOMSON glaubte, er habe durch die Lösung der FOURIERschen Wärmeleitungsgleichung einen mathematischen Beweis dafür entdeckt, daß es eine Schöpfung gegeben haben muß.[2]) Wenn er die uniformitaristische Geologie in Zweifel ziehen könne, hätte er auch eines der tragfähigsten Argumente aus der Theorie der Evolution durch natürliche Zuchtwahl zu Fall gebracht, einer Theorie, die seiner Meinung nach „nicht genügend eine ständig leitende und regelnde Intelligenz berücksichtigt".[3]) DARWIN war sich sehr wohl der Tatsache bewußt, daß der THOMSONsche Angriff seine eigene Theorie schwächte, und ein Historiker der Evolution bemerkte, daß die Physiker „DARWIN vor seinem Tod zu einem peinlichen Rückzug gezwungen haben, durch den die endgültige Ausgabe seines Buches Ursprung der Arten in gewissem Maße beeinträchtigt wurde".[4])

Der Streit wurde schließlich durch die Entdeckung der Radioaktivität, mit der nicht nur eine Wärmequelle geliefert wurde, die THOMSON bei seinen Berechnungen nicht berücksichtigt hatte, sondern die auch eine ziemlich genaue Altersbestimmung der Gesteine ermöglichte, zugunsten der Geologen entschieden. THOMSON selbst konnte noch die Veröffentlichung dieser Studien erleben, die zeigten, daß die Erde mindesten 2000 Millionen Jahre alt sein mußte.[5])

---

[1]) T. H. HUXLEY: Quart. J. geol. Soc. [London] 25 (1869) XXVIII; anonymer Artikel in: North Brit. Rev. 50 (1869) 406, in einem Brief an J. D. HOOKER von DARWIN P. G. TAIT zugeschrieben, in: More Letters of CHARLES DARWIN, Bd. 1. Appleton, New York 1903, S. 313–314.

[2]) S. P. THOMPSON: The Life of WILLIAMS THOMSON, Baron KELVIN of Largs, Bd. 1. Macmillan, London 1910, S. 111.

[3]) W. THOMSON: Brit. Assoc. Rep. (1871) LXXXIV; Nature [London] 4 (1871) 262.

[4]) L. EISELEY: DARWIN's Century. Doubleday, Garden City 1958, S. 245.

[5]) R. J. STRUTT: Proc. roy. Soc. [London] A76 (1905) 88; B. B. BOLTWOOD: Amer. J. Sci. 23 (1907) 77; vgl. auch E. N. DA C. ANDRADE: RUTHERFORD and the Nature of the Atom. Doubleday, Garden City 1964, S. 80.

Einflüsse der Energiedissipation auf die Kultur

Der englische Philosoph HERBERT SPENCER war einer der ersten Schriftsteller, die von der Idee der Energiedissipation Besitz ergriffen und sie in ein allgemeines philosophisches System einbauten.[1]) Ungeachtet der anscheinend pessimistischen Konsequenzen des Wärmetodes brachte es SPENCER fertig, aus dem zweiten Hauptsatz „eine Garantie für den Glauben" zu erschließen, „daß die Evolution nur in der Begründung der größten Vollkommenheit und der vollständigsten Glückseligkeit enden kann". Er sagt außerdem voraus, nachdem die Bewegung aller Sterne ausgeglichen und zu Wärmeenergie degradiert sei, werde unter der Wirkung der Schwerkraft ein Konzentrationsprozeß ablaufen, dem Zerstreuung folgt, und so würde eine unendliche Folge von Zeitaltern der Evolution und solchen der Auflösung einander abwechseln.

Die bemerkenswerteste Anwendung des Dissipationsprinzips machte der amerikanische Historiker HENRY ADAMS. In drei Essays, die später unter dem Titel The Degradation of the Democratic Dogma veröffentlicht wurden, schloß er, es könne auf die allgemeinen Eigenschaften der Energie, wie sie von den physikalischen Wissenschaften entdeckt worden sind, eine Geschichtswissenschaft gegründet werden.[2]) Er erkannte in der menschlichen Geschichte einen allgemeinen Degradations- und Abbauprozeß und bemerkte, daß der von DARWIN inspirierte frohe Optimismus gegen Ende des neunzehnten Jahrhunderts einem Weltuntergangspessimismus gewichen sei. Für den Historiker bedeutete der

---

[1]) H. SPENCER: First Principles. London 1870, S. 514–517 (dtsch. Übers.: Grundlagen der Philosophie, Bd. 1 von: System der Philosophie. Stuttgart 1875).

[2]) H. ADAMS: The Tendency of History. 1894; A Letter to American Teachers of History. 1910; The Rule of Phase applied to History. 1909; nachgedruckt mit einer Einführung von BROOKS ADAMS in: The Degradation of the Democratic Dogma. Macmillan, New York 1919.

Entropiebegriff „nur, daß der Aschehaufen ständig immer größer wird".

Abgesehen von diesen und einigen anderen Beispielen war der direkte Einfluß des Dissipationsprinzips auf das europäische Denken im neunzehnten Jahrhundert bemerkenswert gering. Nur zu Ende des Jahrhunderts und Anfang des zwanzigsten Jahrhunderts findet man eine wachsende Anzahl von Bezugnahmen auf den zweiten Hauptsatz der Thermodynamik sowie Versuche, ihn mit allgemeinen historischen Tendenzen in Zusammenhang zu bringen. Die Veröffentlichungen von Sir JAMES JEANS und Sir ARTHUR EDDINGTON in den zwanziger und dreißiger Jahren haben nunmehr dazu geführt, daß der „Wärmetod" einen integralen Bestandteil des kosmologischen Wissens des modernen gebildeten Laien ausmacht.[1])

Der statistische Charakter des zweiten Hauptsatzes

Naturgemäß war nicht jedermann von den pessimistischen Schlußfolgerungen befriedigt, die WILLIAM THOMSON u. a. aus dem zweiten Hauptsatz ziehen zu müssen glaubten, und es gab viele Versuche, sie zu widerlegen oder zu umgehen. Das bestbekannte Schema zu diesem Zweck gründet sich auf das Konzept des „MAXWELLschen Dämons", der ursprünglich erfunden wurde, um den statistischen Charakter der Irreversibilität zu illustrieren. Der Dämon wurde in Diskussionen zwischen MAXWELL, TAIT und THOMSON ersonnen; er wurde erstmalig 1867 in einem Brief von MAXWELL an TAIT beschrieben und öffentlich in die 1871 von MAXWELL publizierte Theory of Heat eingeführt.[2]) Er ist „ein Wesen mit so verfeinerten Fähig-

---

[1]) A. S. EDDINGTON: The Nature of the Physical World. Cambridge University Press, 1928; J. H. JEANS: The Universe around us. Cambridge University Press, 1933.

[2]) Vgl. C. G. KNOTT: Life and Scientific Work of PETER GUTHRIE TAIT. Cambridge University Press, 1911, S. 213–214; J. C. MAXWELL: Theory of Heat. Long-

keiten, daß es jedes Molekül auf seiner Bahn verfolgen kann". Ein mit einem Gas gefülltes Gefäß wird durch eine Trennwand mit einem kleinen Loch in zwei Teile geteilt; der Dämon öffnet und schließt dann das Loch derart, daß nur den schnelleren Molekülen erlaubt wird, es in der einen Richtung zu passieren, und nur den langsameren in der anderen. Auf diese Weise erzeugt er ohne irgendwelchen Arbeitsaufwand eine Temperaturdifferenz und verletzt damit den zweiten Hauptsatz. Der springende Punkt dieser Gedankenkonstruktion besteht darin, daß der zweite Hauptsatz nicht notwendig auf Ereignisse auf molekularem Niveau anwendbar ist, wenn ein Wesen anwesend ist, das ausreichende Kenntnisse über die Einzelheiten der molekularen Konfigurationen besitzt, um in den Lauf der Dinge eingreifen zu können.

Das BOLTZMANNsche H-Theorem offenbart die statistische Natur des zweiten Hauptsatzes in einer mehr quantitativen, wenn auch weniger bildhaften Weise. In seinem Beweis des Satzes (Arbeit 2) führte BOLTZMANN zunächst eine Entropiedefinition mittels der molekularen Geschwindigkeitsverteilung ein und zeigte dann, daß die so definierte Entropie unter gewissen Voraussetzungen infolge der Stöße zwischen den Molekülen immer zunehmen wird. Die Annahmen sind von zweierlei Art: erstens statistische Annahmen über die Zufallsverteilung der Geschwindigkeiten zweier Moleküle *vor* ihrem Zusammenstoß, und zweitens mechanische Annahmen über die Existenz „inverser" Stöße. Die erste Annahme wird benötigt, um die Anzahl der Stöße verschiedener Art zu berechnen, die zweite, um die Effekte einiger Stöße gegen andere auszugleichen, in denen die Anfangs- und Endkonfigurationen vertauscht sind, um ein Endresultat mit den gewünschten mathematischen Eigenschaften zu erhalten. Die Beschränkungen hinsichtlich der Zulässigkeit dieser Annahmen sind auch späterhin von BOLTZMANN

mans, London 1871, Kap. XXII; dtsch. Übers. von Dr. F. AUERBACH: nach der 4. Aufl. des Originals: Theorie der Wärme. Maruschke & Berendt, Breslau 1877.

nicht explizit erkannt worden, und in der Tat führte das H-Theorem während des späten neunzehnten Jahrhunderts und später zu zahlreichen Kontroversen.[1]) Grob gesprochen ist das, was mit dem H-Theorem bewiesen wird, nicht so sehr eine Eigenschaft realer physikalischer Systeme als vielmehr eine Eigenschaft unserer Information über jene Systeme. Die MAXWELLsche Gleichgewichtsverteilung ist die zufallsmäßig am ehesten mögliche in dem Sinne, daß zu ihr die kleinste Informationsmenge gehört. Wenn wir von einer teilweisen Information über die Molekülgeschwindigkeiten ausgehen (so daß es sich also um keine MAXWELLsche Verteilung handelt), so geht diese Information allmählich in dem Maße verloren, wie es zu Stößen kommt. Beginnen wir andererseits mit vollständiger Information und können wir dabei die Bewegungen im einzelnen verfolgen, so wie sie durch die Gesetze der (klassischen) Mechanik bestimmt werden, so brauchte im Prinzip niemals ein Informationsverlust einzutreten, und die Entropie würde konstant bleiben.[2])

Die THOMSONsche Arbeit von 1874 über die Energiedissipation (Arbeit 3) enthält, wiewohl sie selten zitiert wird, einen wesentlichen Bestandteil der modernen Auffassung von der Irreversibilität. THOMSON bemerkt den Gegensatz zwischen „abstrakter Dynamik", die reversibel ist, und „physikalischer Dynamik", für die das nicht der Fall ist, und zeigt, wie man dieses „Reversibilitätsparadoxon" erklären kann, indem man die große Zahl von Molekülen berücksichtigt, die an physikalischen Prozessen beteiligt sind.

Das Reversibilitätsparadoxon wird üblicherweise JOSEF LOSCHMIDT zugeschrieben („LOSCHMIDTscher Umkehreinwand"), der es sehr kurz in dem ersten von vier Aufsätzen über das Wärmegleichgewicht von Körpern erwähnte, die Gravitationskräften unterliegen.[3]) LOSCHMIDT versuchte in diesen Arbeiten zu zeigen, daß

---

[1]) Vgl. P. und T. EHRENFEST (1911); TER HAAR (1954); DUGAS (1959); BRYAN (1891–1894).

[2]) Vgl. TOLMAN (1938), Kap. VI

[3]) J. LOSCHMIDT: Wiener Ber. **73** (1876) 128 und 366; **75** (1877) 287; **76** (1877) 209.

Gleichgewicht ohne Temperaturgleichheit möglich ist; auf diese Weise hoffte er beweisen zu können, daß der Wärmetod des Universums nicht unvermeidlich ist. Er behauptete, der zweite Hauptsatz ließe sich als ein mechanisches Prinzip ohne Bezugnahme auf die zeitliche Folge von Ereignissen korrekt formulieren; er dachte, „damit wäre auch der terroristische Nimbus des zweiten Hauptsatzes zerstört, welcher ihn als vernichtendes Prinzip des gesamten Lebens des Universums erscheinen läßt, und zugleich würde die tröstliche Perspektive eröffnet, daß das Menschengeschlecht betreffs der Umsetzung von Wärme in Arbeit nicht einzig auf die Intervention der Steinkohle oder Sonne angewiesen ist, sondern für alle Zeiten einen unerschöpflichen Vorrat verwandelbarer Wärme zur Verfügung haben werde“. Er griff die MAXWELLsche Schlußfolgerung an, daß die Temperatur in einer Gassäule unabhängig von der Höhe sein sollte, und schlug ein Modell vor, das vermutlich dieses Gesetz verletzt. Im Anschluß daran fuhr er fort: „Offenbar muß ganz allgemein in jedem beliebigen System der gesamte Verlauf der Begebenheiten rückläufig werden, wenn momentan die Geschwindigkeiten aller seiner Elemente umgekehrt werden.“ Die LOSCHMIDTsche Anwendung des Reversibilitätsprinzips auf die Gültigkeit des zweiten Hauptsatzes ist etwas dunkel formuliert, BOLTZMANN erfaßte jedoch sehr schnell, worauf es ankommt, und veröffentlichte unmittelbar darauf eine Erwiderung (Arbeit 4), in der er im Verlauf einer gründlichen Diskussion des Umkehreinwands zu einer der THOMSONschen sehr ähnlichen Schlußfolgerung gelangte.

Die ewige Wiederkehr und der Wiederkehreinwand

Der Gedanke, daß die Geschichte sich selbst wiederholt — daß es, auf lange Zeit hin betrachtet, keinen Fortschritt oder Verfall gibt, sondern nur einen Entwicklungszyklus, der immer wieder zu seinem Ausgangspunkt zurückkehrt —, geht auf die alte Philosophie und primitive Religion zurück. Eine Reihe von Gelehrten hat festgestellt, daß der Glaube an die Wiederkehr (im Gegensatz zu unendlichem Fortschritt) eng mit der Anschauung des Menschen über seine Stellung im Universum wie auch mit seiner Geschichtsauffassung zusammenhängt. Indem er in den meisten Fällen von einer pessimistischen Anschauung der Gegenwart und der unmittelbaren Zukunft ausgeht, stellt er in Abrede, daß den menschlichen Handlungen und historischen Ereignissen an sich Realität oder Bedeutsamkeit zukommt; Handlungen und Ereignisse sind nur insoweit real, als sie als Realisierungen zeitloser in der Mythologie der Gesellschaft vorhandener Archetypen des Verhaltens verstanden werden können. Diese Haltung soll, wie es heißt, in der klassischen griechischen und römischen Kunst und Literatur zum Ausdruck kommen, in der es keine Bewußtheit von Vergangenheit oder Zukunft gibt, sondern in der nur ewige Prinzipien und Werte gestaltet werden. Im Gegensatz dazu ist sich die moderne westliche Weltanschauung infolge des Einflusses des Christentums der Geschichte als Fortschreiten auf ein Ziel zutiefst bewußt.[1]) Nichtsdestoweniger kann man nicht etwa sagen, daß die Zyklentheorie ausgestorben wäre, wie man an der nach wie vor bestehenden Neigung zu historischen Analogien und Vergleichen schließen kann.

Die Eingebung, die ewige Wiederkehr könne als ein Satz der Physik bewiesen werden und sei nicht bloß als eine religiöse oder philosophische Doktrin aufzufassen, scheint etwa zur gleichen Zeit dem deutschen Philosophen FRIEDRICH NIETZSCHE und dem französischen Mathematiker HENRI POINCARÉ gekommen zu sein. NIETZSCHE kam bei seinen Studien zur klassischen Philologie sowie

[1]) M. ELIADE: Der Mythos der ewigen Wiederkehr. Diederichs, Düsseldorf 1953; A REY: Le retour éternel et la philosophie de la physique. Flammarion, Paris 1927; J. BAILLIE: The Belief in Progress. Oxford University Press, 1950, S. 10; P. SOROKIN: Social and Cultural Dynamics, Bd. 2. American Book Co., New York 1937, Kap. 10.

in einem Buch von HEINE mit der Idee der ewigen Wiederkehr in Berührung.[1]) Erst 1881 begann er jedoch, sie sich ernsthaft zu eigen zu machen, und widmete sich dann mehrere Jahre dem Studium der Physik, um für sie eine wissenschaftliche Begründung zu finden.[2]) POINCARÉ andererseits wurde durch seine Versuche, den POISSONschen Beweis für die Stabilität des Sonnensystems zu vervollständigen, auf diese Fragestellung geführt. Sowohl NIETZSCHE als auch POINCARÉ versuchten, wenn auch auf sehr verschiedenen Wegen, die „materialistische" oder „mechanistische" Weltanschauung anzugreifen.

NIETZSCHES „Beweis" für die Notwendigkeit der ewigen Wiederkehr (der in der Periode von 1884—1888 aufgeschrieben, aber erst nach seinem Tode 1900 veröffentlicht wurde) läuft wie folgt: „Hätte die Welt ein Ziel, so müßte es erreicht sein", da das Weltall seiner Meinung nach immer existiert hat; die Auffassung von einer Welt, die vor endlicher Zeit in der Vergangenheit „geschaffen" worden sei, wird als bedeutungsloses Überbleibsel abergläubischer Zeitalter betrachtet. Er verwirft die Idee eines „Finalzustandes" des Weltalls vollständig und bemerkt weiter: „Kann z. B. der Mechanismus der Konsequenz eines Finalzustandes nicht entgehen, welche WILLIAM THOMSON ihm zugeschrieben hat, so ist damit der Mechanismus *widerlegt*". Er fährt dann fort:

„Wenn die Welt als bestimmte Größe von Kraft und als bestimmte Zahl von Kraftzentren gedacht werden *darf* — und jede andre Vorstellung bleibt unbestimmt und folglich unbrauchbar —, so folgt daraus, daß sie eine berechenbare Zahl von Kombinationen, im großen Würfelspiel ihres Daseins, durchgemacht hat. In einer unendlichen Zeit würde jede mögliche Kombination irgendwann einmal erreicht sein; mehr noch: sie würde unendliche Male erreicht sein. Und da zwischen jeder Kombination und ihrer nächsten Wiederkehr alle überhaupt noch möglichen Kom-

[1]) Vgl. W. A. KAUFMAN: NIETZSCHE, Philosopher, Psychologist, Antichrist. Princeton University Press, 1950, Kap. 11.

[2]) Vgl. A. ANDLER: NIETZSCHE, sa vie et sa pensée, Bd. 4. Gallimard, Paris 1958, Buch 2, Kap. I und Buch 3, Kap. I.

binationen abgelaufen sein müßten und jede dieser Kombinationen die ganze Folge der Kombinationen in derselben Reihe bedingt, so wäre damit ein Kreislauf von absolut identischen Reihen bewiesen: die Welt als Kreislauf, der sich unendlich oft bereits wiederholt hat und der sein Spiel in infinitum spielt." — [1])

NIETZSCHE hielt seine Lehre für nicht materialistisch, weil seiner Meinung nach zum Materialismus unabdingbar die irreversible Energiedissipation und der schließliche Wärmetod des Weltalls gehörten. Demgegenüber offenbarte die Diskussion des POINCARÉschen Satzes (Arbeiten 6—10), daß in Wahrheit gerade die mechanistische Weltanschauung die Wiederkehr als unausweichliche Konsequenz nach sich zieht. Da ZERMELO und einige andere Wissenschaftler glaubten, dem zweiten Hauptsatz müsse absolute und nicht etwa bloß statistische Gültigkeit zukommen, nahmen sie an, die mechanistische Theorie werde durch den „Wiederkehreinwand" widerlegt.[2]) Die Wirkung des NIETZSCHEschen Arguments ist das genaue Gegenteil dessen, was sie seiner Meinung nach sein sollte: wenn es ewige Wiederkehr *gibt*, so daß also der zweite Hauptsatz der Thermodynamik nicht immer gelten kann, so wird gerade der materialistische Standpunkt (wie er in BOLTZMANNS Interpretation dargestellt wird) gestützt.

---

[1]) F. NIETZSCHE: Der Wille zur Macht, in: Gesammelte Werke, Bd. 19. Musarion Verlag, München 1926, Buch 4, Teil 3, S. 373.

[2]) Vgl. auch F. WALD: Die Energie und ihre Entwerthung. Engelmann, Leipzig 1889, S. 104; E. MACH: Die Prinzipien der Wärmelehre. J. A. Barth, Leipzig 1896, S. 362; G. HELM: Die Lehre von der Energie historisch-kritisch entwickelt. Felix, Leipzig 1887; Grundzüge der mathematischen Chemie. Veit, Leipzig 1898; P. DUHEM: Traité d'énergétique. Gauthier-Villars, Paris 1911; H. POINCARÉ: Thermodynamique. Gauthier-Villars, Paris 1892; Nature [London] 45 (1892) 414 und 485. Herr Prof. C. TRUESDELL (priv. Mitt.) bemerkte neuerdings zu mir, daß die hier direkt aus meinem englischen Originaltext übersetzten Ausführungen über NIETZSCHE und POINCARÉ ein wenig ungerecht gegenüber POINCARÉ seien. Dessen Beweis bedurfte in der Tat nur einer geringfügigen Klarstellung durch CARATHÉODORY, während man NIETZSCHES Argumentation kaum als einen Beweis, sondern höchstens als eine Zusammenstellung sehr vage gefaßter Ideen ansehen kann. Das Beispiel NIETZSCHES zeigt, daß die physikalischen Konzeptionen im Zusammenhang mit dem Wiederkehreinwand gegen Ende des 19. Jahrhunderts verbreitet diskutiert wurden.

Wenn auch die POINCAREsche Fassung des Satzes, die von ZERMELO bemutzt wurde, um die kinetische Theorie anzugreifen (Arbeiten 7 und 9), auf die Geschichte der theoretischen Physik einen bedeutenden Einfluß gehabt hat, wohingegen dies für die NIETZSCHEsche nicht zutraf, sollte man nicht etwa denken, daß es sich bei der ersteren um einen strengen mathematischen Beweis handele, während die letztere bloß ein weiterer Aphorismus des geistesgestörten Philosophen sei. Die NIETZSCHEsche Fassung stellt den wesentlichen Gedanken hinreichend klar und plausibel dar, während es POINCARÉ und ZERMELO bei all ihrer Bemühung um mathematische Strenge noch nicht gelingt, den Anforderungen der modernen Mathematik zu entsprechen. Ihr Beweis ist unzulänglich, weil er einer präzisen Definition des „Maßes" einer Punktmenge entbehrt, wie sie 1902 von LEBESGUE eingeführt und 1918 von CARATHÉODORY benutzt wurde, um den Wiederkehrsatz zu beweisen.[1]) Die POINCARÉschen nicht zurückkehrenden „Ausnahme"trajektorien, deren Existenz sich beweisen läßt und von denen es in der Tat unendlich viele gibt, haben jedoch die „Wahrscheinlichkeit" Null; sie bilden in moderner Terminologie in der Menge aller Trajektorien eine „Menge vom Maß Null".

Wer gewann nun den Streit zwischen ZERMELO und BOLTZMANN? Der Leser mag natürlich für sich selbst entscheiden; die modernen Physiker folgen jedoch fast einmütig den BOLTZMANNschen Auffassungen. Bis zu einem gewissen Grade liegt dies daran, daß uns die Alternative, alle Atomtheorien abzulehnen, wie sie noch in den neunziger Jahren gegeben war, nicht mehr freisteht und wir uns daher notgedrungen auf etwas wie das H-Theorem stützen müssen, um die Irreversibilität zu verstehen. Während die Physiker im allgemeinen nicht so weit gehen wie REICHENBACH, der sich die BOLTZMANNsche Auffas-

[1]) H. LEBESGUE: Ann. Mat. pura appl. 7 (1902) 231; C. CARATHÉODORY: Sitz.-Ber. Preuß. Akad. Wiss. (1919) 579.

sung wechselnder Zeitrichtungen im Universum zu eigen machte[1]), akzeptieren sie jedoch die statistische Deutung des zweiten Hauptsatzes der Thermodynamik.[2])

Literatur

BOLTZMANN, LUDWIG: Vorlesungen über Gastheorie. J. A. Barth, Leipzig, Teil 1 1896, Teil 2 1898; engl. Übers. von S. G. BRUSH: Lectures on Gas Theory. University of California Press, Berkeley 1964.

BRUSH, STEPHEN G.: Development of the Kinetic Theory of Gases, VI. Viscosity. Amer. J. Phys. **30** (1962) 269.

BRUSH, STEPHEN G.: Thermodynamics and History. Graduate J. **7** (1967) 477.

BRYAN, GEORGE H.: Researches related to the Connection of the Second Law with Dynamical Principles. Brit. Assoc. Rep. **61** (1891) 85.

BRYAN, GEORGE H.: The Laws of Distribution of Energy and their Limitations. Brit. Assoc. Rep. **64** (1894) 64.

CARNOT, SADI: Réflexions sur la puissance motrice de feu et sur les machines propes à développer cette puissance. Bachelier, Paris 1824; mit Zusätzen nachgedruckt bei Blanchard, Paris 1878; engl. Übers. von R. H. THURSTON zusammen mit anderen Arbeiten von CLAPEYRON und CLAUSIUS in: Reflections on the Motive Power of Fire etc. Dover, New York 1960; dtsch. Übers. von W. OSTWALD: Betrachtungen über die bewegende Kraft des Feuers und die zur Entwicklung dieser Kraft geeigneten Maschinen. Engelmann, Leipzig 1892 (Ostwald's Klassiker Nr. 37).

CHAPMAN, SYDNEY: On the Law of Distribution of Molecular Velocities, and on the Theory of Viscosity and Thermal Conduction, in a Non-Uniform Monatomic Gas. Philos. Trans. roy. Soc. [London] **A216** (1916) 279.

---

[1]) H. REICHENBACH: The Direction of Time. University of California Press, Berkeley 1956.

[2]) Ein konkretes Beispiel für das von BOLTZMANN postulierte Verhalten der H-Kurve lieferte das EHRENFESTsche Urnenmodell; vgl. P. und T. EHRENFEST: Phys. Z. 8 (1907) 311 sowie TER HAAR (1954).

CHAPMAN, SYDNEY: On the Kinetic Theory of a Gas, Part II: A Composite Monatomic Gas, Diffusion, Viscosity, and Thermal Conduction. Philos. Trans. roy. Soc. [London] **A217** (1917) 115.

CHAPMAN, SYDNEY, und T. G. COWLING: The Mathematical Theory of Non-Uniform Gases. Cambridge University Press, 1939, 2. Aufl. 1952.

DUGAS, RENÉ: La théorie physique au sens de BOLTZMANN et ses prolongements modernes. Edition du Griffon, Neuchâtel-Suisse 1959.

EHRENFEST, PAUL und TATIANA: Begriffliche Grundlagen der statistischen Auffassung in der Mechanik, Encyklopädie der mathematischen Wissenschaften Bd. 4, Art. 32. Teubner, Leipzig 1911; engl. Übers. von M. J. MORAVCSIK: The Conceptual Foundations of the Statistical Approach in Mechanics. Cornell University Press, 1959.

ENSKOG, DAVID: Kinetische Theorie der Vorgänge in mäßig verdünnten Gasen. Almqvist und Wiksell, Uppsala 1917.

FURRY, WENDELL H.: On the Elementary Explanation of Diffusion Phenomena in Gases. Amer. J. Phys. **16** (1948) 63.

HAAR, D. TER: Elements of Statistical Mechanics. Rinehart, New York 1954.

JEANS, JAMES H.: The Dynamical Theory of Gases. Cambridge University Press, 1904, 4. Aufl. 1925; nachgedruckt bei Dover, New York 1954; dtsch. Übers. von REINHOLD FÜRTH nach der 4. engl. Aufl. mit einer Ergänzung: Dynamische Theorie der Gase. Friedr. Vieweg & Sohn, Braunschweig 1926.

KELVIN, WILLIAM THOMSON, Lord: On a Universal Tendency in Nature to the Dissipation of Mechanical Energy. Philos. Mag. (4) **4** (1852) 304; Proc. roy. Soc. [Edinburgh] **3** (1857) 139; nachgedruckt in seinen Mathematical and Physical Papers, Bd. 1. Cambridge University Press, 2. Aufl. 1882—1911, S. 511.

KENNARD, EARLE H.: Kinetic Theory of Gases with an Introduction to Statistical Mechanics. McGraw-Hill Book Co., Inc., New York 1938.

LEOB, LEONHARD B.: Kinetic Theory of Gases. McGraw-Hill Book Co., Inc., New York 1922, 2. Aufl. 1934.

TOLMAN, RICHARD C.: The Principles of Statistical Mechanics. Oxford University Press, 1938.

Teil 2

1. Über die dynamische Theorie von Gasen*)

von

James Clerk Maxwell

Zusammenfassung[1])

Die Theorie der Transporterscheinungen in Gasen — wie Diffusion, Wärmeleitung und Viskosität — wird auf der Grundlage der Annahme entwickelt, daß sich die Moleküle wie punktförmige Kraftzentren verhalten. Die Untersuchungsmethode besteht darin, Mittelwerte verschiedener Funktionen der Geschwindigkeit aller Moleküle einer gegebenen Art innerhalb eines Volumenelements zu berechnen sowie die Änderungen dieser Mittelwerte zu bestimmen, die erstens auf Begegnungen der Moleküle mit anderen derselben oder einer anderen Art, zweitens auf die Wirkung äußerer Kräfte wie etwa der Schwerkraft und drittens auf den Durchgang von Molekülen durch die Begrenzung des Volumenelements zurückzuführen sind.

Die Stöße werden für Moleküle analysiert, die einander mit Kräften abstoßen, die zur reziproken n-ten Potenz des Abstands proportional sind. Im allgemeinen hängt die auf Stoßvorgänge zurückzuführende Änderung der Mittelwerte von Funktionen der Geschwindigkeit von der Relativgeschwindigkeit der beiden einander stoßenden Moleküle ab, und wenn sich das Gas nicht im Wärmegleichgewicht befindet, ist die Geschwindigkeitsverteilung unbekannt, so daß die Änderungen nicht direkt berechenbar sind. Im Falle von Kräften, die mit der reziproken fünften Potenz

---

*) Ursprünglich veröffentlicht in: Philos. Trans. roy. Soc. [London] **157** (1867) 49–88; Philos. Mag. **32** (1866) 390–393; **35** (1868) 129–145 und 185–217; nachgedruckt in: The Scientific Papers of James Clerk Maxwell, Bd. 2. Cambridge University Press, 1890, S. 26–78.

[1]) Alle Zusammenfassungen von S. G. Brush.

gehen, fällt jedoch die Relativgeschwindigkeit heraus, so daß sich die Rechnungen durchführen lassen. Es stellt sich heraus, daß in diesem Spezialfall der Viskositätskoeffizient zur absoluten Temperatur proportional ist, was mit experimentellen Ergebnissen des Autors in Einklang steht. Es wird auch ein Ausdruck für den Diffusionskoeffizienten hergeleitet und mit von GRAHAM veröffentlichten Resultaten verglichen.

Für das Geschwindigkeitsverteilungsgesetz eines im Wärmegleichgewicht befindlichen Gases wird eine neue Herleitung gegeben. Die Theorie wird auch dazu benutzt, um eine Erklärung des Gesetzes der äquivalenten Volumina, der Wärmeleitung durch Gase, der bezüglich der Viskosität korrigierten hydrodynamischen Bewegungsgleichungen (NAVIER-STOKESschen Gleichung), der Relaxation von Druckungleichheiten und des Temperaturgleichgewichts zu geben, das sich in einer unter dem Einfluß der Schwerkraft stehenden Gassäule schließlich einstellt.

In den Theorien über den Aufbau materieller Körper werden diese entweder als kontinuierlich und homogen oder als aus einer endlichen Anzahl verschiedener Teilchen oder Moleküle zusammengesetzt angenommen.

Bei gewissen Anwendungen der Mathematik auf physikalische Fragen ist es zweckmäßig, die Körper als homogen vorauszusetzen, um die in jedem Volumenelement befindliche Materiemenge als eine Funktion der Koordinaten darstellen zu können; ich bin mir aber nicht klar darüber, ob schon irgendeine Theorie dieser Art vorgeschlagen worden ist, um die verschiedenen Eigenschaften der Körper zu erklären. Man kann nämlich die Eigenschaften eines Körpers, den man als einen gleichförmig erfüllten Raum ansieht, dogmatisch festsetzen, ohne sie jedoch mathematisch erklären zu können.

Molekulare Theorien nehmen an, daß alle Körper, selbst wenn sie unseren Sinnen als homogen erscheinen, aus einer Vielzahl von Teilchen oder kleinen Teilen bestehen, deren mechanische Beziehungen zueinander die Eigenschaften der Körper ausmachen. Diejenigen Theorien, in denen angenommen wird, daß die Moleküle relativ zum Körper in Ruhe sind, kann man statische Theorien nennen, während diejenigen, bei denen die Moleküle als in Bewegung befindlich vorausgesetzt werden, selbst wenn der Körper anscheinend in Ruhe ist, dynamische Theorien genannt werden können.

Wenn wir eine statische Theorie zugrunde legen und annehmen, daß die Moleküle eines Körpers durch die Wirkung von Kräften, die in der Richtung der Verbindungslinien ihrer Zentren wirken, in ihren Gleichgewichtslagen in Ruhe gehalten werden, können wir die mechanischen Eigenschaften eines so gebauten Körpers bestimmen, wenn er so verzerrt ist, daß die Verschiebung jedes Moleküls eine Funktion derjenigen Koordinaten darstellt, die es hat, wenn sich der Körper im Gleichgewicht befindet. Es ergibt sich aus der mathematischen Theorie von Körpern dieser Art, daß die durch eine kleine Formänderung wirksam werdenden Kräfte immer in bestimmtem Verhältnis zu den Kräften stehen müssen, die bei einer kleinen Volumenänderung auftreten.

Nun wissen wir, daß Flüssigkeiten und Gase eine verschwindende Formelastizität besitzen, während ihre Volumenelastizität beträchtlich ist. Daher werden Theorien dieser Art nicht auf Flüssigkeiten und Gase anwendbar sein. In festen Körpern scheint die Formelastizität im Verhältnis zur Volumenelastizität in vielen Fällen kleiner zu sein, als sie die Theorie liefert,[1]) so daß wir sogar im Falle fester Körper gezwungen sind, die Theorie von Molekülen, deren Verschiebungen Funktionen ihrer Ruhekoordinaten sind, aufzugeben.

Dagegen treffen diese Einwände die Theorie von sich bewegenden Molekülen nicht. Die mathematischen Schwierigkeiten bei der Anwendung der Theorie sind erheblich, und solange sie noch nicht überwunden sind, können wir über die Anwendbarkeit der Theorie nicht endgültig entscheiden. Wir sind jedoch in der Lage, mittels der dynamischen Theorie eine große Mannigfaltig-

---

[1]) In Glas ist nach einer zweiten Versuchsreihe von Dr. Everett (1866) das Verhältnis von Formelastizität zu Volumenelastizität größer als das durch die Theorie gegebene. In Messing und Stahl ist es kleiner; 7. März 1867. [J. D. Everett: Philos. Trans. **156** (1866) 185.]

keit von Erscheinungen zu erklären, die bisher anderweitig nicht erklärt worden sind.

Die dynamische Theorie nimmt an, daß die Moleküle fester Körper um ihre Gleichgewichtslagen schwingen, aber dabei nicht in dem Körper von einem Ort zum anderen wandern. In Flüssigkeiten und Gasen sollen sich die Moleküle ständig in neue relative Lagen bewegen, so daß dasselbe Molekül von einem Teil der Flüssigkeit zu irgendeinem anderen Teil wandern kann. Es wird angenommen, daß die Moleküle in tropfbaren Flüssigkeiten immer unter der Wirkung der Kräfte stehen, die während ihres Fluges ständig von benachbarten Molekülen auf sie ausgeübt werden, während in Gasen der größere Teil des Weges jedes Moleküls nahezu geradlinig sein und sich außerhalb des Wirkungsbereiches der benachbarten Moleküle befinden soll.

Ich beabsichtige in dieser Abhandlung, diese Theorie zur Erklärung verschiedener Eigenschaften von Gasen anzuwenden und zu zeigen, daß sie außer einer Deutung der zwischen Druck, Dichte und Temperatur in einem einzelnen Gas bestehenden Beziehungen eine mechanische Erklärung der bekannten chemischen Relation zwischen der Dichte eines Gases und seinem Äquivalentgewicht liefert, die gemeinhin das Gesetz der äquivalenten Volumina heißt. Sie erklärt auch die Diffusion eines Gases durch ein anderes Gas, die innere Reibung eines Gases und die Wärmeleitung durch Gase.

Die Ansicht, daß die beobachteten Eigenschaften sichtbarer Körper, die anscheinend in Ruhe sind, auf die Wirkung in schneller Bewegung befindlicher unsichtbarer Moleküle zurückzuführen sei, ist schon bei LUCRETIUS zu finden. In der Darstellung, die er von der durch EPIKUR abgeänderten Theorie DEMOKRITS gibt, sagt er von den unsichtbaren Atomen, daß sie sich sämtlich mit gleicher Geschwindigkeit abwärts bewegen, die zu ganz unbestimmten Zeiten und an ganz unbestimmten Orten unwahrnehmbare Änderungen erleiden, die gerade ausreichen, um gelegentliche Zusammenstöße zwischen den

Atomen zu ermöglichen. Von diesen Atomen nimmt er an, daß sie kleine Körper durch eine Art von Wirkung in Bewegung setzen, von der wir uns eine gewisse Vorstellung dadurch verschaffen können, daß wir die Stäubchen in einem Lichtstrahl anschauen. Die Sprache von LUCRETIUS muß natürlich den Ideen seines Zeitalters gemäß interpretiert werden, wir brauchen uns aber nicht darüber zu wundern, daß er LESAGE die Grundauffassung seiner Gastheorie wie auch seine Lehre von außerweltlichen Korpuskeln eingegeben hat.[1])

Professor CLAUSIUS, dem wir die weitgehende Ausarbeitung der dynamischen Gastheorie verdanken, hat eine Liste von Autoren aufgestellt,[2]) die irgendeine Theorie in Bewegung befindlicher unsichtbarer Teilchen angenommen oder ihr zumindest Unterstützung gewährt haben. Von diesen erklärt DANIEL BERNOULLI im zehnten Abschnitt seiner „Hydrodynamik" den Druck der Luft klar und bestimmt durch den Stoß ihrer Teilchen auf die Wände des Behälters, der sie enthält.[3])

CLAUSIUS erwähnt auch ein Buch mit dem Titel Deux traités de physique mécanique, publiés par PIERRE PREVOST, comme simple éditeur du premier et comme auteur du second, Genève et Paris 1818. Die erste Arbeit stammt von G. LESAGE, der die Schwerkraft durch den Stoß „außerweltlicher Korpuskeln" auf Körper erklärt. Diese Korpuskeln setzen auch die Lichtteilchen und verschiedene ätherische Medien in Bewegung, die ihrerseits auf die Gasmoleküle einwirken und ihre Bewegungen aufrechterhalten. Seine Stoßtheorie ist falsch, seine Erklärung für das Ausdehnungsvermögen von Gasen ist aber im wesentlichen die nämliche wie in der dynamischen Theorie,

---

[1]) [G. L. LESAGE: Physique mécanique, 1746; veröffentlicht von P. PREVOST unter dem Titel Deux traités de physique mécanique. Genève 1818; vgl. auch den Artikel von LESAGE: „Lucrèce newtonien" in: Nouveaux mémoirs de l'Académie Royale des Sciences et Belles-Lettres, Berlin 1782, S. 404.]

[2]) Poggendorffs Annalen. Jan. 1862. Übersetzt von G. C. FOSTER, B. A., Phil. Mag., Juni 1862 [Ann. Phys. [Leipzig] **115** (1862) 1; Philos. Mag. **23** (1862) 417 und 512.]

[3]) [Vgl. Bd. 1, Arbeit 3.]

so wie sie jetzt vorliegt. Die zweite Abhandlung von PREVOST enthält neue Anwendungen der Prinzipien von LE SAGE auf Gase und auf das Licht. Eine weitergehende Anwendung der Theorie sich bewegender Moleküle rührt von HERAPATH her.[1]) Seine Theorie der Stöße vollkommen harter Körper, als welche er die Moleküle voraussetzt, ist insofern fehlerhaft, als nach ihr das Ergebnis des Stoßes von der absoluten Bewegung der Körper abhängt, so daß wir durch Experimente mit solchen harten Körpern (wenn wir über solche verfügen könnten) die absolute Richtung und Geschwindigkeit der Erdbewegung bestimmen könnten.[2]) Dieser Autor hat gleichwohl seine Theorie in vielen Fällen auf die numerischen Ergebnisse von Experimenten angewendet, und seine Spekulationen waren immer geistreich und haben oftmals wesentlich zur Klärung der behandelten Probleme beigetragen. Insbesondere werden die Theorie von Temperatur und Druck in Gasen und die Theorie der Diffusion klar herausgearbeitet.

Dr. JOULE[3]) hat auch den Gasdruck durch den Stoß der Gasmoleküle erklärt und die Geschwindigkeit berechnet, die diese haben müssen, um den in einzelnen Gasen zu beobachtenden Druck hervorzurufen.

Professor CLAUSIUS aus Zürich verdanken wir die vollständigste dynamische Gastheorie. Seine sonstigen Untersuchungen über die allgemeine dynamische Theorie der Wärme sind wohlbekannt, und seine Abhandlungen „Über die Art von Bewegung, die wir Wärme nennen" stellen eine vollständige Ausarbeitung der seiner Arbeit zugrunde gelegten molekularen Theorie dar. Nachdem ich

[1]) Mathematical Physics etc., von JOHN HERAPATH, Esq. 2 Bde. London: Whittaker & Co., und Herapaths Railway Journal Office, 1847. [Vgl. auch Ann. Philos. (2) 1 (1821) 273, 340 und 401; 2 (1821) 50, 89, 201, 257, 363 und 435; 3 (1821) 16); Nachdruck vorgesehen in: Sources of Science Series. Johnson Reprint Corp., New York.]

[2]) Mathematical Physics etc., S. 134.

[3]) Some Remarks on Heat and the Constitution of Elastic Fluids, 3. Okt. 1848; Memoirs of the Manchester Literary and Philosophical Society 9 (1851) 107.

seine Untersuchung[1]) über die Entfernung, die jedes Molekül zwischen zwei aufeinanderfolgenden Stößen zurücklegt, gelesen hatte, veröffentlichte ich einige Sätze[2]) über die Bewegungen und Stöße vollkommen elastischer Kugeln, leitete verschiedene Eigenschaften von Gasen her, insbesondere das Gesetz der äquivalenten Volumina, und klärte die Natur der Gasreibung. Ich gab auch eine Theorie der Diffusion von Gasen, die ich nunmehr als irrig erkannt habe, und auch in meiner Theorie der Wärmeleitung in Gasen befanden sich mehrere Fehler, auf die Herr CLAUSIUS in einer vollendeten Abhandlung über diesen Gegenstand aufmerksam gemacht hat.[3])

Herr O. E. MEYER[4]) hat auch die Theorie der inneren Reibung auf Grund der Hypothese harter elastischer Moleküle untersucht.

Ich beabsichtige in der vorliegenden Arbeit, die Moleküle eines Gases nicht als elastische Kugeln von bestimmtem Radius, sondern als kleine Körper oder Gruppen kleinerer Moleküle zu betrachten, die einander mit einer Kraft abstoßen, deren Richtung immer sehr nahe durch die Schwerpunkte der Moleküle hindurchgeht und deren Größe sehr genau durch eine gewisse Funktion des Abstands der Schwerpunkte dargestellt wird. Ich habe diese Abänderungen an der Theorie auf Grund der Ergebnisse meiner Experimente über die Viskosität von Luft bei verschiedenen Temperaturen vorgenommen, und ich habe aus diesen Versuchen geschlossen, daß die Abstoßung zur *fünften* Potenz des Abstands umgekehrt proportional ist.

Wenn wir uns durch ein Gefäß, das eine große Anzahl solcher in Bewegung befindlicher Moleküle enthält, in

---

[1]) Philos. Mag., Febr. 1859. [Bd. 1, Arbeit 9.]

[2]) Illustrations of the Dynamical Theory of Gases. Philos. Mag., Jan. und Juli 1860. [**19** (1860) 19–32 und **20** (1860) 21–37 (Bd. 1, Arbeit 10).]

[3]) Poggendorff, Jan. 1862; Philos. Mag., Juni 1862. Übers. von G. C. FOSTER, B. A., Philos. Mag., Juni 1862. [Ann. Phys. [Leipzig] **115** (1862) 1; Philos. Mag. **23** (1862) 417 und 512.]

[4]) Über die innere Reibung der Gase (Poggendorff, Bd. **125**, 1865).

Gedanken eine Ebene gelegt denken, so wird die Ebene in jeder Richtung von sehr vielen Molekülen durchquert werden. Der Überschuß der Masse derjenigen Moleküle, die die Ebene in positiver Richtung durchqueren, zu der Masse derjenigen, die sie in negativer Richtung kreuzen, gibt ein Maß für den Gasfluß durch die Ebene in positiver Richtung.

Läßt man die Ebene sich mit einer solchen Geschwindigkeit bewegen, daß der Molekülfluß durch sie in keiner Richtung größer als in der Gegenrichtung ist, so ist die Geschwindigkeit der Ebene gleich der zu der Ebene normalen Komponente der mittleren Geschwindigkeit des Gases.

Zusätzlich wird es noch Moleküle geben, die sich in beiden Richtungen durch die Ebene bewegen und einen gewissen Impulsbetrag mit sich in den Gasteil tragen, der auf der anderen Seite der Ebene liegt.

Die auf diese Weise dem Gas auf der anderen Seite der Ebene pro Zeiteinheit mitgeteilte Impulsmenge ist ein Maß für die durch den Rest auf dieses Gas ausgeübte Kraft. Diese Kraft heißt der Gasdruck.

Wären die Geschwindigkeiten der sich in verschiedenen Richtungen bewegenden Moleküle unabhängig voneinander, so brauchte der Druck in einem Punkt des Gases nicht in allen Richtungen derselbe zu sein, und der Druck zwischen zwei Gasteilen, die durch eine Ebene voneinander getrennt sind, brauchte nicht auf jener Ebene senkrecht zu stehen. Um der beobachteten Druckgleichheit in allen Richtungen Rechnung zu tragen, müssen wir also eine gewisse Ursache annehmen, die zu einem Ausgleich der Bewegung in allen Richtungen führt. Diese finden wir in der Ablenkung, die ein Teilchen auf seinem Weg durch ein anderes erleidet, wenn die beiden einander nahekommen. Da dieser Bewegungsausgleich jedoch nicht momentan erfolgt, werden die Drücke in allen Richtungen nur im Falle eines in Ruhe befindlichen Gases vollkommen ausgeglichen, während in einem Gas, das sich in einem Bewegungszustand befindet, das Streben nach vollkommener Gleichheit der Drücke zu den Erscheinungen der Viskosität oder inneren Reibung Anlaß gibt. Die Viskositätserscheinungen lassen sich in allen Körpern hypothesenfrei wie folgt beschreiben:

Bei einer Verrückung wird in dem Körper eine Verzerrung oder Deformation hervorgerufen, die wir S nennen können. Auf diese Weise wird ein Spannungszustand oder eine elastische Kraft wirksam, die wir F nennen können. Die Beziehung zwischen der Spannung und der Deformation läßt sich in der Form $F = ES$ schreiben, wo E der Elastizitätskoeffizient für jene besondere Art der Deformation ist. In einem festen Körper ohne Viskosität bleibt F gleich ES, und es gilt

$$\frac{\mathrm{d}F}{\mathrm{d}t} = E\frac{\mathrm{d}S}{\mathrm{d}t}.$$

Ist jedoch der Körper viskos, so bleibt F nicht konstant, sondern strebt mit einer Geschwindigkeit, die vom Wert von F und von der Natur des Körpers abhängt, gegen Null. Nehmen wir diese Geschwindigkeit als zu F proportional an, so läßt sich die Gleichung in der Form

$$\frac{\mathrm{d}F}{\mathrm{d}t} = E\frac{\mathrm{d}S}{\mathrm{d}t} - \frac{F}{T}$$

schreiben, die die tatsächlich ablaufenden Erscheinungen empirisch wiedergibt. Denn wenn S konstant ist, gilt

$$F = ES\,\mathrm{e}^{-t/T}.$$

was zeigt, daß F allmählich verschwindet, so daß der Körper, wenn er sich selbst überlassen wird, allmählich jegliche innere Spannung verliert und der Druck schließlich wie in einer in Ruhe befindlichen Flüssigkeit oder einem Gas verteilt ist.

Wenn $\mathrm{d}S/\mathrm{d}t$ konstant ist, d. h., wenn es sich um eine stationäre Bewegung des Körpers handelt, durch die die

Verschiebung kontinuierlich wächst, so ist

$$F = ET\frac{\mathrm{d}S}{\mathrm{d}t} + C\,\mathrm{e}^{-t/T},$$

woraus hervorgeht, daß F gegen einen konstanten Wert strebt, der von der Verrückungsgeschwindigkeit abhängt. Die Größe ET, mit der die Verschiebungsgeschwindigkeit zu multiplizieren ist, um die Kraft zu erhalten, kann der Viskositätskoeffizient genannt werden. Er ist gleich dem Produkt aus einem Elastizitätskoeffizienten E und einer Zeit T, die die „Relaxationszeit" der elastischen Kraft genannt werden mag. In beweglichen Flüssigkeiten oder Gasen ist T ein sehr kleiner Bruchteil einer Sekunde, und E läßt sich dann nicht leicht bestimmen. In viskosen Festkörpern kann T gleich mehreren Stunden oder Tagen sein; dann läßt sich E leicht messen. Es ist möglich, daß T in gewissen Körpern eine Funktion von F ist; das wäre dann für das allmähliche Aufdrehen von Drähten verantwortlich zu machen, die vorher bis über die Grenze vollkommener Elastizität hinaus verdreht worden sind. Wenn nämlich T mit wachsendem F verschwindet, werden die am weitesten von der Achse entfernten Teile des Drahtes während des Torsionvorganges schneller als die in Achsennähe gelegenen Teile fließen, und wenn die Torsionskraft aufhört zu wirken, wird sich der Draht zunächst so lange aufdrehen, bis zwischen den Spannungen in den inneren und äußeren Teilen Gleichgewicht herrscht. Diese Spannungen werden dann einer allmählichen Relaxation unterliegen; da aber der wirkliche Wert der Spannung in den äußeren Schichten größer ist, wird er schneller relaxieren, so daß der Draht fortfährt, sich auf Grund der Spannung in den inneren Teilen, die sich länger als die der äußeren Teile halten, einige Stunden lang allmählich aufzudrehen. Diese Erscheinung ist von WEBER an Seidenfasern, von KOHLRAUSCH an Glasfäden und von mir selbst an Stahldrähten beobachtet worden.

Bei einer Anhäufung von sich bewegenden Molekülen,

als welche wir uns etwa ein Gas vorstellen, gibt es auch einen Widerstand gegenüber Formänderung, der das darstellt, was man etwa lineare Elastizität oder „Starrheit" des Gases nennen kann; dieser Widerstand gibt aber nach und vermindert sich mit einer Geschwindigkeit, die vom Betrag der Kraft und von der Natur des Gases abhängt.

Wir wollen annehmen, daß die Moleküle in einem rechteckigen Gefäß mit vollkommen elastischen Wänden eingeschlossen sind und daß sie keinerlei Wirkung aufeinander ausüben, so daß sie sich niemals stoßen oder irgendwie eine Abweichung von ihrem geradlinigen Weg hervorrufen. Dann kann man leicht zeigen, daß die von den Molekülstößen herrührenden Drücke auf die Gefäßwände vollkommen unabhängig voneinander sind, so daß sich die Masse bewegter Moleküle nicht wie eine Flüssigkeit oder ein Gas, sondern wie ein elastischer Festkörper verhält. Wir wollen jetzt annehmen, daß die Drücke zunächst in den drei zu den Wänden senkrechten Richtungen gleich sind, und wollen die Dimensionen a, b, c des Gefäßes um kleine Größen δa, δb, δc ändern.

Wenn dann p der ursprüngliche Druck in der Richtung von a war, so geht er über in

$$p\left(1-3\frac{\delta a}{a}-\frac{\delta b}{b}-\frac{\delta c}{c}\right);$$

es gilt also, wenn keine Volumenänderung eintritt,

$$\frac{\delta p}{p}=-2\frac{\delta a}{a},$$

was zeigt, daß in diesem Falle eine „longitudinale" Formelastizität existiert, deren Koeffizient gleich $2p$ ist. Der „Starrheits"-Koeffizient ist daher gleich p.

Diese Starrheit kann jedoch nicht direkt beobachtet werden, weil sich die Moleküle gegenseitig von ihren geradlinigen Wegen ablenken und auf diese Weise den Druck in allen Richtungen ausgleichen. Die Geschwindigkeit, mit der dieser Ausgleich erfolgt, ist groß, aber nicht unendlich groß; daher verbleibt eine gewisse Druckungleichheit, die die Erscheinung der Viskosität bewirkt.

Ich habe experimentell gefunden, daß der Viskositätskoeffizient in einem gegebenen Gas von der Dichte unabhängig und der absoluten Temperatur proportional ist, so daß also, wenn ET die Viskosität ist, $ET \propto p/\varrho$ gilt.

Es ist aber $E = p$, und daher variiert T, die Relaxationszeit, umgekehrt wie die Dichte und ist unabhängig von der Temperatur. Daher ist die Anzahl der Stöße pro Zeiteinheit, die eine gegebene Ablenkung hervorrufen, von der Temperatur und damit von der Geschwindigkeit der Moleküle unabhängig und zur Anzahl der Moleküle pro Volumeneinheit proportional. Wenn wir die Moleküle als harte elastische Körper voraussetzen, wird die Anzahl der Stöße einer gegebenen Art zur Geschwindigkeit proportional sein, sehen wir sie aber als Kraftzentren an, so wird der Ablenkwinkel mit zunehmender Geschwindigkeit kleiner; und wenn die Kraft zur fünften Potenz des Abstands umgekehrt proportional ist, wird die Anzahl der Streuakte einer gegebenen Art von der Geschwindigkeit unabhängig sein. Daher habe ich meinen Berechnungen dieses Gesetz zugrunde gelegt.

Die Wechselwirkung der Moleküle bewirkt nicht nur einen Druckausgleich in allen Richtungen, sondern hat auch zur Folge, daß, wenn Moleküle verschiedener Art vorliegen, die eine Art auf die andere Bewegung überträgt. Ich habe früher gezeigt, daß das Endergebnis im Falle harter elastischer Körper darin besteht, daß hierdurch die durchschnittliche *vis viva* eines Moleküls für alle verschiedenen Molekülsorten dieselbe ist. Nun ist der von jedem Molekül herrührende Druck zu seiner *vis viva* proportional, so daß der von einer gegebenen Anzahl von Molekülen in einem gegebenen Volumen herrührende Gesamtdruck der gleiche ist, wie groß auch die Molekülmasse sei, vorausgesetzt nur, daß die Moleküle verschiedener Arten ungehindert aufeinander Bewegung übertragen können.

Ist der Fluß der *vis viva* von der einen Molekülsorte zu der anderen gleich Null, so sagt man, sie haben dieselbe Temperatur. Daher enthalten gleiche Volumina verschiedener Gase bei gleichen Drücken und Temperaturen gleiche Molekülzahlen.

Dieses Ergebnis der dynamischen Theorie liefert die Erklärung des „Gesetzes der äquivalenten Volumina" in Gasen.

Wir werden sehen, daß dieses Resultat auch im Falle von Molekülen gilt, die als Kraftzentren wirken. Ein Gesetz von gleich allgemeinem Charakter läßt sich wahrscheinlich finden, wenn man die Temperatur flüssiger und fester Körper mit der ihren Molekülen innewohnenden Energie verknüpft, obgleich es unsere Unkenntnis der Natur der Zusammenhänge zwischen den Molekülen schwierig macht, die präzise Form des Gesetzes auszusprechen.

In dieser Theorie sind die Moleküle eines Gases jene Teile von ihm, die sich annähernd wie ein einziger Körper bewegen. Diese Moleküle können bloße Punkte oder mit Trägheit begabt reine Kraftzentren sein oder die Fähigkeit haben, Arbeit bei gleichzeitigem Geschwindigkeitsverlust zu leisten. Sie können Systeme mehrerer solcher Kraftzentren sein, die durch ihre Wechselwirkung aneinander gebunden sind, und in diesem Falle können die verschiedenen Zentren entweder getrennt sein, so daß sie eine Gruppe von Punkten bilden, oder sie können tatsächlich zusammenfallen, so daß sie einen Punkt bilden. Schließlich können wir sie, falls notwendig, als kleine feste Körper von bestimmter Form voraussetzen; in diesem Falle müssen wir jedoch eine neue Menge von Kräften annehmen, die die Teile dieser kleinen Körper zusammenhalten, und auf diese Weise eine molekulare Theorie zweiter Ordnung einführen. Die Lehren, daß jegliche Materie ausgedehnt ist und daß keine zwei Teile von Materie an derselben Stelle zusammenfallen können, die Folgerungen aus unseren Experimenten mit sinnlich wahrnehmbaren Körpern darstellen, finden auf die Theorie der Moleküle keine Anwendung.

Die kinetische Energie eines sich bewegenden Körpers

setzt sich aus zwei Teilen zusammen, von denen der eine auf die Bewegung seines Schwerpunktes zurückgeht, während der andere von den Bewegungen seiner Teile relativ zum Schwerpunkt herrührt. Wenn der Körper unveränderliche Form besitzt, kommen als Bewegungen seiner Teile relativ zum Schwerpunkt nur Drehungen in Betracht; sind jedoch die Teile des Körpers nicht starr miteinander verbunden, so kann es sich bei ihren Bewegungen um Schwingungen verschiedener Arten sowie um eine Drehung des gesamten Körpers handeln.

Die gegenseitige Beeinflussung der Moleküle während ihres Fluges führt dazu, daß sich ihre Bewegungsenergie in einem gewissen Verhältnis auf diejenige, die auf die Schwerpunktbewegung zurückgeht, und auf die von der Rotation oder einer anderen inneren Bewegung herrührende Energie verteilt. Wenn die Moleküle reine Kraftzentren sind, können sie keine Rotationsenergie besitzen, und die Gesamtenergie reduziert sich auf die Translationsenergie; in allen anderen Fällen läßt sich jedoch die Gesamtenergie des Moleküls durch $(1/2)\,Mv^2\beta$ darstellen, worin β das Verhältnis der Gesamtenergie zur Translationsenergie darstellt. Das Verhältnis β wird für jedes Molekül verschieden sein, und es wird sich auch für dasselbe Molekül nach jeder Begegnung mit einem anderen Molekül unterscheiden, es wird jedoch, wie CLAUSIUS gezeigt hat,[1]) einen Mittelwert besitzen, der von der Natur des Moleküls abhängt. Der Wert von β kann bestimmt werden, wenn wir entweder die spezifischen Wärmen des Gases oder ihr Verhältnis kennen.

Die Untersuchungsmethode, nach der ich in der folgenden Abhandlung vorgehen werde, besteht darin, die Mittelwerte der folgenden Funktionen der Geschwindigkeit aller Moleküle einer gegebenen Art in einem Volumenelement zu bestimmen:

α) die in Komponenten parallel zu jeder der Koordinatenachsen zerlegte mittlere Geschwindigkeit;

[1]) [Bd. 1, Arbeit 8.]

β) die Mittelwerte von Funktionen zweiten Grades dieser Geschwindigkeitskomponenten;

γ) die Mittelwerte von Funktionen dritten Grades dieser Geschwindigkeiten.

Die Translationsgeschwindigkeit des Gases, beziehe sie sich nun auf das Gas allein oder auf die Diffusion durch ein anderes Gas, wird durch α) gegeben, der Druck des Gases auf eine beliebige Ebene, sei sie nun normal oder tangential zu der Ebene, wird durch β) gegeben, und die Geschwindigkeit der Wärmeleitung durch das Gas wird durch γ) gegeben.

Ich beabsichtige, die Änderungen dieser Größen zu ermiteln, die erstens von den Begegnungen der Moleküle mit anderen desselben Systems oder eines hiervon verschiedenen Systems, zweitens von der Wirkung äußerer Kräfte wie etwa der Schwerkraft und drittens von dem Durchgang von Molekülen durch die Begrenzung des Volumenelements herrühren.

Anschließend werde ich diese Berechnungen auf die Bestimmung der statischen Fälle der Endverteilung zweier Gase unter der Wirkung der Schwerkraft, auf das Temperaturgleichgewicht zwischen zwei Gasen und auf die Temperaturverteilung in einer vertikalen Säule anwenden. Diese Ergebnisse sind von dem zwischen den Molekülen bestehenden Kraftgesetz unabhängig. Ich werde auch die dynamischen Fälle der Diffusion, Viskosität und Wärmeleitung betrachten, in die das Kraftgesetz zwischen den Molekülen eingeht.

Über die Wechselwirkung zweier Moleküle

M_1, M_2 seien die Massen dieser Moleküle und ξ_1, η_1, ζ_1 und ξ_2, η_2, ζ_2 ihre Geschwindigkeitskomponenten bezüglich dreier paarweise aufeinander senkrechter Richtungen. Die Geschwindigkeitskomponenten des Schwerpunktes der beiden Moleküle sind dann

$$\frac{\xi_1 M_1 + \xi_2 M_2}{M_1 + M_2}, \qquad \frac{\eta_1 M_1 + \eta_2 M_2}{M_1 + M_2}, \qquad \frac{\zeta_1 M_1 + \zeta_2 M_2}{M_1 + M_2}.$$

Die Bewegung des Schwerpunkts ändert sich auch durch die Wechselwirkung der Moleküle nicht, welcher Art diese Wirkung auch sein mag. Wir können daher den Schwerpunkt als den Ursprung eines Koordinatensystems nehmen, das sich parallel zu sich selbst mit gleichförmiger Geschwindigkeit bewegt, und die Änderung der Bewegung jedes Teilchens in bezug auf diesen Punkt als Ursprung betrachten.

Wenn wir die Moleküle als einfache Kraftzentren ansehen, so wird jedes Molekül eine ebene Kurve um seinen Schwerpunkt beschreiben, und die beiden Kurven werden einander ähnlich und bezüglich der Apsidenlinie symmetrisch sein. Wenn sich die Moleküle mit ausreichender Geschwindigkeit bewegen, um sich aus ihrer Wechselwirkungssphäre entfernen zu können, werden ihre Bahnen ein Paar von Asymptoten besitzen, die um den Winkel $\pi/2 - \vartheta$ gegen die Apsidenlinie geneigt ist. Die Asymptoten der Bahn von M_1 werden vom Schwerpunkt den Abstand b_1, diejenigen von M_2 den Abstand b_2 haben, wobei

$$M_1 b_1 = M_2 b_2$$

ist.

Der Abstand zwischen zwei parallelen Asymptoten, von jeder Bahnkurve je einer, ist dann

$$b = b_1 + b_2 .$$

Legen wir, während die beiden Moleküle einander noch nicht beeinflussen, durch M_1 eine Gerade in Richtung der Relativgeschwindigkeit von M_1 zu M_2 und fällen von M_2 aus auf diese Gerade das Lot, so wird die Länge dieses Lotes gleich b sein, und die Ebene, die b und die Richtung der Relativbewegung enthält, wird die Ebene der Bahnen um den Schwerpunkt sein.

Wenn die Moleküle nach ihrer Wechselwirkung und Ablenkung wieder so weit voneinander entfernt sind, daß zwischen ihnen keine merkliche Wirkung mehr besteht, so wird sich jedes derselben mit derselben Geschwindigkeit relativ zum Schwerpunkt bewegen, wie es vor der Wechselwirkung gehabt hat, nur daß sich jetzt die Richtung dieser Relativgeschwindigkeit um einen Winkel 2ϑ in der Bahnebene gedreht hat.

Der Winkel ϑ ist eine Funktion der Relativgeschwindigkeit der Moleküle und von b, dabei hängt die Form der Funktion von der Natur der Wirkung zwischen den Molekülen ab.

Wenn wir die Moleküle als Körper oder als Systeme von Körpern ansehen, die außer zu einfacher Translationsbewegung zu Drehungen, inneren Schwingungen oder zur Aufnahme irgendeiner anderen Energieform fähig sind, so sind diese Ergebnisse abzuändern. Der Wert von ϑ und die Endgeschwindigkeiten der Moleküle hängen dann von dem Betrag der inneren Energie in jedem Molekül vor der Begegnung sowie von der besonderen Form jener Energie zu jedem Zeitpunkt während der Wechselwirkung ab. Wir haben bei dem gegenwärtigen Stand unserer Kenntnisse von den Molekülen keine Mittel an der Hand, um solche komplizierten Wirkungen zu bestimmen, so daß wir uns mit der Annahme zufrieden geben müssen, daß der Wert von ϑ im Durchschnitt derselbe wie für reine Kraftzentren ist und daß sich die Endgeschwindigkeiten von den Anfangsgeschwindigkeiten nur um Größen unterscheiden, die bei jedem Stoßvorgang vernachlässigt werden können, wiewohl sich zwischen der Translationsenergie und der inneren Energie der Moleküle bei einer großen Anzahl von Stößen durch wiederholte unbedeutende Austauschprozesse schließlich ein Endverhältnis einstellt, von dem wir annehmen wollen, daß es gleich 1 zu $\beta - 1$ ist.

Wir können nun die Endgeschwindigkeit von M_1 bestimmen, nachdem es wieder aus dem Bereich der Wechselwirkung zwischen ihm und M_2 herausgetreten ist.

V sei die Geschwindigkeit von M_1 relativ zu M_2; dann sind die Komponenten von V

$$\xi_1 - \xi_2, \quad \eta_1 - \eta_2, \quad \zeta_1 - \zeta_1.$$

Die Bahnebene ist die Ebene, die V und b enthält. Diese Ebene möge gegenüber der Ebene, die V enthält und zur x-Achse parallel ist, um φ geneigt sein; dann können wir denWert von ξ_1 nach dem Stoßvorgang ermitteln, weil die Richtung von V in der Bahnebene um einen Winkel von 2ϑ gedreht ist, während sein Betrag gleich bleibt. Nennen wir diesen Wert ξ_1', so ist

$$\xi_1' = \xi_1 + \frac{M_2}{M_1 + M_2}\Big\{(\xi_2 - \xi_1)\, 2 \sin^2 \vartheta + \sqrt{(\eta_2 - \eta_1)^2 + (\zeta_2 - \zeta_1)^2} \sin 2\vartheta \cos \varphi\Big\}. \tag{1}$$

Ähnliche Ausdrücke werden sich für die Komponenten der Endgeschwindigkeit von M_1 in den anderen Koordinatenrichtungen ergeben.

Wenn wir die Anfangslagen und -geschwindigkeiten von M_1 und M_2 kennen, so können wir V, die Geschwindigkeit von M_1 relativ zu M_2; b, den kürzesten Abstand zwischen M_1 und M_2, der sich ergeben würde, wenn sich diese mit gleichförmiger Geschwindigkeit auf Geraden weiterbewegen würden; und den Winkel φ bestimmen, der die Ebene festlegt, in der V und b liegen. Aus V und b können wir ϑ ermitteln, wenn wir das Kraftgesetz kennen, so daß das Problem im Falle zweier Moleküle gelöst ist.

Wenn wir von diesem Fall zu dem zweier Systeme sich bewegender Moleküle übergehen, werden wir annehmen, daß die Zeit, während der sich ein Molekül außerhalb des Wirkungsbereiches der übrigen Moleküle befindet, so groß im Vergleich zu der Zeit ist, während der es durch diese Wirkung abgelenkt wird, daß sowohl die Zeit, die während der Begegnung verstreicht, als auch die Entfernung, die von den Molekülen dabei durchlaufen wird, im Vergleich zu der Zeit und der Entfernung, bei denen die Moleküle von Störkräften frei sind, vernachlässigt werden können. Wir dürfen auch jene Fälle vernachlässigen, bei denen sich drei oder mehr Moleküle gleichzeitig in den Wirkungsbereichen der übrigen befinden.

Über die Wechselwirkung zweier Systeme sich bewegender Moleküle

Die Anzahl der Moleküle der ersten Art pro Volumeneinheit sei gleich N_1 und M_1 die Masse derselben. Die Geschwindigkeiten dieser Moleküle werden im allgemeinen sowohl dem Betrag als auch der Richtung nach verschieden sein. Wir wollen diejenigen Moleküle herausgreifen, deren Geschwindigkeitskomponenten zwischen

$$\xi_1 \text{ und } \xi_1 + d\xi_1, \qquad \eta_1 \text{ und } \eta_1 + d\eta_1, \qquad \zeta_1 \text{ und } \zeta_1 + d\zeta_1$$

liegen, und die Anzahl dieser Moleküle mit dN_1 bezeichnen. Die Geschwindigkeiten dieser Moleküle werden nahezu gleich und parallel sein.

Auf Grund der Wechselwirkungen der Moleküle bestimmt sich die Anzahl der Moleküle, die zu einem gegebenen Zeitpunkt Geschwindigkeiten innerhalb gegebener Grenzen haben, so daß

$$dN_1 = f_1(\xi_1 \eta_1 \zeta_1)\, d\xi_1\, d\eta_1\, d\zeta_1 \tag{2}$$

wird. Wir werden auf die Form dieser Funktion später eingehen.

N_2 sei die Anzahl von Molekülen der zweiten Art in der Volumeneinheit; von diesen mögen dN_2 Geschwindigkeiten zwischen ξ_2 und $\xi_2 + d\xi_2$, η_2 und $\eta_2 + d\eta_2$, ζ_2 und $\zeta_2 + d\zeta_2$ haben, wo

$$dN_2 = f_2(\xi_2 \eta_2 \zeta_2)\, d\xi_2\, d\eta_2\, d\zeta_2$$

ist.

Die Geschwindigkeit irgendeines der $\mathrm{d}N_1$ Moleküle des ersten Systems relativ zu den $\mathrm{d}N_2$ Molekülen des zweiten Systems ist V, und jedes Molekül M_1 wird in der Zeit δt unter den Molekülen des zweiten Systems einen relativen Weg $V\delta t$ beschreiben. Man denke sich nun einen Raum, der von den folgenden Flächen begrenzt wird. Zwei Zylinderflächen mögen die gemeinsame Achse $V\delta t$ und die Radien b und $b + \mathrm{d}t$ haben. Durch die Endpunkte der Geraden $V\delta t$ seien senkrecht zu ihr zwei Ebenen gelegt. Schließlich seien noch durch $V\delta t$ zwei Ebenen gelegt, die mit einer zur x-Achse parallelen Ebene durch V die Winkel φ und $\varphi + \mathrm{d}\varphi$ einschließt. Dann ist das zwischen den vier Ebenen und den zwei Zylindern eingeschlossene Volumen gleich $Vb\mathrm{d}b\mathrm{d}\varphi\delta t$.

Wenn dieses Volumen eines der Moleküle M_2 einschließt, dann wird während der Zeit δt zwischen M_1 und M_2 eine Begegnung stattfinden, in der b zwischen b und $b + \mathrm{d}b$ und φ zwischen φ und $\varphi + \mathrm{d}\varphi$ liegt.

Da es in der Volumeneinheit $\mathrm{d}N_1$ Moleküle von ähnlicher Art wie M_1 und $\mathrm{d}N_2$ Stück von ähnlicher Art wie M_2 gibt, wird die Gesamtzahl der Stoßvorgänge der gegebenen Art zwischen den zwei Systemen gleich

$$Vb\mathrm{d}b\mathrm{d}\varphi\delta t\mathrm{d}N_1\mathrm{d}N_2$$

sein.

Nun sei Q irgendeine Eigenschaft des Moleküls M_1 wie etwa seine Geschwindigkeit in einer gegebenen Richtung, das Quadrat oder die dritte Potenz dieser Geschwindigkeit oder irgendeine andere Eigenschaft des Moleküls, die sich bei einem Stoßvorgang der gegebenen Art in einer bekannten Weise ändert, so daß aus Q nach dem Stoß Q' wird, dann geht Q für eine gewisse Anzahl von Molekülen der ersten Art während der Zeit $\mathrm{d}t$ in Q' über, während die übrigen ihren ursprünglichen Wert von Q beibehalten, so daß

$$\delta Q\mathrm{d}N_1 = (Q' - Q)\, Vb\mathrm{d}b\mathrm{d}\varphi\delta t\mathrm{d}N_1\mathrm{d}N_2$$

oder

$$\frac{\delta Q \mathrm{d} N_1}{\delta t} = (Q' - Q)\, V b \mathrm{d} b \mathrm{d} \varphi \mathrm{d} N_1 \mathrm{d} N_2 \qquad (3)$$

wird.

Hierin bezieht sich $\delta Q \mathrm{d} N_1/\delta t$ auf die Änderung in der Summe der Werte von Q für die $\mathrm{d}N_1$ Moleküle, die auf ihre Begegnungen der gegebenen Art mit den $\mathrm{d}N_2$ Molekülen der zweiten Sorte zurückzuführen ist. Um den Wert von $\delta Q N_1/\delta t$, die Änderungsgeschwindigkeit von Q unter allen Molekülen der ersten Art, zu bestimmen, müssen wir die folgenden Integrationen vornehmen:

1. über φ von $\varphi = 0$ bis $\varphi = 2\pi$.
2. über b von $b = 0$ bis $b = \infty$.

Diese Operationen liefern die Ergebnisse der Stöße jeder Art zwischen den $\mathrm{d}N_1$ und $\mathrm{d}N_2$ Molekülen.

3. über $\mathrm{d}N_2$ oder $f_2(\xi_2 \eta_2 \zeta_2)\mathrm{d}\xi_2 \mathrm{d}\eta_2 \mathrm{d}\zeta_2$.
4. über $\mathrm{d}N_1$ oder $f_1(\xi_1 \eta_1 \zeta_1)\mathrm{d}\xi_1 \mathrm{d}\eta_1 \mathrm{d}\zeta_1$.

Diese Operationen erfordern im allgemeinen die Kenntnis der Formen von f_1 und f_2.

1. Integration über φ

Da die Wirkung zwischen den Molekülen immer dieselbe ist, in was für einer Ebene sie auch stattfindet, werden wir zunächst den Wert von $\int_0^{2\pi} (Q' - Q)\mathrm{d}\varphi$ in verschiedenen Fällen bestimmen, indem wir für Q eine gewisse Funktion von ξ, η und ζ einsetzen.

α) Es sei $Q = \xi_1$ und $Q' = \xi_1'$; dann wird

$$\int_0^{2\pi} (\xi_1' - \xi_1)\, \mathrm{d}\varphi = \frac{M_2}{M_1 + M_2} (\xi_2 - \xi_1)\, 4\pi \sin^2 \vartheta. \qquad (4)$$

β) Es sei $Q = \xi_1^2$ und $Q' = \xi_1'^2$; dann ist

$$\int_0^{2\pi} (\xi_1'^2 - \xi_1^2)\, \mathrm{d}\varphi = \frac{M_2}{(M_1 + M_2)^2} [(\xi_2 - \xi_1)(M_1\xi_1 + M_2\xi_2) \times 8\pi \sin^2\vartheta + M_2 \{(\eta_2 - \eta_1)^2 + (\zeta_2 - \zeta_1)^2 - 2(\xi_2 - \xi_1)^2\} \pi \sin^2 2\vartheta]. \tag{5}$$

Durch Koordinatentransformation können wir hieraus

$$\left.\begin{aligned} &\int_0^{\pi} (\xi_1'\eta_1' - \xi_1\eta_1)\mathrm{d}\varphi = \frac{M_2}{(M_1 + M_2)^2} \\ &\times [\{M_2\xi_2\eta_2 - M_1\xi_1\eta_1 + 1/2\,(M_1 - M_2)(\xi_1\eta_2 \\ &+ \xi_2\eta_1)\}\, 8\pi \sin^2\vartheta - 3M_2(\xi_2 - \xi_1)(\eta_2 - \eta_1)] \end{aligned}\right\} \tag{6}$$

herleiten sowie ähnliche Ausdrücke für die übrigen quadratischen Funktionen von ξ, η, ζ.

γ) Es sei $Q = \xi_1(\xi_1^2 + \eta_1^2 + \zeta_1^2)$, $Q' = \xi_1'(\xi_1'^2 + \eta_1'^2 + \zeta_1'^2)$; setzen wir dann

$$\xi_1^2 + \eta_1^2 + \zeta_1^2 = V_1^2,\ \xi_1\xi_2 + \eta_1\eta_2 + \zeta_1\zeta_2 = U,\ \xi_2^2 + \eta_2^2 + \zeta_2^2 = V_2^2$$

und

$$(\xi_2 - \xi_1)^2 + (\eta_2 - \eta_1)^2 + (\zeta_2 - \zeta_1)^2 = V^2,$$

so finden wir

$$\left.\begin{aligned} &\int_0^{\pi} (\xi_1' V_1'^2 - \xi_1 V_1^2)\mathrm{d}\varphi = \frac{M_2}{M_1 + M_2} 4\pi \sin^2\vartheta \\ &\times \{(\xi_2 - \xi_1) V_1^2 + 2\xi_1(U - V_1^2)\} + \left(\frac{M_2}{M_1 + M_2}\right)^2 \\ &\times (8\pi \sin^2\vartheta - 3\pi \sin^2 2\vartheta \cdot 2(\xi_2 - \xi_1)(U - V_1^2) \\ &+ \left(\frac{M_2}{M_1 + M_2}\right)^2 (8\pi \sin^2\vartheta + 2\pi \sin^2 2\vartheta)\, \xi_1 V^2 \\ &+ \left(\frac{M_2}{M_1 + M_2}\right)^2 (8\pi \sin^2\vartheta - 2\pi \sin^2 2\varphi) \cdot 2(\xi_2 - \xi_1) V^2. \end{aligned}\right\} \tag{7}$$

Dies sind die hauptsächlichsten Funktionen von ξ, η, ζ, deren Änderungen wir zu betrachten haben werden; wir wollen sie mit den Symbolen α, β oder γ bezeichnen, je nachdem, ob die Funktion der Geschwindigkeit von erstem, zweitem oder drittem Grade ist.

2. *Integration über b*

Wir haben als nächstes diese Ausdrücke mit $b\,db$ zu multiplizieren und über b von $b = 0$ bis $b = \infty$ zu integrieren. Dabei müssen wir im Auge behalten, daß ϑ eine Funktion von b und V ist und nur bestimmt werden kann, wenn das Kraftgesetz bekannt ist. In den Ausdrücken, mit denen wir es zu tun haben, tritt ϑ nur in zwei Formen auf, nämlich in $\sin^2 \vartheta$ und in $\sin^2 2\vartheta$. Wenn wir daher in der Lage sind, die beiden Werte von

$$B_1 = \int_0^\infty 4\pi b\,db \sin^2 \vartheta, \qquad B_2 = \int_0^\infty \pi b\,db \sin^2 2\vartheta \quad (8)$$

zu ermitteln, so können wir alle Ausdrücke über b integrieren.

B_1 und B_2 werden Funktionen von V allein sein, deren Form wir nur in Sonderfällen bestimmen können, nachdem wir ϑ als Funktion von b und V gefunden haben.

Bestimmung von ϑ für gewisse Kraftgesetze

Wir wollen annehmen, daß die Kraft zwischen den Molekülen M_1 und M_2 abstoßenden Charakter hat und umgekehrt proportional zur n-ten Potenz des Abstands zwischen ihnen variiert. Dann finden wir, wenn K der Wert der bewegenden Kraft im Abstand Eins ist, nach der Bahngleichung beim Vorliegen von Zentralkräften

$$\frac{\pi}{2} - \vartheta = \int_0^{x'} \frac{dx}{\sqrt{1 - x^2 - \frac{2}{n-1}\left(\frac{x}{a}\right)^{n-1}}}, \tag{9}$$

wo $x = b/r$ oder das Verhältnis von b zum Abstand der Moleküle zu einer gegebenen Zeit ist: x ist daher eine Zahlengröße; desgleichen ist auch α eine Zahlengröße und wird durch die Gleichung

$$\alpha = b\left\{\frac{V^2 M_1 M_2}{K(M_1 + M_2)}\right\}^{1/(n-1)} \tag{10}$$

gegeben.

Die Integrationsgrenzen sind $x = 0$ und $x = x'$, wo x' die kleinste positive Wurzel der Gleichung

$$1 - x^2 - \frac{2}{n-1}\left(\frac{x}{\alpha}\right)^{n-1} = 0 \tag{11}$$

ist.

Es ist offensichtlich, daß ϑ eine Funktion von α und n ist, und wenn n bekannt ist, kann ϑ als Funktion von α allein ausgedrückt werden.

Es ist auch

$$b\,db = \left\{\frac{K(M_1 + M_2)}{V^2 M_1 M_2}\right\}^{2/(n-1)} \alpha\, d\alpha, \tag{12}$$

so daß mit

$$A_1 = \int_0^\infty 4\pi\alpha\, d\alpha \sin^2\vartheta, \qquad A_2 = \int_0^\infty \pi\alpha\, d\alpha \sin^2 2\vartheta \tag{13}$$

A_1 und A_2 bestimmte Zahlengrößen werden, die ermittelt werden können, wenn n gegeben ist; B_1 und B_2 lassen sich dann erhalten, indem man A_1 und A_2 mit

$$\left\{\frac{K(M_1 + M_2)}{M_1 M_2}\right\}^{2/(n-1)} V^{-4/(n-1)}$$

multipliziert.

Ehe wir weiter integrieren, haben wir mit V zu multiplizieren, so daß die Form, in der V in die Ausdrücke eingeht, die wir über $\mathrm{d}N_1$ und $\mathrm{d}N_2$ zu integrieren haben,

$$V^{(n-5)/(n-1)}$$

ist.

Es wird gezeigt werden, daß wir aus Experimenten über die Viskosität von Gasen Grund zu der Annahme haben, daß $n = 5$ ist. In diesem Falle verschwindet V aus den Ausdrücken der Form (3), und diese lassen sich dann unmittelbar über $\mathrm{d}N_1$ und $\mathrm{d}N_2$ integrieren.

Wenn wir $n = 5$ annehmen und $\alpha^4 = 2\cot^2 2\varphi$ und

$$x = \sqrt{1-\tan^2\varphi}\cos\psi,$$

setzen, wird

$$\frac{\pi}{2} - \vartheta = \sqrt{\cos 2\varphi}\int_0^{\pi/2}\frac{\mathrm{d}\psi}{\sqrt{1-\sin^2\varphi\sin^2\psi}}$$

$$= \sqrt{\cos 2\varphi}\, F_{\sin\varphi}, \tag{14}$$

wo $F_{\sin\varphi}$ das vollständige elliptische Integral erster Gattung ist und in den LEGENDREschen Tafeln gegeben wird. Ich habe die folgende Tabelle für den Abstand der Asymptoten, den Apsidenabstand, den Wert von ϑ und die Größen berechnet, deren Summation auf A_1 und A_2 führt [s. folgende Seite].

$$A_1 = \int 4\pi\alpha\,\mathrm{d}\alpha\sin^2\vartheta = 2{,}6595, \tag{15}$$

$$A_2 = \int \pi\alpha\,\mathrm{d}\alpha\sin^2 2\vartheta = 1{,}3682. \tag{16}$$

Die von Molekülen um ein Kraftzentrum S, von dem sie umgekehrt proportional zur fünften Potenz des Abstands abgestoßen werden, beschriebenen Wege sind umseitig in Abb. 1.1 dargestellt.

Von den Molekülen wird vorausgesetzt, daß sie sich ursprünglich mit gleichen Geschwindigkeiten auf parallelen Wegen bewegen, und wie ihre Ablenkungen vom Abstand des Weges von S abhängen, geht aus den verschiedenen Kurven in der Abbildung hervor.

φ		b	Apsiden-abstand	ϑ		$\frac{\sin^2 \vartheta}{\sin^2 2\varphi}$	$\frac{\sin^2 2\vartheta}{\sin^2 2\varphi}$
°	′			°	′		
0	0	unendlich	unendlich	0	0	0	0
5	0	2381	2391	0	31	0,00270	0,01079
10	0	1658	1684	1	53	0,01464	0,03689
15	0	1316	1366	4	47	0,02781	0,11048
20	0	1092	1172	8	45	0,05601	0,21885
25	0	916	1036	14	15	0,10325	0,38799
30	0	760	931	21	42	0,18228	0,62942
35	0	603	845	31	59	0,31772	0,71433
40	0	420	772	47	20	0,55749	1,02427
41	0	374	758	51	32	0,62515	0,96763
42	0	324	745	56	26	0,70197	0,85838
43	0	264	732	62	22	0,78872	0,67868
44	0	187	719	70	18	0,88745	0,40338
44	30	132	713	76	1	0,94190	0,21999
45	0	0	707	90	0	1,00000	0,00000

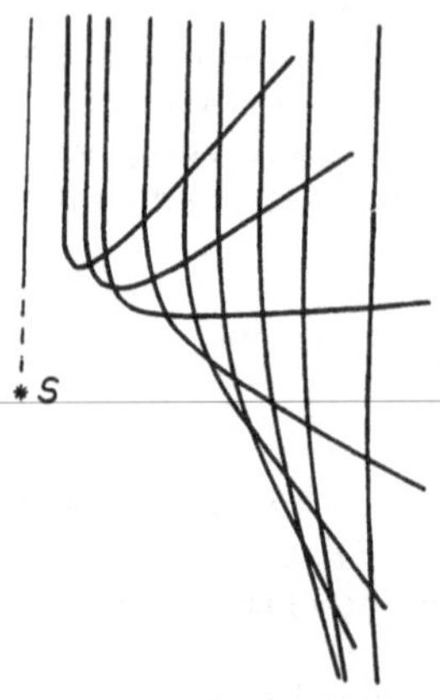

Abb. 1.1

3. Integration über $\mathrm{d}N_2$

Wir haben nun Ausdrücke, die verschiedenartige Funktionen von ξ, η, ζ und V enthalten, über alle Moleküle der zweiten Sorte zu integrieren. Wir können den zu integrierenden Ausdruck folgendermaßen schreiben:

$$\iiint Q\, V^{(n-5)/(n-1)} f_2(\xi_2 \eta_2 \zeta_2)\, \mathrm{d}\xi_2 \mathrm{d}\eta_2 \mathrm{d}\zeta_2,$$

worin Q eine bereits bestimmte gewisse Funktion von ξ, η, ζ usw. und f_2 diejenige Funktion ist, die die Geschwindigkeitsverteilung unter den Molekülen der zweiten Art charakterisiert.

Im Falle $n = 5$ verschwindet V, und wir können als Ergebnis der Integration

$$\bar{Q} N_2$$

schreiben, wo $\bar{Q}$ der Mittelwert von Q über alle Moleküle der zweiten Art und N_1 die Anzahl dieser Moleküle ist.

Ist jedoch n nicht gleich 5, so daß V nicht verschwindet, so hätten wir die Kenntnis der Form der Funktion f_2 zu fordern, ehe wir mit der Integration fortschreiten können.

Der einzige Fall, in dem ich die Form dieser Funktion bestimmt habe, ist der von einer oder mehreren Arten von Molekülen, für die sich durch fortlaufende Stöße eine solche Geschwindigkeitsverteilung ergeben hat, daß die Anzahl der Moleküle, deren Geschwindigkeit innerhalb gegebener Grenzen liegt, konstant bleibt. Im Philosophical Magazine vom Januar 1860 habe ich eine Untersuchung dieses Falles gegeben, die sich auf die Annahme stützt, daß die Wahrscheinlichkeit dafür, daß ein Molekül eine Geschwindigkeit hat, deren x-Komponente zwischen gegebenen Grenzen liegt, in keiner Weise durch die Kenntnis beeinflußt wird, daß das Molekül eine gegebene Geschwindigkeitskomponente parallel zur y-Achse besitzt.[1]) Da diese Annahme als unsicher erscheinen mag, will ich jetzt die Form dieser Funktion auf eine andere Weise bestimmen.

[1]) [Bd. 1, Arbeit 10.]

Über die Endverteilung der Geschwindigkeit unter den Molekülen zweier Systeme, die aufeinander nach einem beliebigen Kraftgesetz einwirken

Von einem gegebenen Punkt O aus seien Linien gezogen, die in Richtung und Länge die Geschwindigkeiten jedes Moleküls von jeglicher Art in der Volumeneinheit repräsentieren. Die Endpunkte dieser Linien werden derart

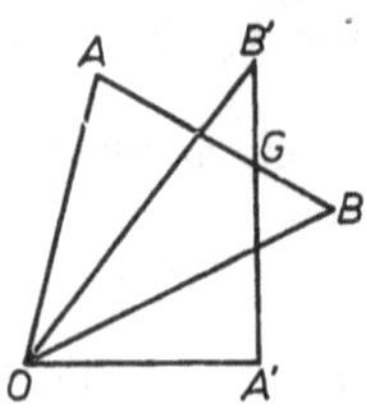

Abb. 1.2

über den Raum verteilt sein, daß die Anzahl derartiger Linien, die innerhalb eines irgendwo gewählten Volumenelements $\mathrm{d}V$ enden, gleich $f(r)\,\mathrm{d}V$ ist, wo r den Abstand von $\mathrm{d}V$ von O darstellt.

Es sei $OA = a$ die Geschwindigkeit eines Moleküls der ersten Art und $OB = b$ diejenige eines Moleküls der zweiten Art vor ihrer Begegnung; dann wird BA die Geschwindigkeit von A relativ zu B sein, und wenn wir AB in G in umgekehrtem Verhältnis wie die Massen der Moleküle teilen und OG ihre Verbindungslinie ist, wird OG die Geschwindigkeit des Schwerpunktes der beiden Moleküle sein.

Es seien jetzt $OA' = a'$ und $OB' = b'$ die Geschwindigkeiten der beiden Moleküle nach dem Stoß, dann ist $GA = GA'$ und $GB = GB'$, und $A'GB'$ ist eine Gerade, die nicht notwendig in der Ebene von OAB liegt. Dann ist $AGA' = 2\vartheta$ auch der Winkel, um den die Relativgeschwindigkeit im Verlauf des fraglichen Stoßes gedreht wird. Die Relativbewegung der Moleküle ist vollständig festgelegt, wenn wir BA, die Relativgeschwindigkeit vor dem Stoß, 2ϑ, den Winkel, um den sich BA während des Stoßvorganges dreht, und den Winkel φ kennen, der die Richtung der Ebene definiert, in der BA und $B'A'$ liegen. Alle Stöße, bei denen die Größe und Richtung von BA wie auch von ϑ und φ innerhalb gewisser beinahe zusammenfallender Grenzen liegen, werden wir als Stöße der betrachteten Art klassifizieren. Die Anzahl derartiger Stöße pro Zeiteinheit wird gleich

$$n_1 n_2 F \, \mathrm{d}e \tag{17}$$

sein, wo n_1 und n_2 die Anzahlen der betrachteten Moleküle jeder Art sind und F eine Funktion der Relativgeschwindigkeit und des Winkels ϑ ist, während $\mathrm{d}e$ von den Grenzen des Bereichs abhängt, innerhalb dessen wir Stöße als von derselben Art ansprechen.

A durchlaufe jetzt die Begrenzung eines Volumenelements $\mathrm{d}V$, während sich AB und $A'B'$ parallel zu sich selbst bewegen; dann werden B, und A', B' gleichfalls gleiche und ähnliche Volumenelemente durchlaufen.

Die Anzahl von Molekülen der ersten Art, deren Geschwindigkeiten durch Linien repräsentiert werden, die in dem bei A liegenden Element $\mathrm{d}V$ enden, ist gleich

$$n_1 = f_1(a) \, \mathrm{d}V. \tag{18}$$

Die Anzahl von Molekülen der zweiten Art, deren Geschwindigkeiten OB entsprechen, ist gleich

$$n_2 = f_2(b) \, \mathrm{d}V, \tag{19}$$

und die Anzahl von Stößen der betrachteten Art zwischen diesen zwei Mengen von Molekülen wird

$$f_1(a) \, f_2(b) \, (\mathrm{d}V)^2 \, F \, \mathrm{d}e. \tag{20}$$

Die Linien, die die Geschwindigkeiten dieser Moleküle nach Stoßvorgängen der betrachteten Art repräsentieren, werden innerhalb bei A' und B' liegender Volumenelemente enden, deren jedes gleich $\mathrm{d}\,V$ ist.

Auf ähnliche Weise würden wir für die Anzahl von Stößen zwischen Molekülen, deren ursprüngliche Geschwindigkeiten um A' und B' beschriebenen Elementen von der Größe $\mathrm{d}\,V$ entsprechen und deren spätere Geschwindigkeiten Elementen von der Größe $\mathrm{d}\,V$ um A und B entsprechen,

$$f_1(a')\,f_2(b')\,(\mathrm{d}\,V)^2\,F'\mathrm{d}e \tag{21}$$

finden, wo F' dieselbe Funktion von $B'A'$ und $A'GA$ ist wie F von BA und AGA'. F ist daher gleich F'.

Wenn die Anzahl von Molekülpaaren, die ihre Geschwindigkeiten von OA, OB in OA', OB' ändern, gleich der Anzahl derjenigen ist, die von OA', OB' in OA, OB übergehen, so ergibt sich eine Endgeschwindigkeitsverteilung, die sich bei folgenden Austauschen nicht mehr ändert. Dies wird dann der Fall sein, wenn

$$f_1(a)\,f_2(b) = f_1(a')\,f_2(b') \tag{22}$$

ist. Nun ist

$$M_1 a^2 + M_2 b^2 = M_1 a'^2 + M_2 b'^2 \tag{23}$$

die einzige Relation zwischen a, b und a', b', woraus wir

$$f_1(a) = C_1 \mathrm{e}^{-(a^2/\alpha^2)}, \quad f_2(b) = C_2 \mathrm{e}^{-(b^2/\beta^2)} \tag{24}$$

erhalten, wo

$$M_1\alpha^2 = M_2\beta^2 \tag{25}$$

ist. Indem wir $\iiint C_1 e^{-(\xi^2+\eta^2+\zeta^2)/\alpha^2}\,\mathrm{d}\xi\,\mathrm{d}\eta\,\mathrm{d}\zeta$ integrieren und das Ergebnis gleich N_1 setzen, erhalten wir den Wert von C_1. Wenn somit die Geschwindigkeitsverteilung unter N_1 Molekülen so beschaffen ist, daß die Anzahl von Molekülen, deren Geschwindigkeitskomponenten zwischen ξ

und $\xi + d\xi$, η und $\eta + d\eta$, ζ und $\zeta + d\zeta$ liegen, gleich

$$dN_1 = \frac{N_1}{\alpha^3 \pi^{3/2}} e^{-(\xi^2+\eta^2+\zeta^2)/\alpha^2} d\xi d\eta d\zeta \qquad (26)$$

ist, dann wird sich die Geschwindigkeitsverteilung durch den Geschwindigkeitsaustausch zwischen den Molekülen bei ihrer Wechselwirkung nicht mehr ändern.

Das stellt somit eine mögliche Form der Endverteilung der Geschwindigkeiten dar. Es ist auch die einzige Form; denn wenn es eine andere Form gäbe, so würde der Austausch zwischen Geschwindigkeiten, die durch OA und OA' repräsentiert werden, nicht gleich sein. Angenommen, die Anzahl von Molekülen mit der Geschwindigkeit OA' wachse auf Kosten von OA. Dann muß OA', da die Gesamtzahl von Molekülen, die OA' entsprechen, konstant bleibt, ebenso viel an OA'' übertragen und so fort, bis wir schließlich wieder bei OA anlangen.

Wenn somit OA, OA', OA'' eine Reihe von Geschwindigkeiten ist, so wird jedes Molekül die Tendenz haben, der Reihe nach die Geschwindigkeiten OA, OA', OA'' usw. anzunehmen und schließlich wieder bei OA anzulangen. Nun ist es unmöglich, einen Grund dafür anzugeben, daß die sukzessiven Geschwindigkeiten eines Moleküls gerade in einem solchen Zyklus angeordnet sein sollen und nicht in der umgekehrten Reihenfolge. Wenn daher der direkte Austausch zwischen OA und OA' nicht gleich ist, so kann die Gleichheit auch nicht durch Austausch in einem Zyklus erzielt werden. Daher ist der direkte Austausch zwischen OA und OA' gleich, und die Verteilung, die wir bestimmt haben, ist die einzig mögliche.

Diese Endgeschwindigkeitsverteilung wird nur erreicht, wenn die Moleküle eine große Anzahl von Stößen durchgemacht haben. Die große Geschwindigkeit, mit der die Stöße aufeinanderfolgen, zieht aber nach sich, daß die Form der Geschwindigkeitsverteilung bei allen Bewegungen und Änderungen des Gassystems mit Ausnahme höchstens der heftigsten nur geringfügig geändert wird.

Wenn sich das Gas als Gesamtmasse bewegt, setzen sich die jetzt bestimmten Geschwindigkeiten mit der Translationsbewegung des Gases zusammen.

Ändern auch die Volumenelemente des Gases ihre Form, indem sie in Richtung gewisser Achsen komprimiert oder gedehnt werden, so werden die Werte des mittleren Geschwindigkeitsquadrats in verschiedenen Richtungen verschieden sein. Es ist wahrscheinlich, daß die Funktion dann von der Form

$$f_1(\xi\eta\zeta) = \frac{N_1}{\alpha\beta\gamma\pi^{3/2}}\, e^{-(\xi^2/\alpha^2+\eta^2/\beta^2+\zeta^2/\gamma^2)} \tag{27}$$

sein wird, worin α, β, γ geringfügig voneinander abweichen. Ich habe es jedoch nicht unternommen, in diesem Fall die exakte Geschwindigkeitsverteilung zu untersuchen, da diese für die Theorie der Bewegung von Gasen nicht benötigt wird.

Wenn ein Gas durch ein anderes diffundiert oder wenn durch ein Gas Wärme geleitet wird, so wird die Geschwindigkeitsverteilung in der positiven und in der negativen Richtung verschieden und nicht etwa symmetrisch sein wie in dem Fall, den wir betrachtet haben. Die Abweichung von der Symmetrie kann jedoch in den meisten realen Fällen als sehr klein behandelt werden.

Die hauptsächlichsten Schlußfolgerungen, die wir aus dieser Untersuchung ziehen können, lauten wie folgt. Wenn wir den Betrag der Geschwindigkeit mit α bezeichnen, so gilt:

1. Die mittlere Geschwindigkeit ist

$$\bar{v} = \frac{2}{\sqrt{\pi}}\,\alpha. \tag{28}$$

2. Das mittlere Geschwindigkeitsquadrat ist

$$\overline{v^2} = 3/2\,\alpha^2. \tag{29}$$

3. Der Mittelwert von ξ^2 ist

$$\overline{\xi^2} = 1/2\,\alpha^2. \tag{30}$$

4. Der Mittelwert von ξ^4 ist

$$\overline{\xi^4} = 3/4\,\alpha^4. \tag{31}$$

5. Der Mittelwert von $\xi^2\eta^2$ ist

$$\overline{\xi^2\eta^2} = 1/4\,\alpha^4. \tag{32}$$

6. Wenn zwei Molekülsysteme vorliegen, so ist

$$M_1\alpha^2 = M_2\beta^2 \tag{33}$$

und daher

$$M_1 v_1^2 = M_2 v_2^2, \tag{34}$$

d. h., die mittlere *vis viva* eines Moleküls ist in jedem System dieselbe. Das stellt ein sehr wichtiges Resultat der Gastheorie dar; es ist außerdem, wie alle anderen Ergebnisse, die sich auf die Endverteilung der Geschwindigkeiten beziehen, von der Natur der Wirkung zwischen den Molekülen unabhängig. Wir werden sehen, daß es auf das als Gesetz der äquivalenten Volumina bekannte Gasgesetz führt.

Änderung von Funktionen der Geschwindigkeit auf Grund von Stößen zwischen den Molekülen

Wir können nun darangehen, die Werte von $\delta\overline{Q}/\delta t$ in den verschiedenen Fällen aufzuschreiben. Wir werden den über alle Moleküle einer Sorte erstreckten Mittelwert einer beliebigen Größe dadurch kennzeichnen, daß wir über das Symbol, das die Größe für irgendein einzelnes Molekül repräsentiert, einen Strich setzen; in Ausdrücken, in denen von allen solchen Größen der Mittelwert zu nehmen ist, wollen wir aber der Bequemlichkeit halber den Strich weglassen. Die Wirkung von Molekülen der ersten bzw. der zweiten Art werden wir dabei mit den Symbolen δ_1 und δ_1 bezeichnen, während δ_3 zur Kennzeichnung der Wirkung äußerer Kräfte dienen soll. Außerdem werden wir uns auf den Fall $n = 5$ beschränken, da dieser nicht nur keinerlei mathematische Schwierigkeiten bietet, sondern überdies den einzigen Fall darstellt, der mit den Gesetzen der Viskosität von Gasen in Einklang steht.

In diesem Falle verschwindet V, und wir bekommen für die Wirkung des zweiten Systems auf das erste

$$\frac{\delta Q}{\delta t} = N_2 \left\{ \frac{K(M_1 + M_2)}{M_1 M_2} \right\}^{1/2} A \int_0^\pi (Q' - Q)\, \mathrm{d}\varphi, \tag{35}$$

wo für die Funktionen von ξ, η, ζ in $(Q' - Q)\,\mathrm{d}\varphi$ ihr über alle Moleküle erstreckter Mittelwert zu nehmen ist, während A_1 oder A_2 an Stelle von A einzusetzen ist, je nachdem, ob in den Gleichungen (4), (5), (6), (7) $\sin^2\vartheta$ oder $\sin^2 2\vartheta$ vorkommt. Wir erhalten auf diese Weise

$$\alpha) \quad \frac{\delta_2 \xi_1}{\delta t} = \left\{ \frac{K}{M_1 M_2 (M_1 + M_2)} \right\}^{1/2} N_2 M_2 A_1 (\xi_2 - \xi_1), \tag{36}$$

$$\beta) \quad \frac{\delta_2 \xi_1^2}{\delta t} = \left\{ \frac{K}{M_1 M_2 (M_1 + M_2)} \right\}^{1/2} \frac{N_2 M_2}{M_1 + M_2}$$
$$\times \{2 A_1 (\xi_2 - \xi_1)(M_1 \xi_1 + M_2 \zeta_2)$$
$$+ A_2 M_2 \left(\overline{\eta_2 - \eta_1}^2 + \overline{\zeta_2 - \zeta_1}^2 - \overline{2\xi_2 - \xi_1}^2 \right) \}, \tag{37}$$

$$\frac{\delta_2 \xi_1 \eta_1}{\delta t} = \left\{ \frac{K}{M_1 M_2 (M_1 + M_2)} \right\}^{1/2} \frac{N_2 M_2}{M_1 + M_2}$$
$$\times [A_1 \{2 M_2 \xi_2 \eta_2 - 2 M_1 \xi_1 \eta_1 + (M_1 - M_2)(\xi_1 \eta_2 + \xi_2 \eta_1)\}$$
$$- 3 A_2 M_2 (\xi_2 - \xi_1)(\eta_2 - \eta_1)], \tag{38}$$

$$\gamma)\qquad \frac{\delta_2 \xi_1 V_1^2}{\delta t} = \left\{\frac{K}{M_1 M_2 (M_1 + M_2)}\right\}^{1/2} N_2 M_2$$
$$\times \left[A_1 \left\{\overline{\xi_2 - \xi_1}\, V_1^2 + 2\xi_1 (U - V_1^2)\right\} + \frac{M_2}{M_1 + M_2}\right.$$
$$\times (2A_1 - 3A_2)\, 2(\xi_2 - \xi_1)(U - V_1^2)$$
$$+ \frac{M_2}{M_1 + M_2}(2A_1 + 2A_2)\xi_1 V^2 + \left(\frac{M_2}{M_1 + M_2}\right)^2$$
$$\left.\times (2A_1 - 2A_2) \cdot 2(\xi_2 - \xi_1) V^2\right], \tag{39}$$

wobei wir das Symbol δ_2 verwendet haben, um Änderungen zu kennzeichnen, die von der Wirkung von Molekülen des zweiten Systems herrühren.

Dies sind die Werte der Änderungsgeschwindigkeit der Mittelwerte von ξ_1, ξ_1^2, $\xi_1 \eta_1$ und $\xi_1 V_1^2$ für die Moleküle der ersten Art, die auf ihre Begegnungen mit Molekülen der zweiten Art zurückzuführen sind. In allen diesen Ausdrücken müssen wir alle Funktionen von ξ, η, ζ ausmultiplizieren und die Mittelwerte der auf diese Weise erhaltenen Produkte nehmen. Da dies für alle derartigen Funktionen zu geschehen hat, habe ich in diesen Ausdrücken den Strich über jeder Funktion weggelassen.

Um die Änderungsgeschwindigkeit zu ermitteln, die auf Stöße zwischen den Teilchen desselben Systems zurückgeht, haben wir lediglich durchgängig den Index 2 in 1 abzuändern und den Koeffizienten K der Kraft zwischen M_1 und M_2 in K_1 abzuändern, denjenigen der Kraft zwischen zwei Molekülen des ersten Systems. Auf diese Weise finden wir

$$\alpha)\qquad \frac{\delta_1 \overline{\xi_1}}{\delta t} = 0, \tag{40}$$

$$\beta)\qquad \frac{\delta_1 \overline{\xi_1^2}}{\delta t} = \left(\frac{K_1}{2 M_1^3}\right)^{1/2} M_1 N_1 A_2$$
$$\times \left\{\overline{\eta_1^2} + \overline{\zeta_1^2} - 2\overline{\xi_1^2} - \left(\overline{\eta_1}\,\overline{\eta_1} + \overline{\zeta_1}\,\overline{\zeta_1} - 2\overline{\xi_1}\,\overline{\xi_1}\right)\right\}, \tag{41}$$

$$\frac{\delta_1 \overline{\xi_1 \eta_1}}{\delta t} = \left(\frac{K_1}{2 M_1^3}\right)^{1/2} M_1 N_1 A_2 \, 3 \{\overline{\xi_1 \eta_1} - \overline{\xi_1 \eta_1}\}, \tag{42}$$

γ) $$\frac{\delta_1 \overline{\xi_1 V_1^2}}{\delta t} = \left(\frac{K_1}{2 M_1^3}\right) M_1 N_1 A_2 \, 3 \left(\overline{\xi_1 V_1^2} - \overline{\zeta_1 V_1^2}\right). \tag{43}$$

Diese Größen sind zu denen in den Gleichungen (36) bis (39) zu addieren, um die Änderungsgeschwindigkeit für die Moleküle der ersten Art zu erhalten, die auf Stöße mit Molekülen beider Systeme zurückzuführen ist. Wenn es nur eine Molekülsorte gibt, liefern die letzteren Gleichungen sofort die Änderungsgeschwindigkeiten.

Über die Wirkung äußerer Kräfte auf ein System sich bewegender Moleküle

Wir wollen annehmen, daß die äußere Kraft der Gravitationskraft ähnlich ist, die allen Molekülen gleiche Beschleunigung erteilt. X, Y, Z seien die Kraftkomponenten in den drei Koordinatenrichtungen. Dann bekommen wir nach der Dynamik für die durch diese Ursache bedingten Änderungen von ξ, ξ^2 und ξV^2

α) $$\frac{\delta_3 \xi}{\delta t} = X, \tag{44}$$

β) $$\frac{\delta_3 \xi^2}{\vartheta t} = 2 \xi X, \tag{45}$$

$$\frac{\delta_3 \xi \eta}{\delta t} = \eta X + \xi Y, \tag{46}$$

γ) $$\frac{\delta_3 \xi V^2}{\delta t} = 2 \xi (\xi X + \eta Y + \zeta Z) + X V^2, \tag{47}$$

worin sich δ_3 auf Änderungen auf Grund der Wirkung äußerer Kräfte bezieht.

Über die totale Änderungsgeschwindigkeit der verschiedenen Funktionen der Geschwindigkeit der Moleküle des ersten Systems, die von ihren Stößen mit Molekülen beider Systeme und von der Wirkung äußerer Kräfte herrührt.

Um die totale Änderungsgeschwindigkeit zu finden, die von diesen Ursachen herrührt, müssen wir die bereits ermittelten Größen

$$\frac{\delta_1 Q}{\delta t}, \quad \frac{\delta_2 Q}{\delta t} \quad \text{und} \quad \frac{\delta_3 Q}{\delta t}$$

addieren. Wir finden es jedoch für den Rest dieser Untersuchung am zweckmäßigsten, einen Wechsel in der Bezeichnung vorzunehmen und an Stelle von

$$\xi, \eta \text{ und } \zeta \quad u + \xi, \quad v + \eta \text{ und } w + \zeta \tag{48}$$

zu setzen, wo u, v und w so gewählt sind, daß sie die Mittelwerte der Geschwindigkeitskomponenten aller Moleküle desselben Systems in der unmittelbaren Umgebung eines gegebenen Punktes darstellen. Wir werden auch

$$M_1 N_1 = \varrho_1, \quad M_2 N_2 = \varrho_2 \tag{49}$$

schreiben, wo ϱ_1 und ϱ_2 die Dichten der zwei Molekülsysteme sind, d. h. die Masse pro Volumeneinheit. Wir werden auch

$$\left(\frac{K_1}{2 M_1^2}\right)^{1/2} = k_1, \quad \left(\frac{K}{M_1 M_2 (M_1 + M_2)}\right)^{1/2} = k,$$

$$\left(\frac{K_2}{2 M_2^3}\right)^{1/2} = k_2 \tag{50}$$

schreiben; ϱ_1, ϱ_2, k_1, k_2 und k sind hierin Größen, deren absolute Werte aus dem Experiment erschlossen werden können. Zur Bestimmung von M, N oder K liegen noch keine experimentellen Daten vor.

Wir finden auf diese Weise für die Änderungsgeschwindigkeit der verschiedenen Funktionen der Geschwindigkeit

$$\alpha) \quad \frac{\delta u_1}{\delta t} = k A_1 \varrho_2 (u_2 - u_1) + X, \tag{51}$$

$$\beta) \quad \frac{\delta \xi_1^2}{\delta t} = k_1 A_2 \varrho_1 \{\eta_1^2 + \zeta_1^2 - 2\xi_1^2\} + k \varrho_2 \frac{M_2}{M_1 + M_2}$$

$$\times \left\{2 A_1 (u_2 - u_1)^2 + A_2 \left(\overline{v_2 - v_1}^2 + \overline{w_2 - w_1}^2 - \overline{2 u_2 - u_2}^2\right)\right\}$$

$$+ \frac{k p_2}{M_1 + M_2} \{2 A_1 (M_2 \xi_2^2 - M_1 \xi_1^2)$$

$$+ A_2 M_2 (\eta_1^2 + \zeta_1^2 - 2\xi_1^2 + \eta_2^2 + \zeta_2^2 - 2\xi_1^2)\}, \tag{52}$$

$$\gamma) \quad \frac{\delta \xi \eta}{\delta t} = -3 k_1 A_2 \varrho_1 \xi_1 \eta_1 + k \varrho_2 \frac{M_2}{M_1 + M_2}$$

$$\times (2 A_1 - 3 A_2)(u_2 - u_1)(v_2 - v_1)$$

$$+ \frac{k \varrho_2}{M_1 + M_2} \{2 A_1 (M_2 \xi_2 \eta_2 - M_1 \xi_1 \eta_1)$$

$$- 3 A_2 M_2 (\xi_1 \eta_1 + \xi_2 \eta_2)\}. \tag{53}$$

γ) Da die Ausdrücke für die Änderung von Funktionen dritten Grades in gemischten Medien kompliziert sind und wir für sie keine Verwendung haben werden, werde ich nur den Fall eines einzelnen Mediums angeben:

$$\frac{\delta}{\delta t} (\xi_1^3 + \xi_1 \eta_1^2 + \xi_1 \zeta_1^2) = -3 k_1 \varrho_1 A_2 (\xi_1^3 + \xi_1 \eta_1^2 + \xi_1 \zeta_1^2)$$

$$+ X (3\xi_1^2 + \eta_1^2 + \zeta_1^2) + 2 Y \xi_1 \eta_1 + 2 Z \xi_1 \zeta_1 \tag{54}$$

Theorie eines aus sich bewegenden Molekülen zusammengesetzten Mediums

Wir wollen annehmen, daß die Lage jedes sich bewegenden Moleküls auf drei rechtwinklige Achsen bezogen ist und daß

$$u + \xi, \quad v + \eta, \quad w + \zeta$$

die Geschwindigkeitskomponenten irgendeines von ihnen in der x-, y- und z-Richtung sind; hierin stellen u, v, w die Komponenten der mittleren Geschwindigkeit aller der Moleküle dar, die sich zu einem gegebenen Zeitpunkt in einem gegebenen Volumenelement befinden, und ξ, η, ζ sind die Komponenten der Relativgeschwindigkeit eines dieser Moleküle bezüglich der mittleren Geschwindigkeit.

Die Größen u, v, w können als Funktionen von x, y, z und t behandelt werden; die Differentiation wird dann durch das Symbol d ausgedrückt. Die Größen ξ, η, ζ, die für jedes Molekül verschieden sind, müssen für jedes Molekül als Funktion von t betrachtet werden. Ihre Änderung bezüglich t wird durch das Symbol δ gekennzeichnet.

Die Mittelwerte von ξ^2 und anderen Funktionen von ξ, η, ζ über alle Moleküle im Volumenelement können jedoch als Funktionen von x, y, z und t behandelt werden.

Wenn wir ein Volumenelement betrachten, das sich dauernd mit den Geschwindigkeiten u, v, w bewegt, so werden wir feststellen, daß es nicht immer aus denselben Molekülen besteht, weil durch seine Begrenzung ständig Moleküle hindurchtreten. Wir können es daher nicht als eine Masse behandeln, die sich mit der Geschwindigkeit u, v, w bewegt, wie es in der Hydrodynamik üblich ist, sondern müssen die Bewegung jedes Moleküls getrennt untersuchen. Wenn wir die Änderung der Eigenschaften dieses Elements während seiner Bewegung als eine Funktion der Zeit zu betrachten haben, werden wir das Symbol ∂ benutzen.

Wir wollen die Geschwindigkeiten u, v, w die Translationsgeschwindigkeiten des Mediums und ξ, η, ζ die Geschwindigkeiten der Wärmebewegung der Moleküle nennen.

Die Molekülzahl im Volumenelement $\mathrm{d}x\mathrm{d}y\mathrm{d}z$ sei $N\mathrm{d}x\mathrm{d}y\mathrm{d}z$; dann können wir N die Anzahl von Molekülen pro Volumeneinheit nennen. Wenn M die Masse jedes Moleküls und ϱ die Dichte des Elements ist, so ist

$$MN = \varrho. \tag{55}$$

Übertragung von Größen durch ein ebenes Flächenstück

Wir müssen als nächstes die Moleküle betrachten, die pro Zeiteinheit durch ein gegebenes Ebenenstück vom Flächeninhalt Eins hindurchgehen, und die Materie-, Impuls-, Wärmemenge usw. bestimmen, die pro Zeiteinheit von der negativen zur positiven Seite dieser Ebene übertragen wird.

Wir werden zuerst die N Moleküle in der Volumeneinheit je nach dem jeweiligen Wert von ξ, η und ζ in Klassen einteilen, und wir werden annehmen, daß die Anzahl von Molekülen pro Volumeneinheit, deren Geschwindigkeit in der x-, y-, und z-Richtung zwischen ξ und $\xi + \mathrm{d}\xi$, η und $\eta + \mathrm{d}\eta$, bzw. ζ und $\zeta + \mathrm{d}\zeta$ liegt, gleich $\mathrm{d}N$ ist, dann wird $\mathrm{d}N$ eine Funktion der Geschwindigkeitskomponenten sein, und die über alle Moleküle erstreckte Summe hiervon ergibt die Gesamtzahl N der Moleküle. Die wahrscheinlichste Form dieser Funktion für ein Medium im Gleichgewichtszustand ist

$$\mathrm{d}N = \frac{N}{\alpha^3 \pi^{3/2}} \mathrm{e}^{-(\xi^2+\eta^2+\zeta^2)/\alpha^2} d\xi \mathrm{d}\eta \mathrm{d}\zeta . \tag{56}$$

In der vorliegenden Untersuchung brauchen wir die Form dieser Funktion nicht zu kennen.

Wir wollen jetzt ein Ebenenstück vom Flächeninhalt Eins senkrecht zur x-Richtung betrachten, das sich mit einer Geschwindigkeit bewegt, deren x-Komponente gleich u' ist. Die Geschwindigkeit der Ebene relativ zu den betrachteten Molekülen ist $u' - (u + \xi)$, und da es $\mathrm{d}N$ solcher Moleküle in der Volumeneinheit gibt, wird sie in der Zeiteinheit

$$\{u' - (u + \xi)\}\mathrm{d}N$$

derartige Moleküle überholen, und die Anzahl von solchen Molekülen, die von der negativen zur positiven Seite der

Ebene hindurchtreten, wird gleich

$$(u + \xi - u')\,\mathrm{d}N$$

sein. Nun sei Q irgendeine dem Molekül zugehörige Eigenschaft wie etwa seine Masse, sein Impuls, seine *vis viva* usw., die das Molekül mit sich durch die Ebene trägt; Q wird dabei als eine Funktion von ξ oder von ξ, η und ζ angenommen oder möge in irgendeiner Weise von einem Molekül zum anderen variieren, vorausgesetzt nur, es ist für die ausgewählten Moleküle, deren Anzahl $\mathrm{d}N$ ist, gleich; dann ist die pro Zeiteinheit in positiver Richtung durch die Ebene übertragene Menge von Q gleich

$$\int (u - u' + \xi) Q\,\mathrm{d}N$$

oder

$$(u - u') \int Q\,\mathrm{d}N + \int \xi Q\,\mathrm{d}N. \tag{57}$$

Wenn wir $\bar{Q}N$ statt $\int Q\,\mathrm{d}N$ und $\overline{\xi Q}N$ statt $\int \xi Q\,\mathrm{d}N$ setzen, so können wir $\bar{Q}$ den Mittelwert von Q und $\overline{\xi Q}$ den Mittelwert von ξQ über alle Teilchen in der Volumeneinheit nennen, und wir können den Ausdruck für die Menge von Q, die pro Zeiteinheit die Ebene durchquert, in der Form

$$(u - u')\bar{Q}N + \overline{\xi Q}N \tag{58}$$

schreiben.

α) *Übertragung von Materie durch eine Ebene — Geschwindigkeit der Flüssigkeit*

Um die Materiemenge zu bestimmen, die die Ebene durchquert, müssen wir Q gleich der Masse M jedes Moleküls setzen; dann ist, da M für alle Moleküle derselben Art gleich ist, $\overline{M} = M$; und da der Mittelwert von ξ Null ist, reduziert sich der Ausdruck auf

$$(u - u')MN = (u - u')\varrho. \tag{59}$$

Wenn $u = u'$ ist oder wenn sich die Ebene mit der Geschwindigkeit u bewegt, ist der ganze Materieüberschuß, der durch die Ebene übertragen wird, Null; die Geschwindigkeit der Flüssigkeit oder des Gases kann daher als diejenige Geschwindigkeit definiert werden, deren Komponenten u, v, w sind.

β) Impulsübertragung durch eine Ebene — Drucksystem an einem beliebigen Punkt der Flüssigkeit

Der Impuls irgendeines Moleküls in der x-Richtung ist $M(u + \xi)$. Indem wir das für Q einsetzen, erhalten wir für die Impulsmenge, die in positiver Richtung durch die Ebene übertragen wird,

$$(u - u')u p + \overline{\xi^2}\varrho. \tag{60}$$

Wenn sich die Ebene mit der Geschwindigkeit u bewegt, reduziert sich dieser Ausdruck auf $\overline{\xi^2}\varrho$, wo $\overline{\xi^2}$ den Mittelwert von ξ^2 darstellt.

Dies ist der Gesamtimpuls der Moleküle in x-Richtung, der pro Zeiteinheit von der negativen zur positiven Seite der Ebene übergeht. Die mechanische Wirkung zwischen den Teilen des Mediums auf entgegengesetzten Seiten der Ebene rührt zum Teil von dem auf diese Weise übertragenen Impuls und teilweise von der direkten Anziehung oder Abstoßung zwischen auf entgegengesetzten Seiten der Ebene befindlichen Molekülen her. Der letztere Teil der Wirkung muß in Gasen sehr klein sein, so daß wir den Druck zwischen den auf entgegengesetzten Seiten der Ebene liegenden Teilen des Mediums im Grunde genommen vollständig auf den zwischen ihnen beständig aufrechterhaltenen Beschuß zurückführen können. Auch in y- und z-Richtung gibt es eine Impulsübertragung durch dieselbe Ebene, die durch

$$(u - u')v\varrho + \overline{\xi\eta}\varrho \tag{61}$$

und

$$(u - u')w\varrho + \overline{\xi\zeta}\varrho \tag{62}$$

gegeben wird, wo $\overline{\xi\eta}$ und $\overline{\xi\zeta}$ die Mittelwerte dieser Produkte darstellen.

Wenn sich die Ebene mit der mittleren Geschwindigkeit u der Flüssigkeit bzw. des Gases bewegt, ergibt sich für die Gesamtkraft, die dadurch auf das auf der positiven Seite befindliche Medium ausgeübt wird, daß Moleküle von der negativen Seite her in sie übertreten,

ein Normaldruck $\overline{\xi^2}\varrho$ in der x-Richtung,

ein Tangentialdruck $\overline{\xi\eta}\varrho$ in der y-Richtung

und ein Tangentialdruck $\overline{\xi\zeta}\varrho$ in der z-Richtung.

Wenn X, Y, Z die Komponenten des Druckes auf die Flächeneinheit einer Ebene mit der Richtungskosinussen l, m, n sind, so ist

$$\left.\begin{aligned} X &= l\overline{\xi^2}\varrho + m\overline{\xi\eta}\varrho + n\overline{\xi\zeta}\varrho, \\ Y &= l\overline{\xi\eta}\varrho + m\overline{\eta^2}\varrho + n\overline{\eta\zeta}\varrho, \\ Z &= l\overline{\xi\zeta}\varrho + m\overline{\eta\zeta}\varrho + n\overline{\zeta^2}\varrho. \end{aligned}\right\} \tag{63}$$

Wenn sich ein Gas nicht in einem Zustand heftiger Bewegung befindet, so sind die Drücke in allen Richtungen nahezu gleich; setzen wir in diesem Falle

$$\overline{\xi^2}\varrho + \overline{\eta^2}\varrho + \overline{\zeta^2}\varrho = 3p, \tag{64}$$

so stellt die Größe p den mittleren Druck in einem gegebenen Punkt dar, und $\overline{\xi^2}\varrho$, $\overline{\eta^2}\varrho$ und $\overline{\zeta^2}\varrho$ werden nur um kleine Größen von p abweichen; dann werden auch $\overline{\eta\zeta}\varrho$, $\overline{\zeta\xi}\varrho$ und $\overline{\xi\eta}\varrho$ kleine Größen bezüglich p sein.

Energie in dem Medium — eigentliche Wärme

Die kinetische Energie irgendeines Moleküls hängt zum Teil von der Geschwindigkeit seines Schwerpunktes und zum Teil von seiner Rotation oder anderen inneren Bewegungen bezüglich des Schwerpunktes ab. Sie kann in der Form

$$1/2 M\{(u+\xi)^2 + (v+\eta)^2 + (w+\zeta)^2\} + 1/2 E M \qquad (65)$$

geschrieben werden, wo $(1/2) E M$ der innere Teil der Molekülenergie ist, deren Form gegenwärtig unbekannt ist. Durch Summation über alle Moleküle in der Volumeneinheit ergibt sich die Energie zu

$$1/2(u^2+v^2+w^2)\varrho + 1/2(\xi^2+\eta^2+\zeta^2)\varrho + 1/2\bar{E}\varrho. \qquad (66)$$

Das erste Glied hierin gibt die Energie an, die von der Translationsbewegung des Mediums als einzige Masse herrührt, das zweite diejenige, die auf die Nebenbewegung der Schwerpunkte der Moleküle zurückgeht, und das dritte die, die auf die innere Bewegung der Teile jedes Moleküls zurückzuführen ist.

Wenn wir mit CLAUSIUS annehmen, daß das Verhältnis der mittleren Energie der inneren Bewegung zu derjenigen der Nebenbewegung kontinuierlich einem bestimmten Wert $(\beta - 1)$ zustrebt,[1]) so können wir schließen, daß dieses Verhältnis außer bei sehr heftigen Störungen immer erhalten bleibt, so daß

$$\bar{E} = (\beta - 1)(\xi^2+\eta^2+\zeta^2) \qquad (67)$$

wird.

Die Gesamtenergie der unsichtbaren Nebenbewegung pro Volumeneinheit wird dann

$$1/2\beta(\xi^2+\eta^2+\zeta^2) \qquad (68)$$

oder

$$3/2\beta p. \qquad (69)$$

---

[1]) [Bd. 1, Arbeit 8.]

Da diese Energie als unsichtbare Nebenbewegung [Wärmebewegung] pro Volumeneinheit auftritt, kann sie die Gesamtwärme des Mediums pro Volumeneinheit genannt werden.

γ) *Energieübertragung durch eine Ebene — Wärmeleitung*

Indem wir

$$Q = 1/2\beta(\xi^2 + \eta^2 + \zeta^2)M, \qquad u = u' \tag{70}$$

setzen, finden wir für die Wärmemenge, die pro Zeiteinheit durch Leitung durch die Flächeneinheit übertragen wird,

$$1/2\beta\left(\overline{\xi^3} + \overline{\xi\eta^2} + \overline{\zeta\xi^2}\right)\varrho, \tag{71}$$

wo $\overline{\xi^3}$ usw. die Mittelwerte von ξ^3 usw. bezeichnen. Sie stellen immer kleinere Größen dar.

Über die Änderungsgeschwindigkeit von Q in einem Volumenelement, wenn Q irgendeine Eigenschaft der Moleküle in diesem Element ist

Es sei Q der Wert der Größe für irgendein einzelnes Molekül und $\bar{Q}$ der Mittelwert von Q für alle Moleküle derselben Art innerhalb des Volumenelements.

Die Größe $\bar{Q}$ kann aus zweierlei Gründen variieren. Die Moleküle innerhalb des Volumenelements können durch ihre Wechselwirkung oder durch die Wirkung äußerer Kräfte eine Änderung von $\bar{Q}$ hervorrufen, es können aber auch Moleküle in das Element hinein- oder aus dem Element heraustreten und auf diese Weise eine Zunahme oder Abnahme des Wertes von $\bar{Q}$ innerhalb des Volumenelements hervorrufen. Verwenden wir das Symbol δ, um die Änderung von Q auf Grund von Wirkungen der ersten Art auf die einzelnen Moleküle zu bezeichnen, und das Symbol ∂ zur Bezeichnung der wirklichen Änderung von $\bar{Q}$ in einem Volumenelement, das sich mit der mittleren Geschwindigkeit des betrachteten Molekülsystems bewegt, dann gilt nach der üblichen Überlegung für die Zu- oder Abnahme von Materie in einem Volumenelement, wie sie in den Abhandlungen über Hydrodynamik enthalten ist,

$$\left.\begin{aligned}\frac{\partial \bar{Q} N}{\partial t} = \frac{\delta \bar{Q}}{\delta t} N &- \frac{\mathrm{d}}{\mathrm{d}x}\left\{(u-u')\bar{Q}N + \overline{\xi Q}\,N\right\}\\ &- \frac{\mathrm{d}}{\mathrm{d}y}\left\{(v-v')\bar{Q}N + \eta\overline{QN}\right\}\\ &- \frac{\mathrm{d}}{\mathrm{d}z}\left\{(w-w')\bar{Q}N + \overline{\zeta Q}\,N\right\};\end{aligned}\right\} \quad (72)$$

darin sind die letzten drei Terme aus Gleichung (58) und zwei ähnlichen Gleichungen hergeleitet und geben die Menge von Q an, die aus einem Volumenelement ausfließt, wenn sich das Element mit den Geschwindigkeiten u', v', w' bewegt. Führen wir die Differentiationen aus und setzen dann $u' = u$, $v' = v$ und $w' = w$, so wird die erhaltene Änderung diejenige in einem Volumenelement, das sich mit der wirklichen mittleren Geschwindigkeit des Molekülsystems bewegt, und die Gleichung nimmt die Form

$$\left.\begin{aligned}\frac{\partial \bar{Q} N}{\mathrm{d}t} + \bar{Q}N\left(\frac{\mathrm{d}u}{\mathrm{d}x} + \frac{\mathrm{d}v}{\mathrm{d}y} + \frac{\mathrm{d}w}{\mathrm{d}z}\right) + \frac{\mathrm{d}}{\mathrm{d}x}(\overline{\xi Q}\,N)&\\ + \frac{\mathrm{d}}{\mathrm{d}y}(\overline{\eta Q}\,N) + \frac{\mathrm{d}}{\mathrm{d}z}(\overline{\zeta Q}\,N) = \frac{\delta Q}{\delta t} N&\end{aligned}\right\} \quad (73)$$

an.

Kontinuitätsgleichung

Man setzt $Q = M$, d. h. gleich der Masse eines Moleküls; da M unveränderlich ist, bekommen wir, wenn wir noch $MN = \varrho$ setzen,

$$\frac{\partial \varrho}{\partial t} + \varrho\left(\frac{\mathrm{d}u}{\mathrm{d}x} + \frac{\mathrm{d}v}{\mathrm{d}y} + \frac{\mathrm{d}w}{\mathrm{d}z}\right) = 0. \tag{74}$$

Das stellt die gewöhnliche Kontinuitätsgleichung in der Hydrodynamik dar, wobei von dem Volumenelement vorausgesetzt wird, daß es sich mit der Geschwindigkeit der Flüssigkeit bewegt. Indem wir diese Gleichung mit derjenigen kombinieren, aus der wir sie erhalten haben, bekommen wir

$$N\frac{\partial \overline{Q}}{\partial t} + \frac{\mathrm{d}}{\mathrm{d}x}(\overline{\xi Q}N) + \frac{\mathrm{d}}{\mathrm{d}y}(\overline{\eta Q}N) + \frac{\mathrm{d}}{\mathrm{d}z}(\overline{\zeta Q}N) = N\frac{\delta Q}{\delta t}, \tag{75}$$

eine zweckmäßige Form der allgemeinen Gleichung.

Bewegungsgleichungen (α)

Um die Bewegungsgleichung in der x-Richtung zu erhalten, setzen wir $Q = M_1(u_1 + \xi_1)$, d. h. gleich dem Impuls eines Moleküls in der x-Richtung.

Den Wert von $\partial Q/\partial t$ erhalten wir aus Gleichung (51). Diese Gleichung kann dann in der Form

$$\left.\begin{aligned}\varrho_1\frac{\partial u_1}{\partial t} + \frac{\mathrm{d}}{\mathrm{d}x}(\varrho_1\overline{\xi_1^2}) + \frac{\mathrm{d}}{\mathrm{d}y}(\varrho_1\overline{\xi_1\eta_1}) + \frac{\mathrm{d}}{\mathrm{d}z}(\varrho_1\overline{\xi_1\zeta_1})\\ = kA_1\varrho_1\varrho_2(u_2 - u_1) + X\varrho_1\end{aligned}\right\} \tag{76}$$

geschrieben werden.

In dieser Gleichung bezeichnet das erste Glied die wirksame Kraft pro Volumeneinheit, das zweite die Änderung des Normaldrucks, das dritte und vierte die Änderungen des Tangentialdruckes, das fünfte den Widerstand, der von den Molekülen eines hiervon verschiedenen Systems herrührt, und das sechste die auf das System wirkende äußere Kraft.

Die Untersuchung der Werte des zweiten, dritten und vierten Gliedes muß so lange verschoben werden, bis wir auf Änderungen zweiter Ordnung eingehen.

Gleichgewichtsbedingung für ein Gasgemisch

In einem Gleichgewichtszustand verschwinden u_1 und u_2, aus $\varrho_1 \xi_1^2$ wird p_1, und die Tangentialdrücke verschwinden, so daß die Gleichung in

$$\frac{\mathrm{d}p_1}{\mathrm{d}x} = X\varrho_1 \tag{77}$$

übergeht. Das ist die Gleichgewichtsgleichung in der gewöhnlichen Hydrostatik.

Aus dieser Gleichung, die für ein das erste Medium bildendes System von Molekülen unabhängig von der Gegenwart der Moleküle des zweiten Systems gilt, geht Folgendes hervor: Mischt man mehrere Molekülarten miteinander, bringt sie in ein Gefäß und setzt sie der Wirkung der Schwerkraft aus, so ist die Endverteilung der Moleküle jeder Art dieselbe, wie wenn keine anderen Molekülarten anwesend wären. Das ist derselbe Verteilungsmodus wie derjenige, der nach DALTON in einer gemischten Atmosphäre im Gleichgewicht existiert, wobei das Gesetz, nach dem die Dichte jeder Gaskomponente abnimmt, die gleiche ist, wie wenn keine anderen Gase anwesend sind.[1])

[1]) [J. DALTON: Memoirs Manchester philos. Soc. **5** (1802) 535 (vgl. auch Gilbert's Ann. Phys. **12** (1803) 310–318, 385–395; **13** (1803) 438–445; **15** (1803) 1–24, 121–143).]

Dieses Resultat kann jedoch nur zutreffen, nachdem die Gase eine ziemlich lange Zeit vollkommen ungestört gelassen worden sind. Wenn Strömungen auftreten, die zu einer Vermischung der Schichten führen, so wird die Gaszusammensetzung gleichförmiger gemacht.

Das Ergebnis, zu dem wir hinsichtlich der Endverteilung von Gasen gelangt sind, wenn diese sich selbst überlassen werden, ist von dem Kraftgesetz zwischen den Molekülen unabhängig.

Diffusion von Gasen

Wenn die Bewegung der Gase langsam ist, können wir die Tangentialdrücke noch vernachlässigen. Die Gleichung geht dann für das erste Molekülsystem in

$$\varrho_1 \frac{\partial u_1}{\partial t} + \frac{\mathrm{d} p_1}{\mathrm{d} x} = k A_1 \varrho_1 \varrho_2 (u_2 - u_1) + X \varrho_1 \tag{78}$$

und für das zweite in

$$\varrho_2 \frac{\partial u_2}{\partial t} + \frac{\mathrm{d} p_2}{\mathrm{d} x} = k A_1 \varrho_1 \varrho_2 (u_1 - u_2) + X \varrho_2 \tag{79}$$

über.

In allen Fällen ruhiger Diffusion können wir von jeder dieser Gleichungen das erste Glied vernachlässigen. Setzen wir dann noch $p_1 + p_2 = p$ und $\varrho_1 + \varrho_2 = \varrho$, so finden wir durch Addition

$$\frac{\mathrm{d} p}{\mathrm{d} x} = X \varrho . \tag{80}$$

Wenn wir auch $p_1 u_1 + p_2 u_2 = p u$ setzen, so werden die Volumina gleich, die in entgegengesetzten Richtungen durch eine sich mit der Geschwindigkeit u bewegende

Ebene hindurchtreten, so daß sich

$$p_1(u_1 - u) = p_2(u - u_2) = \frac{p_1 p_2}{p \varrho_1 \varrho_2 k A_1}\left(X \varrho_1 - \frac{\mathrm{d} p_1}{\mathrm{d} x}\right) \tag{81}$$

ergibt.

Hierin ist $p_1(u_1 - u)$ das auf den Druck Eins reduzierte Volumen des ersten Gases, das pro Zeiteinheit die Flächeneinheit der Ebene mit der jeweils herrschenden Temperatur durchdringt; $p_2(u - u_2)$ ist das gleiche Volumen des zweiten Gases, das durch dieselbe Fläche in die entgegengesetzte Richtung übergeht.

Die äußere Kraft X hat auf die ruhige Diffusion von Gasen in Gefäßen mittlerer Größe nur eine sehr kleine Wirkung. Wir können sie daher bei unserer Definition des Diffusionskoeffizienten zweier Gase außer Betracht lassen.

Wenn zwei Gase, auf die keine Schwerkraft wirkt, bei gleichen Drücken und Temperaturen in verschiedene Teile eines Gefäßes gebracht werden, wird von Anfang an mechanisches Gleichgewicht herrschen, und u wird immer Null sein. Dies wird auch für schwere Gase angenähert gelten, vorausgesetzt, das dichtere Gas ist unter dem leichteren angeordnet. Herr GRAHAM hat in seiner Arbeit über die Beweglichkeit von Gasen[1]) Experimente beschrieben, die unter diesen Bedingungen durchgeführt wurden. Von einem vertikalen Rohr war das untere Zehntel mit einem schweren Gas gefüllt und die übrigen neun Zehntel mit einem leichteren Gas. Nach Ablauf einer bekannten Zeit wurde das obere Zehntel des Rohres abgesperrt und das darin enthaltene Gas analysiert, um die Menge an schwererem Gas zu ermitteln, die während der gegebenen Zeit in das obere Zehntel des Rohres aufgestiegen ist.

In diesem Fall haben wir

$$u = 0, \tag{82}$$

$$p_1 u_1 = -\frac{p_1 p_2}{\varrho_1 \varrho_2 k A_1} \frac{1}{p} \frac{\mathrm{d} p_1}{\mathrm{d} x} \tag{83}$$

[1]) Philosophical Transactions, 1863 [S. 385].

und nach der Kontinuitätsgleichung

$$\frac{\mathrm{d} p_1}{\mathrm{d} t} + \frac{\mathrm{d}}{\mathrm{d} x}(p_1 u_1) = 0. \tag{84}$$

Daraus folgt

$$\frac{\mathrm{d} p_1}{\mathrm{d} t} = \frac{p_1 p_2}{\varrho_1 \varrho_2 k A_1} \frac{1}{p} \frac{\mathrm{d}^2 p_1}{\mathrm{d} x^2} \tag{85}$$

oder, wenn wir $D = \dfrac{p_1 p_2}{\varrho_1 \varrho_2 k A_1} \dfrac{1}{p}$ setzen,

$$\frac{\mathrm{d} p_1}{\mathrm{d} t} = D \frac{\mathrm{d}^2 p_1}{\mathrm{d} x^2}. \tag{86}$$

Die Lösung dieser Gleichung lautet

$$p_1 = C_1 + C_2 \mathrm{e}^{-n^2 D t} \cos(n x + \alpha) + \cdots. \tag{87}$$

Wenn a die Länge des Rohres ist und wenn seine beiden Enden verschlossen sind, so ist

$$p_1 = C_1 + C_2 \mathrm{e}^{-\frac{\pi^2 D}{a^2} t} \cos \frac{\pi x}{a} + C_3 \mathrm{e}^{-4 \frac{\pi^2 D}{a^2} t} \cos 2 \frac{\pi x}{a} + \cdots, \tag{88}$$

worin C_1, C_2, C_3 durch die Bedingung zu bestimmen sind, daß für $t = 0$ von $x = 0$ bis $x = 0{,}1 a$ $p_1 = p$ und von $x = 0{,}1 a$ bis $x = a$ $p_1 = 0$ ist. Der allgemeine Ausdruck für den Fall, daß sich das erste Gas ursprünglich von $x = 0$ bis $x = b$ ausdehnt und daß das Gas nach einer Zeit t von $x = 0$ bis $x = c$ gesammelt wird, lautet

$$\left.\begin{aligned} \frac{p_1}{p} = \frac{b}{a} + \frac{2a}{\pi^2 c} \bigg\{ & \mathrm{e}^{-\frac{\pi^2 D}{a^2} t} \sin \frac{\pi b}{a} \sin \frac{\pi c}{a} \\ & + \frac{1}{2^2} \mathrm{e}^{-4 \frac{\pi^2 D}{a^2} t} \sin \frac{2 \pi b}{a} \sin \frac{2 \pi c}{a} + \cdots \bigg\}, \end{aligned}\right\} \tag{89}$$

wo p_1/p gleich dem Anteil des ersten Gases zum Gesamtgas in dem Teil von $x = 0$ bis $x = c$ ist.

In Herrn GRAHAMS Versuchen, bei denen ein Zehntel des Rohres mit dem ersten Gas gefüllt war und nach einer Zeit t der Anteil des ersten Gases am anderen Ende ermittelt wurde, ergibt sich dieser Anteil zu

$$\left.\begin{aligned}\frac{p_1}{p} = \frac{1}{10} - \frac{20}{\pi^2}\Big\{&e^{-\frac{\pi^2 D}{a^2}t}\sin^2\frac{\pi}{10} - e^{-2^2\frac{\pi^2 D}{a^2}t}\sin^2 2\frac{\pi}{10}\\ &+ e^{-3^2\frac{\pi^2 D}{a^2}t}\sin^2 3\frac{\pi}{10} - \cdots\Big\}.\end{aligned}\right\} \tag{90}$$

Wir finden für eine Reihe von in gleichen Zeitintervallen T mit

$$T = \frac{\log_e 10}{10\pi^2}\,\frac{a^2}{D}$$

genommenen Werten von p_1/p

Zeit	$\frac{p_1}{p}$
0	0
T	0,01193
$2T$	0,02305
$3T$	0,03376
$4T$	0,04366
$5T$	0,05267
$6T$	0,06072
$8T$	0,07321
$10T$	0,08227
$12T$	0,08845
∞	0,10000

Herrn GRAHAMS Versuche mit Kohlensäure und Luft ergeben, wenn man sie mit dieser Tabelle vergleicht, etwa $T = 500$ s für ein 0,57 m langes Rohr. Nun ist

$$D = \frac{\log_e 10}{10\pi^2}\,\frac{a^2}{T} \tag{91}$$

und daher für Kohlensäure und Luft im Zoll-Gran-Sekunden-Maßsystem

$$D = 0{,}0235.$$

Definition des Diffusionskoeffizienten

D ist das auf die Druckeinheit reduzierte Gasvolumen, das pro Zeiteinheit durch die Flächeneinheit hindurchtritt, wenn der Gesamtdruck gleichförmig und gleich p ist und der Druck von jedem Gas auf der Einheitsstrecke um Eins zu- oder abnimmt. D kann der Diffusionskoeffizient genannt werden. Er ändert sich direkt proportional zum Quadrat der absoluten Temperatur und umgekehrt proportional zum Gesamtdruck p.

Die Dimension von D ist offensichtlich $L^2 T^{-1}$, wo L und T die Längen- und Zeitstandards bedeuten.

Bei der Betrachtung dieses Experiments über die Diffusion von Kohlensäure und Luft ineinander haben wir angenommen, daß Luft ein einfaches Gas ist. Nun ist bekannt, daß die Bestandteile der Luft auf mechanischem Wege getrennt werden können, indem man sie etwa wie in den GRAHAMschen Atmolyseversuchen eine poröse Membran durchdringen läßt. Die Diskussion der Diffusion von drei oder mehr Gasen ineinander führt zu einer viel komplizierteren Gleichung als derjenigen, die wir für zwei Gase gefunden haben, und es ist nicht leicht, hieraus die Diffusionskoeffizienten der einzelnen Gase herzuleiten. Es ist daher zu wünschen, daß für jedes Paar der wichtigeren reinen Gase, die chemisch nicht miteinander reagieren, Diffusionsexperimente durchgeführt und daß während der Dauer des Versuches die Temperatur und der Druck der Mischung notiert werden.

Herr GRAHAM hat auch in Brande's *Journal* von 1829, Teil 2, S. 74[1]), die Ergebnisse von Versuchen über die

[1]) [Quarterly Journal of Science.]

Diffusion verschiedener Gase aus einem Gefäß durch ein Rohr in die Luft veröffentlicht. Die aus diesen Experimenten gewonnenen Diffusionskoeffizienten sind:

Luft und Wasserstoff	0,026216
Luft und Sumpfgas[1])	0,010240
Luft und Ammoniak	0,00962
Luft und Ölgas[2])	0,00771
Luft und Kohlendioxid	0,00682
Luft und schweflige Säure	0,00582
Luft und Chlor	0,00486

Der Wert für Kohlendioxid beträgt nur ein Drittel desjenigen, der aus dem Versuch mit der vertikalen Säule hergeleitet worden ist. Die Ungleichheit in der Zusammensetzung des gemischten Gases in verschiedenen Teilen des Gefäßes ist jedoch vernachlässigt; und der Durchmesser des Rohres am Mittelteil, wo es gebogen war, war wahrscheinlich kleiner als angegeben.

Diffusionsversuche, die 10 h dauerten, ergaben sämtlich kleinere Werte von D als solche von 4 h Dauer, und auch dies dürfte daraus resultieren, daß die Mischung der Gase in dem Gefäß unvollkommen ist.

Interdiffusion durch ein kleines Loch

Werden zwei Gefäße, die verschiedene Gase enthalten, durch ein kleines Loch miteinander verbunden, so wird die Mischung der Gase in jedem der Gefäße, ausgenommen in der Nähe des Loches, nahezu gleichförmig sein; und die Ungleichheit zwischen den Drücken jedes der Gase wird sich bis zu einem Abstand von dem Loch erstrecken, der vom Lochdurchmesser abhängt und angenähert diesem Durchmesser proportional ist.

Daher wird das Glied $\mathrm{d}p_1/\mathrm{d}x$ in der Gleichung

$$\varrho_1 \frac{\partial u_1}{\partial t} + \frac{\mathrm{d}p_1}{\mathrm{d}x} = k A \varrho_1 \varrho_2 (u_2 - u_1) + X \varrho \qquad (92)$$

[1]) [d. h. Methan.]

[2]) [d. h. Äthylen.]

umgekehrt proportional zum Lochdurchmesser variieren, während sich u_1 und u_2 nicht wesentlich mit dem Durchmesser ändern werden.

Wenn das Loch sehr klein ist, kann infolgedessen die rechte Seite der Gleichung vernachlässigt werden; der Fluß jedes der Gase durch das Loch wird dann von dem Fluß des anderen Gases unabhängig sein, da das Glied $k A \varrho_1 p_2 (u_2 - u_1)$ vergleichsweise unbedeutend ist.

Daher wird ein Gas durch ein sehr feines Loch nahezu ebenso schnell in ein anderes Gas wie ins Vakuum ausströmen; und wenn die Drücke auf beiden Seiten gleich sind, werden sich die diffundierten Volumina umgekehrt wie die Quadratwurzeln der Dichtezahlen verhalten, und das ist gerade das von GRAHAM festgestellte Gesetz der Diffusion von Gasen.[1])

Änderung der unsichtbaren Wärmebewegung (β)

Indem wir für Q in Gleichung (75)

$$Q = \frac{M}{2}\{(u_1 + \xi_1)^2 + (v_1 + \eta_1)^2 + (w_1 + \zeta_1)^2 + (\beta - 1)(\xi_1^2 + \eta_1^2 + \zeta_1^2)\} \tag{93}$$

setzen und mittels der Gleichungen (76) und (52) eliminieren, finden wir

$$\frac{1}{2}\varrho_1 \frac{\partial}{\partial t}\beta_1(\xi_1^2 + \eta_1^2 + \zeta_1^2) + \varrho_1 \xi_1^2 \frac{\mathrm{d}u_1}{\mathrm{d}x}$$

$$+ \varrho_1 \eta_1^2 \frac{\mathrm{d}v_1}{\mathrm{d}y} + \varrho_1 \zeta_1^2 \frac{\mathrm{d}w_1}{\mathrm{d}z} + \varrho_1 \eta_1 \zeta_1 \left(\frac{\mathrm{d}v_1}{\mathrm{d}z} + \frac{\mathrm{d}w_1}{\mathrm{d}y}\right)$$

$$+ \varrho_1 \zeta_1 \xi_1 \left(\frac{\mathrm{d}w_1}{\mathrm{d}x} + \frac{\mathrm{d}u_1}{\mathrm{d}z}\right) + \varrho_1 \xi_1 \eta_1 \left(\frac{\mathrm{d}u_1}{\mathrm{d}y} + \frac{\mathrm{d}v_1}{\mathrm{d}x}\right)$$

$$+ \beta_1 \left\{\frac{\mathrm{d}}{\mathrm{d}x}(\varrho_1 \xi_1^3 + \varrho_1 \xi_1 \eta_1^2 + \varrho_1 \xi_1 \zeta_1^2)\right.$$

[1]) Trans. Royal Society of Edinburgh Bd. 12, 22. [(1834).]

$$+\frac{d}{dy}(\varrho_1\eta_1\xi_1^2+\varrho_1\eta_1^3+\varrho_1\eta_1\zeta_1^2)$$

$$\left.+\frac{d}{dz}(\varrho_1\zeta_1\xi_1^2+\varrho_1\zeta_1\eta_1^2+\varrho_1\zeta_1^3)\right\}$$

$$=\frac{k\varrho_1\varrho_2 A_2}{M_1+M_2}[M_2\{(u_2-u_1)^2+(v_2-v_1)^2+(w_2-w_1)^2\}$$

$$+M_2(\xi_2^2+\eta_2^2+\zeta_2^2)-M_1(\xi_1^2+\eta_1^2+\zeta_1^2)]. \quad (94)$$

In dieser Gleichung repräsentiert das erste Glied die Änderung der unsichtbaren Nebenbewegung oder Wärme; das zweite, dritte und vierte stellen die Abkühlung durch Expansion dar; das fünfte, sechste und siebente den Erwärmungseffekt der flüssigen Reibung oder Viskosität; und das letzte den Wärmeverlust durch Leitung. Die Größen auf der anderen Seite der Gleichung repräsentieren die thermischen Diffusionseffekte und die Wärmeübertragung von einem Gas zu einem anderen.

Die Gleichung läßt sich in verschiedenen Fällen vereinfachen, was wir jetzt in Angriff nehmen wollen.

1. Temperaturgleichgewicht zwischen zwei Gasen — Gesetz der äquivalenten Volumina

Wir werden voraussetzen, daß es keine Translationsbewegung und keine Wärmeübertragung durch Leitung durch eines der Gase gibt. Gleichung (94) reduziert sich dann auf die folgende Form:

$$\left.\begin{aligned}\frac{1}{2}\varrho_1\frac{\partial}{\partial t}\beta_1(\xi_1^2+\eta_1^2+\zeta_1^2)=\frac{k\varrho_1\varrho_2 A_1}{M_1+M_2}\\ \times\{M_2(\xi_2^2+\eta_2^2+\zeta_2^2)-M_1(\xi_1^2+\eta_1^2+\zeta_1^2)\}.\end{aligned}\right\} \quad (95)$$

Setzen wir

$$\frac{M_1}{M_1 + M_2}(\xi_1^2 + \eta_1^2 + \zeta_1^2) = Q_1 .$$

$$\frac{M_2}{M_1 + M_2}(\xi_2^2 + \eta_2^2 + \zeta_2^2) = Q_2 , \tag{96}$$

so finden wir

$$\frac{\partial}{\partial t}(Q_2 - Q_1) = -\frac{2kA_1}{M_1 + M_2}(M_2\varrho_2\beta_1 + M_1\varrho_1\beta_2)(Q_2 - Q_1) \tag{97}$$

oder

$$Q_2 - Q_1 = C\,\mathrm{e}^{-nt} \tag{98}$$

mit

$$n = \frac{2kA_1}{M_1 + M_2}(M_2\varrho_2\beta_2 + M_1\varrho_1\beta_2)\frac{1}{\beta_1\beta_2}.$$

Wenn sich somit die Gase in Kontakt befinden und ungestört sind, werden Q_1 und Q_2 sehr schnell gleich werden. Nun heißt der Zustand, in den zwei Körper durch Austausch unsichtbarer Wärmebewegung gelangen, Wärmegleichgewicht oder Temperaturgleichheit. Daher gilt, wenn zwei Gase dieselbe Temperatur haben,

$$Q_1 = Q_2 \tag{99}$$

oder

$$1 = \frac{Q_1}{Q_2} = \frac{M_1(\xi_1^2 + \eta_1^2 + \zeta_1^2)}{M_2(\xi_2^2 + \eta_2^2 + \zeta_2^2)} = \frac{M_1\dfrac{p_1}{\varrho_1}}{M_2\dfrac{p_2}{\varrho_2}}.$$

Wenn sowohl die Drücke als auch die Temperaturen in den beiden Gasen gleich sind, gilt demnach

$$\frac{M_1}{\varrho_1} = \frac{M_2}{\varrho_2}, \tag{100}$$

d. h., die Massen der einzelnen Moleküle sind zur Gasdichte proportional.

Dieses Resultat, durch das aus den relativen Gasdichten die relativen Molekülmassen hergeleitet werden können, ist zuerst von GAY-LUSSAC auf Grund von chemischen Überlegungen gewonnen worden. Wir haben hier gezeigt, daß es aus der dynamischen Gastheorie mit Notwendigkeit folgt, und zwar unabhängig davon, was für eine Theorie wir hinsichtlich der Natur der Wirkung zwischen den einzelnen Molekülen zugrunde legen, wie man aus Gleichung (34) ersehen kann, die unter völlig allgemeinen Annahmen in bezug auf die Natur des Kraftgesetzes hergeleitet worden ist.

Wie können daher von nun an s_1/s_2 statt M_1/M_2 schreiben, wo s_1, s_2 die auf ein Standardgas bezogenen Dichtezahlen der Gase darstellen.

Wenn wir mit ϑ die vom absoluten Nullpunkt eines Gasthermometers aus berechnete Temperatur bezeichnen und wenn M_0 die Masse eines Wasserstoffmoleküls, V_0^2 sein mittleres Geschwindigkeitsquadrat bei der Temperatur Eins und s die auf Wasserstoff bezogene Dichtezahl irgendeines Gases ist, so ist die Masse eines Moleküls des anderen Gases

$$M = M_0 s. \tag{101}$$

Sein mittleres Geschwindigkeitspuadrat ist

$$\overline{V^2} = \frac{1}{s} V_0^2 \vartheta. \tag{102}$$

Der Gasdruck beträgt

$$p = \frac{1}{3} \frac{\varrho}{s} \vartheta V_0^2. \tag{103}$$

Wir können als nächstes das Ausmaß der Abkühlung durch Ausdehnung bestimmen.

Abkühlung durch Expansion

Die Ausdehnung sei in allen Richtungen gleich; dann ist

$$\frac{\mathrm{d}u}{\mathrm{d}x} = \frac{\mathrm{d}v}{\mathrm{d}y} = \frac{\mathrm{d}w}{\mathrm{d}z} = -\frac{1}{3\varrho}\frac{\partial \varrho}{\partial t}, \tag{104}$$

und $\mathrm{d}u/\mathrm{d}y$ sowie alle Glieder unsymmetrischer Bauart werden Null.

Wenn die Gasmasse durchweg dieselbe Temperatur aufweist, so gibt es keine Wärmeleitung, und die Gleichung (94) geht in

$$\frac{1}{2}\varrho\beta\frac{\partial \overline{V}^2}{\partial t} - \frac{1}{3}\overline{V}^2\frac{\partial \varrho}{\partial t} = 0 \tag{105}$$

oder

$$2\frac{\partial \varrho}{\varrho} = 3\beta\frac{\partial \overline{V}^2}{\overline{V}^2} = 3\beta\frac{\partial \vartheta}{\vartheta} \tag{106}$$

oder

$$\frac{\partial \vartheta}{\vartheta} = \frac{2}{3\beta}\frac{\partial \varrho}{\varrho} \tag{107}$$

über. Damit haben wir die Beziehung zwischen der Dichte und der Temperatur in einem Gas gewonnen, das sich ohne Wärmeaustausch mit anderen Körpern ausdehnt. Wir finden auch

$$\frac{\partial p}{p} = \frac{\partial \varrho}{\varrho} + \frac{\partial \vartheta}{\vartheta} = \frac{2 + 3\beta}{3\beta}\frac{\partial \varrho}{\varrho}, \tag{108}$$

was die Beziehung zwischen Druck und Dichte liefert.

Spezifische Wärme der Masseneinheit bei konstantem Volumen

Die Gesamtenergie der Wärmebewegung pro Masseneinheit beträgt $1/2\beta V^2 = 1/2E$, also ist

$$E = \frac{3\beta}{2}\frac{p}{\varrho}. \tag{109}$$

Wird nun dem Gas zusätzliche Energie in Form von Wärme zugeführt, ohne daß sich seine Dichte ändert, so gilt

$$\partial E = \frac{3\beta}{2} \frac{\partial p}{\varrho} = \frac{3\beta}{2} \frac{p}{\varrho} \frac{\partial \vartheta}{\vartheta}. \tag{110}$$

Daher ist die spezifische Wärme der Masseneinheit bei konstantem Volumen im dynamischen Maßsystem

$$\frac{\partial E}{\partial \vartheta} = \frac{3\beta}{2} \frac{p}{\varrho\vartheta}. \tag{111}$$

Spezifische Wärme der Masseneinheit bei konstantem Druck

Durch die Wärmezufuhr ∂E wurde die Temperatur um $\partial\vartheta$ und der Druck um ∂p erhöht. Nun möge sich das Gas ohne Wärmeübertragung ausdehnen, bis der Druck auf seinen früheren Wert abgenommen hat, und die Endtemperatur sei $\vartheta + \partial'\vartheta$. Dann wird die Temperatur auf diese Weise um einen Wert $\partial\vartheta - \partial'\vartheta$ sinken, so daß

$$\frac{\partial\vartheta - \partial'\vartheta}{\vartheta} = \frac{2}{2+3\beta} \frac{\partial p}{p} = \frac{2}{2+3\beta} \frac{\partial\vartheta}{\vartheta}$$

gilt, woraus

$$\frac{\partial'\vartheta}{\vartheta} = \frac{3\beta}{2+3\beta} \frac{\partial\vartheta}{\vartheta} \tag{112}$$

folgt; die spezifische Wärme der Masseneinheit bei konstantem Druck ist also

$$\frac{\partial E}{\partial'\vartheta} = \frac{2+3\beta}{2} \frac{p}{\varrho\vartheta}. \tag{113}$$

Das Verhältnis der spezifischen Wärme bei konstantem Druck zu derjenigen bei konstantem Volumen ist in mehreren Fällen aus dem Experiment bekannt. Wir wollen dieses Verhältnis mit

$$\gamma = \frac{2 + 3\beta}{3\beta} \tag{114}$$

bezeichnen, woraus sich

$$\beta = \frac{2}{3} \frac{1}{\gamma - 1} \tag{115}$$

ergibt. Die spezifische Wärme der Volumeneinheit im gewöhnlichen Maßsystem beträgt bei konstantem Volumen

$$\frac{1}{\gamma - 1} \frac{p}{J\vartheta} \tag{116}$$

und bei konstantem Druck

$$\frac{\gamma}{\gamma - 1} \frac{p}{J\vartheta}, \tag{117}$$

wo J das mechanische Wärmeäquivalent ist.

Aus diesen Ausdrücken hat Dr. Rankine[1]) die spezifische Wärme von Luft berechnet und hat gefunden, daß das Resultat mit dem später von Herren Regnault[2]) bestimmten Wert übereinstimmt.

Thermische Diffusionseffekte

Wenn zwei Gase ineinander diffundieren, so liefert die Gleichung (94), wenn wir hierin die Glieder weglassen, die sich auf die durch Reibung erzeugte Wärme und auf

[1]) Transactions of the Royal Society of Edinburgh, Bd. 20 (1850). [S. 147.]

[2]) Comptes rendus [Acad. Sci. Paris], 1853. [36, 676.]

Wärmeleitung beziehen,

$$\left.\begin{aligned}&\frac{1}{2}\varrho_1\frac{\partial}{\partial t}\beta_1(\xi_1^2+\eta_1^2+\zeta_1^2)+\frac{1}{2}\varrho_2\frac{\partial}{\partial t}\beta_2(\xi_2^2+\eta_2^2+\zeta_2^2)\\&+p_1\left(\frac{\mathrm{d}u_1}{\mathrm{d}x}+\frac{\mathrm{d}v_1}{\mathrm{d}y}+\frac{\mathrm{d}w_1}{\mathrm{d}z}\right)+p_2\left(\frac{\mathrm{d}u_2}{\mathrm{d}x}+\frac{\mathrm{d}v_2}{\mathrm{d}y}+\frac{\mathrm{d}w_2}{\mathrm{d}z}\right)\\&=k\varrho_1\varrho_2A_1\{(u_1-u_2)^2+(v_1-v_2)^2+(w_1-w_2)^2\}.\end{aligned}\right\}\quad(118)$$

Durch Vergleich mit den Gleichungen (78) und (79) geht die rechte Seite dieser Gleichung in

$$\begin{aligned}&X(\varrho_1u_1+\varrho_2u_2)+Y(\varrho_1v_1+\varrho_2v_2)+Z(\varrho_1w_1+\varrho_2w_2)\\&-\left(\frac{\mathrm{d}p_1}{\mathrm{d}x}u_1+\frac{\mathrm{d}p_1}{\mathrm{d}y}v_1+\frac{\mathrm{d}p_1}{\mathrm{d}z}w_1\right)-\left(\frac{\mathrm{d}p_2}{\mathrm{d}x}u_2+\frac{\mathrm{d}p_2}{\mathrm{d}y}v_2+\frac{\mathrm{d}p_2}{\mathrm{d}z}w_2\right)\\&-\frac{1}{2}\varrho_1\frac{\partial}{\partial t}(u_1^2+v_1^2+w_1^2)-\frac{1}{2}\varrho_2\frac{\partial}{\partial t}(u_2^2+v_2^2+w_2^2)\end{aligned}$$

über. Die Gleichung (118) kann dann in der Form

$$\left.\begin{aligned}&\frac{1}{2}\varrho_1\frac{\partial}{\partial t}\{u_1^2+v_1^2+w_1^2+\beta_1(\xi_1^2+\eta_1^2+\zeta_1^2)\}\\&+\frac{1}{2}\varrho_2\frac{\partial}{\partial t}\{u_2^2+v_2^2+w_2^2+\beta_2(\xi_2^2+\eta_2^2+\zeta_2^2)\}\\&=X(\varrho_1u_1+\varrho_2u_2)+Y(\varrho_1v_1+\varrho_2v_2)\\&+Z(\varrho_1w_1+\varrho_2w_2)-\left(\frac{\mathrm{d}pu}{\mathrm{d}x}+\frac{\mathrm{d}pv}{\mathrm{d}y}+\frac{\mathrm{d}pw}{\mathrm{d}z}\right)\end{aligned}\right\}\quad(119)$$

geschrieben werden.

Der gesamte Energiezuwachs ist daher gleich demjenigen, der auf die Wirkung der äußeren Kräfte zurückgeht, *minus* der Abkühlung, die von der Ausdehnung der gemischten Gase herrührt. Wenn die Diffusion ohne Volumenänderung des Gasgemisches stattfindet, wird die durch die Wechselwirkung der diffundierenden Gase entstehende Wärme genau durch die Abkühlung jedes der Gase neutralisiert, da es sich ausdehnt, wenn es von Stellen höherer Dichte zu Stellen geringerer Dichte übergeht.

Bestimmung der von der Bewegung des Mediums herrührenden Druckungleichheit in verschiedenen Richtungen

Wir setzen

$$\varrho_1 \xi_1^2 = p_1 + q_2, \qquad \varrho_2 \xi_2^2 = p_2 + q_2. \tag{120}$$

Dann ist nach Gleichung (52)

$$\frac{\delta q_1}{\delta t} = -3k_1 A_2 \varrho_1 q_1 - \frac{k}{M_1 + M_2}(2M_1 A_1 + 3M_2 A_2)\varrho_2 q_1 - k(3A_2 - 2A_1)\frac{M_1}{M_1 + M_2}\varrho_1 q_2 - k\varrho_1\varrho_2 \frac{M_2}{M_1 + M_2} \left(A_2 - \frac{2}{3}A_1\right)\left(2\overline{u_1 - u_2}^2 - \overline{v_1 - v_2}^2 - \overline{w_1 - w_2}^2\right) \tag{121}$$

wobei das letzte Glied von der Diffusion abhängt; und wenn wir in Gleichung (75) Glieder dritter Ordnung in ξ, η, ζ weglassen, die sich auf die Wärmeleitung beziehen, und Größen von der Form $\xi\eta\varrho$ und $\varrho\xi^2 - p$ vernachlässigen, wenn sie nicht mit den großen Koeffizienten k, k_1 und k_2 multipliziert sind, so erhalten wir

$$\frac{\partial q}{\partial t} + 2p\frac{\mathrm{d}u}{\mathrm{d}x} - \frac{2}{3}p\left(\frac{\mathrm{d}u}{\mathrm{d}x} + \frac{\mathrm{d}v}{\mathrm{d}y} + \frac{\mathrm{d}w}{\mathrm{d}z}\right) = \frac{\delta q}{\delta t}. \tag{122}$$

Wenn die Bewegung — wie in allen Fällen außer denen der Schallausbreitung — keinerlei sehr schnellen Änderungen unterworfen ist, so können wir $\partial q/\partial t$ vernachlässigen. In einem einzelnen Molekülsystem ist

$$\frac{\delta q}{\delta t} = -3kA_2\varrho q, \tag{123}$$

woraus

$$q = -\frac{2p}{3kA_2\varrho}\left\{\frac{\mathrm{d}u}{\mathrm{d}x} - \frac{1}{3}\left(\frac{\mathrm{d}u}{\mathrm{d}x} + \frac{\mathrm{d}v}{\mathrm{d}y} + \frac{\mathrm{d}w}{\mathrm{d}z}\right)\right\} \tag{124}$$

folgt.

Setzen wir

$$\frac{1}{3}\frac{1}{kA_2}\frac{p}{\varrho} = \mu, \tag{125}$$

so wird μ der Viskositätskoeffizient, und wir bekommen nach Gleichung (120)

$$\left.\begin{aligned}
\varrho\xi^2 &= p - 2\mu\left\{\frac{\mathrm{d}u}{\mathrm{d}x} - \frac{1}{3}\left(\frac{\mathrm{d}u}{\mathrm{d}x} + \frac{\mathrm{d}v}{\mathrm{d}y} + \frac{\mathrm{d}w}{\mathrm{d}z}\right)\right\},\\
\varrho\eta^2 &= p - 2\mu\left\{\frac{\mathrm{d}v}{\mathrm{d}y} - \frac{1}{3}\left(\frac{\mathrm{d}u}{\mathrm{d}x} + \frac{\mathrm{d}v}{\mathrm{d}y} + \frac{\mathrm{d}w}{\mathrm{d}z}\right)\right\},\\
\varrho\zeta^2 &= p - 2\mu\left\{\frac{\mathrm{d}w}{\mathrm{d}z} - \frac{1}{3}\left(\frac{\mathrm{d}u}{\mathrm{d}x} + \frac{\mathrm{d}v}{\mathrm{d}y} + \frac{\mathrm{d}w}{\mathrm{d}z}\right)\right\},
\end{aligned}\right\} \tag{126}$$

und durch Koordinatentransformation erhalten wir hieraus

$$\left.\begin{aligned}
\varrho\eta\zeta &= -\mu\left(\frac{\mathrm{d}v}{\mathrm{d}z} + \frac{\mathrm{d}w}{\mathrm{d}y}\right),\\
\varrho\zeta\xi &= -\mu\left(\frac{\mathrm{d}w}{\mathrm{d}x} + \frac{\mathrm{d}u}{\mathrm{d}z}\right),\\
\varrho\xi\eta &= -\mu\left(\frac{\mathrm{d}u}{\mathrm{d}y} + \frac{\mathrm{d}v}{\mathrm{d}x}\right).
\end{aligned}\right\} \tag{127}$$

Dies sind die Werte der Normal- und Tangentialspannungen in einem einfachen Gas, wenn die Bewegungsänderung nicht sehr schnell erfolgt und wenn μ, der Viskositätskoeffizient, so klein ist, daß sein Quadrat vernachlässigt werden kann.

Hinsichtlich der Viskosität korrigierte Bewegungsgleichungen

Setzen wir diese Werte in die Bewegungsgleichung (76) ein, so finden wir

$$\varrho \frac{\partial u}{\partial t} + \frac{\mathrm{d}p}{\mathrm{d}x} - \mu \left\{ \frac{\mathrm{d}^2 u}{\mathrm{d}x^2} + \frac{\mathrm{d}^2 u}{\mathrm{d}y^2} + \frac{\mathrm{d}^2 u}{\mathrm{d}z^2} \right\} - \frac{1}{3}\mu \frac{\mathrm{d}}{\mathrm{d}x}\left(\frac{\mathrm{d}u}{\mathrm{d}x} + \frac{\mathrm{d}v}{\mathrm{d}y} + \frac{\mathrm{d}w}{\mathrm{d}z} \right) = X\varrho \tag{128}$$

sowie noch zwei weitere Gleichungen, die sich hieraus durch zyklische Vertauschung ergeben. Diese Gleichungen sind von derselben Form wie diejenigen, die POISSON[1]) aus der Elastizitätstheorie hergeleitet hat, indem er annahm, die Deformation gehe mit einer zu ihrem Betrag proportionalen Geschwindigkeit ständig zurück. Das Verhältnis zwischen dem dritten und vierten Glied stimmt mit dem von Prof. STOKES[2]) angegebenen Wert überein.

Wenn wir annehmen, zu einem gewissen Zeitpunkt bestehe in dem Medium die Druckungleichheit, die wir mit q bezeichnet haben, und diese werde nicht durch die Bewegung des Mediums aufrechterhalten, so finden wir aus Gleichung (123)

$$q_1 = C\mathrm{e}^{-3kA_2\varrho t} = C\mathrm{e}^{-t/T} \tag{129}$$

---

[1]) Journal de l'Ecole Polytechnique, 1829, Bd. 13, H. 20, S. 139.

[2]) On the [Theories of the Internal] Friction of Fluids in Motion, and [of] the Equilibrium and Motion of Elastic Solids. Cambridge philos. Trans. 8 (1845), S. 297, Gl. (2). [8 (1845, publ. 1849) 287–319; nachgedruckt in: Stokes' Mathematical and Physical Papers, Bd. 1. Cambridge University Press, 1880, S. 75–129.]

mit

$$T = \frac{1}{3kA_2\varrho} = \frac{\mu}{p}; \tag{130}$$

die Spannung q läßt folglich mit einer zu q selbst proportionalen Geschwindigkeit nach, so daß

$$\frac{\delta q}{q} = \frac{\delta t}{T} \tag{131}$$

gilt. Wir können daher T den Modul der Relaxationszeit nennen.

Wählen wir jetzt $k = 3$, so daß die Spannung q nicht relaxiert, so stellt das Medium einen elastischen Festkörper dar, und die Gleichung

$$\frac{\partial(\varrho\xi^2 - p)}{\partial t} + 2p\frac{\mathrm{d}u}{\mathrm{d}x} - \frac{2}{3}p\left(\frac{\mathrm{d}u}{\mathrm{d}x} + \frac{\mathrm{d}v}{\mathrm{d}y} + \frac{\mathrm{d}w}{\mathrm{d}z}\right) = 0 \tag{132}$$

läßt sich in der Form

$$\frac{\partial}{\partial t}\left\{(p_{xx} - p) + 2p\frac{\mathrm{d}\alpha}{\mathrm{d}x} - \frac{2}{3}p\left(\frac{\mathrm{d}\alpha}{\mathrm{d}x} + \frac{\mathrm{d}\beta}{\mathrm{d}y} + \frac{\mathrm{d}\gamma}{\mathrm{d}z}\right)\right\} = 0 \tag{133}$$

schreiben, worin α, β, γ die Verschiebungen eines Elements des Mediums und p_{xx} der Normaldruck in der x-Richtung sind. Wenn wir den Anfangswert dieser Größe zu Null annehmen und p_{xx} ursprünglich gleich p ist, so gilt nach einer kleinen Verschiebung

$$p_{xx} = p - p\left(\frac{\mathrm{d}\alpha}{\mathrm{d}x} + \frac{\mathrm{d}\beta}{\mathrm{d}y} + \frac{\mathrm{d}\gamma}{\mathrm{d}z}\right) - 2p\frac{\mathrm{d}\alpha}{\mathrm{d}x}, \tag{134}$$

und durch Koordinatentransformation ergibt sich für den Tangentialdruck

$$p_{xy} = -p\left(\frac{\mathrm{d}\alpha}{\mathrm{d}y} + \frac{\mathrm{d}\beta}{\mathrm{d}x}\right). \tag{135}$$

Das Medium verhält sich demnach mechanisch wie ein elastischer Festkörper, dessen Schubmodul p ist, während seine kubische Elastizität $(5/3)p$ beträgt.[1])

Dasselbe Resultat und dasselbe Verhältnis der Elastizitätsmoduln hätte sich ergeben, wenn wir wie in der statischen molekularen Elastizitätstheorie angenommen hätten, die Moleküle seien in Ruhe und würden aufeinander durch Kräfte einwirken, die vom Abstand abhängen. Die Übereinstimmung der Eigenschaften eines Mediums, in dem die Moleküle durch Anziehung und Abstoßung im Gleichgewicht gehalten werden, und denjenigen eines Mediums, in dem sich die Moleküle auf Geraden bewegen, ohne überhaupt aufeinander einzuwirken, verdient die Beachtung derjenigen, die über physikalische Theorien Spekulationen anstellen.

Die Fluidität unseres Mediums rührt somit von der Wechselwirkung der Moleküle her, die zur Folge hat, daß diese von ihren Bahnen abgelenkt werden.

Der momentane Schubmodul eine Gases ist daher p.
Der Modul der Relaxationszeit ist T.
Der Viskositätskoeffizient ist $\mu = pT$. (136)

Nun ändert sich p zusammen mit der Dichte und Temperatur, während T umgekehrt proportional zur Dichte variiert.

Daher zeigt μ dasselbe Verhalten wie die absolute Temperatur und ist von der Dichte unabhängig.

Dieses Resultat wird durch Experimente von Herrn Graham über die Transpiration von Gasen[2]) und durch meine eigenen Versuche über die Viskosität oder innere Reibung von Luft und anderen Gasen[3]) bestätigt.

[1]) Camb. philos. Soc. 8 (1845) 311, Gl. (29).

[2]) Philosophical Transactions, 1846 [S. 573] und 1849 (S. 349].

[3]) Proceedings of the Royal Society, 8. Febr. 1866 [15 (1866) 14]; Philosophical Transactions, 1866, S. 249.

Das Ergebnis, daß die Viskosität von der Dichte unabhängig ist, folgt aus der dynamischen Gastheorie unabhängig davon, was für ein Kraftgesetz zwischen den Molekülen zugrunde gelegt wird. Es ist von mir selbst[1]) aus der Hypothese harter elastischer Moleküle hergeleitet worden, und Herr O. E. MEYER[2]) hat auf der Grundlage derselben Hypothese eine vollständigere Untersuchung durchgeführt.

Das experimentelle Resultat, daß die Viskosität zur absoluten Temperatur proportional ist, hat zur Folge, daß wir diese Hypothese aufzugeben haben, nach der sie mit der Quadratwurzel aus der absoluten Temperatur variieren würde, und daß wir statt dessen die Hypothese einer abstoßenden Kraft akzeptieren müssen, die umgekehrt proportional zur fünften Potenz des Abstands zwischen den Molekülen ist, denn dies stellt das einzige Kraftgesetz dar, aus dem sich das beobachtete Resultat ergibt.

Unter Benutzung des Fußes, des Grans und der Sekunde als Einheiten ergaben meine Experimente für die Temperatur von 62 °F und in trockener Luft

$$\mu = 0{,}0936\,.$$

Wenn der Druck 30 Zoll Quecksilbersäule beträgt, finden wir in denselben Einheiten

$$p = 477\,360\,000\,.$$

Da $pT = \mu$ ist, finden wir, daß der Modul der Schubrelaxationszeit in Luft von diesem Druck und dieser Temperatur gleich

$$\frac{1}{5\,099\,100\,000} \text{ einer Sekunde.}$$

ist.

---

[1]) Philosophical Magazine, Jan. 1860 [Bd. 1, Arbeit 10.]

[2]) Poggendorff's Annalen, 1865 [Ann. Phys. [Leipzig] **125** (1865) 177, 401 und 564.]

Diese Zeit ist außerordentlich klein, selbst wenn man sie mit der Schwingungsperiode der schrillsten hörbaren Töne vergleicht; wir können daher sogar in der Theorie des Schalls die Bewegung während dieser sehr kurzen Zeit als stationär ansehen und die bereits gefundenen Gleichungen anwenden, wie es Prof. STOKES getan hat.[1])

Viskosität eines Gasgemisches

In einem vollständigen Gasgemisch, in dem keine Diffusion stattfindet, ist die Geschwindigkeit an irgendeinem Punkt für alle Gase gleich.

Indem wir

$$\frac{2}{3}\left(2\frac{\mathrm{d}u}{\mathrm{d}x} - \frac{\mathrm{d}v}{\mathrm{d}y} - \frac{\mathrm{d}w}{\mathrm{d}z}\right) = U \tag{137}$$

setzen, geht Gleichung (122) in

$$\left.\begin{aligned} p_1 U = & -3k_1 A_2 \varrho_1 q_1 - \frac{k}{M_1 + M_2} \\ & \times (2M_1 A_1 + 3M_2 A_2)\,\varrho_2 q_1 \\ & - k(3A_2 - 2A_1)\frac{M_2}{M_1 + M_2}\,\varrho_1 q_2 \end{aligned}\right\} \tag{138}$$

über.

Analog ist

$$\left.\begin{aligned} p_2 U = & -3k_2 A_2 \varrho_2 q_2 - \frac{k}{M_1 + M_2} \\ & \times (2M_2 A_1 + 3M_1 A_2)\varrho_1 q_2 \\ & - k(3A_2 - 2A_1)\frac{M_1}{M_1 + M_2}\varrho_2 q_1 . \end{aligned}\right\} \tag{139}$$

---

[1]) On the Effect of the Internal Friction of Fluids on the Motion of Pendulums. Cambridge [philos.] Transactions 9 (1850), Art. 79.

Da $p = p_1 + p_2$ und $q = q_1 + q_2$ ist, wobei sich p und q auf das Gemisch beziehen, bekommen wir

$$\mu U = -q = (q_1 + q_2),$$

worin μ den Viskositätskoeffizienten des Gemisches darstellt.

Wenn wir für die auf ein Standardgas bezogenen Dichtezahlen der beiden Gase s_1 und s_2 setzen und p_0 und ϱ_0 die Werte von p und q in dem Standardgas bei der Temperatur ϑ_0 sind, gilt

$$\mu = \frac{p_0 \vartheta}{\varrho_0 \vartheta_0} \frac{E p_1^2 + F p_1 p_2 + G P_2^2}{3 A_2 k_1 s_1 E p_1^2 + H p_1 p_2 + 3 A_2 k_2 s_2 G p_2^2}, \quad (140)$$

wo μ der Viskositätskoeffizient des Gemisches ist, und

$$\left.\begin{aligned} E &= \frac{k s_1}{s_1 + s_2}(2 s_2 A_1 + 3 s_1 A_2), \\ F &= 3 A_2 (k_1 s_1 + k_2 s_2) - (3 A_2 - 2 A_1) k \frac{2 s_1 s_2}{s_1 + s_2}, \\ G &= \frac{k s_2}{s_1 + s_2}(2 s_1 A_1 + 3 s_2 A_2), \\ H &= 3 A_2 s_1 s_2 (3 k_1 k_2 A_2 + 2 k^2 A_1). \end{aligned}\right\} \quad (141)$$

Dieser Ausdruck reduziert sich für $p_2 = 0$ auf μ_1 und für $p_1 = 0$ auf μ_2. Für andere Werte von p_1 und p_2 benötigen wir die Kenntnis der Werte von k, des Koeffizienten der Wechselwirkung der Moleküle in den beiden Gasen. Dieser könnte aus den beobachteten μ-Werten für Gemische hergeleitet werden, eine bessere Methode besteht aber darin, Versuche über die Diffusion der beiden Gase ineinander durchzuführen. Die GRAHAMschen Versuche über die Transpiration von Gasen, kombiniert mit meinen Experimenten über die Viskosität von Luft, ergeben als Werte von k_1 für

Luft	$k_1 = 4{,}81 \cdot 10^{10}$,
Wasserstoff	$k_1 = 142{,}8 \cdot 10^{10}$
Kohlendioxid	$k_1 = 3{,}9 \cdot 10^{10}$.

Die Versuche von Graham von 1863[1]) über die Diffusion von Luft und Kohlensäure ineinander ergeben für den Koeffizienten der Wechselwirkung zwischen

Luft und Kohlendioxid $k = 5{,}2 \cdot 10^{10}$;

und indem wir dies als den absoluten Wert von k wählen und annehmen, daß die auf S. 90 angegebenen Verhältnisse der Interdiffusionskoeffizienten richtig sind, finden wir für

Luft und Wasserstoff $k = 29{,}8 \cdot 10^{10}$.

Diese Zahlen sind als zweifelhaft anzusehen, da wir bei unseren Berechnungen Luft als ein einfaches Gas angenommen haben und da wir nicht den Wert von k zwischen Sauerstoff und Stickstoff kennen. Es ist auch fraglich, ob unsere Berechnungsmethode auf Versuche von der Art der früheren Beobachtungen von Herrn Graham anwendbar sind.

Ich habe auch die von Graham für Mischungen aus Wasserstoff und Kohlendioxid und aus Wasserstoff und Luft bestimmten Transpirationszeiten untersucht, indem ich grob einen Wert von k angenommen habe, um den experimentellen Ergebnissen um die Skalenmitte herum zu genügen. Wir werden sehen, daß die für Wasserstoff und Kohlendioxid berechneten Zeiten die in den Experimenten beobachteten Besonderheiten aufweisen, daß die Transpirationszeit von Kohlendioxid durch einen kleinen Zusatz von Wasserstoff *wächst* und daß die Mischungs-

---

[1]) Philosophical Transactions, 1863. [S. 385].

zeiten bei beiden Reihen stärker von dem langsameren als von dem schnelleren Gas abhängen.

Die bei diesen Berechnungen angenommenen k-Werte waren:

für Wasserstoff und Kohlendioxid $k = 12{,}5 \cdot 10^{10}$,

für Wasserstoff und Luft $k = 18{,}8 \cdot 10^{10}$;

die für die Transpirationszeiten von Mischungen beobachteten und berechneten Ergebnisse sind in der Tabelle angegeben.

Wasserstoff und Kohlendioxid		Beobachtet	Berechnet	Wasserstoff und Luft		Beobachtet	Berechnet
100	0	0,4321	0,4375	100	0	0,4434	0,4375
97,5	2,5	0,4714	0,4750	95	5	0,5282	0,5300
95	5	0,5157	0,5089	90	10	0,5880	0,6028
90	10	0,5722	0,5678	75	25	0,7488	0,7438
75	25	0,6786	0,6822	50	50	0,8179	0,8488
50	50	0,7339	0,7652	25	75	0,8790	0,8946
25	75	0,7535	0,7468	10	90	0,8880	0,8983
10	90	0,7521	0,7361	5	95	0,8960	0,8996
0	100	0,7470	0,7272	0	100	0,9000	0,9010

Die angebenen Zahlen sind die Verhältnisse der Transpirationszeiten von Gemischen zu denen von Sauerstoff, wie sie von Herrn GRAHAM bestimmt worden sind, verglichen mit denen, die die aus unserer Theorie hergeleitete Gleichung (140) liefert.

Wärmeleitung in einem einzelnen Medium (γ)

Die Leitungsgeschwindigkeit hängt von dem Wert der Größe

$$\frac{1}{2}\,\beta\varrho(\xi^3 + \xi\eta^2 + \xi\zeta^2)$$

ab, wo ξ^3, $\xi\eta^2$ und $\xi\zeta^2$ die Mittelwerte jener Funktionen von ξ, η, ζ über alle Moleküle in einem gegebenen Volumenelement bezeichnen.

Da die Ausdrücke für die Änderung dieser Größe in einem Gemisch von Medien etwas kompliziert sind und da die experimentelle Untersuchung der Wärmeleitung in Gasen auf große Schwierigkeiten stößt, werde ich mich hier auf die Diskussion eines einzelnen Mediums beschränken.

Indem wir

$$Q = M(u + \xi)\{u^2 + v^2 + w^2 + 2u\xi + 2v\eta + 2w\zeta + \beta(\xi^2 + \eta^2 + \zeta^2)\} \tag{142}$$

setzen und Glieder der Form $\xi\eta$ und ξ^3 und $\xi\eta^2$ vernachlässigen, wenn sie nicht mit dem großen Koeffizienten k_1 multipliziert sind, finden wir auf Grund der Gleichungen (75), (77) und (54)

$$\varrho \frac{\partial}{\partial t} \beta(\xi^3 + \xi\eta^2 + \xi\zeta^2) + \beta \frac{\mathrm{d}}{\mathrm{d}x} \varrho(\xi^4 + \xi^2\eta^2 + \xi^2\zeta^2) - \beta(\xi^2 + \eta^2 + \zeta^2)\frac{\mathrm{d}p}{\mathrm{d}x} - 2\beta\xi^2\frac{\mathrm{d}p}{\mathrm{d}x} = -3k_1\varrho^2 A_2\beta\{\xi^3 + \xi\eta^2 + \xi\zeta^2\}. \tag{143}$$

Das erste Glied dieser Gleichung kann vernachlässigt werden, da sich die Leitungsgeschwindigkeit sehr schnell einstellen wird. Das zweite Glied enthält Größen vierter Ordnung in ξ, η, ζ, deren Werte von der Geschwindigkeitsverteilung unter den Molekülen abhängen werden. Wenn es sich bei der Geschwindigkeitsverteilung um diejenige handelt, von der wir bewiesen haben, daß sie vorliegt, wenn auf das System keine äußeren Kräfte einwirken und wenn es seinen Endzustand erreicht hat, so bekommen wir nach den Gleichungen (29), (31), (32)

$$\overline{\xi^4} = \overline{3\xi^2}\,\overline{\xi^2} = 3\frac{p^2}{\varrho^2}, \tag{144}$$

$$\overline{\xi^2\eta^2} = \overline{\xi^2}\,\overline{\eta^2} = \frac{p^2}{\varrho^2}, \tag{145}$$

$$\overline{\xi^2\zeta^2} = \overline{\xi^2}\,\overline{\zeta^2} = \frac{p^2}{\varrho^2}, \tag{146}$$

und die Leitungsgleichung kann in der Form

$$5\beta\frac{p^2}{\varrho\vartheta}\frac{\mathrm{d}\vartheta}{\mathrm{d}\beta} = -\,3k_1\varrho^2 A_2\beta\,\{\xi^3 + \xi\eta^2 + \xi\zeta^2\} \tag{147}$$

geschrieben werden.

[Zusatz vom 17. Dezember 1866]

[*Endtemperaturgleichgewicht*]

[Die linke Seite von Gleichung (147), so wie ich sie der Royal Society eingesendet habe, enthält ein Glied $2(\beta - 1)p/\varrho\,\mathrm{d}p/\mathrm{d}x$, wodurch sich ergibt, daß eine sich selbst überlassene Luftsäule eine Temperatur annehmen würde, die mit der Höhe variiert und oben höher ist als unten. Der Fehlschluß rührte von einem Fehler[1]) in Gleichung (143) her. Gleichung (147) in der nunmehr korrigierten Form zeigt, daß der Wärmefluß nur von der Temperaturänderung abhängt und nicht von der Richtung der Druckänderung. Eine vertikale Säule würde daher, wenn sie sich im Wärmegleichgewicht befindet, durchweg dieselbe Temperatur aufweisen.

Als ich erstmalig an diese Untersuchung heranging, habe ich die Tatsache übersehen, daß $\overline{\xi^4}$ nicht dasselbe

[1]) Das letzte Glied der linken Seite war nicht mit β multipliziert.

wie $\overline{\xi^2}\,\overline{\xi^2}$ ist, und habe auf diese Weise als Ergebnis erhalten, daß die Temperatur mit zunehmender Höhe stärker abnimmt, als sie es durch die Expansion tut, die eintritt, wenn Luft als einzige Masse aufwärts getragen wird. Dies führt sogleich zu einem Instabilitätszustand, der mit dem zweiten Hauptsatz der Thermodynamik unverträglich ist. Ich habe über dieses Resultat und über die Schwierigkeit, der ich begegnet bin, an Prof. Sir W. THOMSON geschrieben, entdeckte aber sogleich *einen* meiner Fehler und gelangte zu der Schlußfolgerung, die Temperatur würde mit der Höhe ansteigen. Dies führt zu keiner mechanischen Instabilität oder zu irgendwelchen von selbst in Gang kommenden Luftströmungen, und ich war damit bis zu einem gewissen Grade zufriedengestellt. Dies steht aber gleichfalls nicht mit dem zweiten Hauptsatz der Thermodynamik in Einklang. In der Tat kann man schließen, wenn die Temperatur irgendeiner Substanz, die sich im thermischen Gleichgewicht befindet, eine Funktion der Höhe ist, daß zu einer beliebigen anderen Substanz dieselbe Funktion der Höhe gehören muß. Andernfalls nämlich schließe man gleiche Säulen zweier Substanzen in wärmeundurchlässige Zylinder ein und bringe sie am Fußende miteinander in Wärmekontakt. Hätten dann im Falle des Wärmegleichgewichts die oberen Enden der beiden Säulen verschiedene Temperaturen, so könnte eine Kraftmaschine dadurch Arbeit leisten, daß sie dem heißeren Ende Wärme entzieht und sie an das kühlere abgibt; die unverwertete Wärme würde dann um das System herum zirkulieren, bis sie gänzlich in mechanische Energie umgewandelt ist, was im Widerspruch zum zweiten Hauptsatz der Thermodynamik steht.

Das Ergebnis, wie es jetzt vorliegt, besteht darin, daß die Temperaturen in Gasen, wenn sich diese im Wärmegleichgewicht befinden, von der Höhe unabhängig ist, und es folgt aus dem Gesagten, daß die Temperatur auch in allen anderen Substanzen von der Höhe unabhängig ist.

Wenn wir dieses Temperaturgesetz als real ansehen und unsere Annahmen durchgehen, so finden wir, daß sich ein verschiedenes Resultat ergeben sollte, es sei denn, es ist $\overline{\xi^4} = 3\overline{\xi^2}\,\overline{\xi^2}$. Nun ist diese Gleichung aus dem Geschwindigkeitsverteilungsgesetz hergeleitet, zu dem wir durch unabhängige Überlegungen gelangt sind. Wir können daher dieses Temperaturgesetz, wenn es richtig ist, in gewissem Maße auch als eine Bestätigung des Geschwindigkeitsverteilungsgesetzes betrachten.]

Leitfähigkeitskoeffizient

Wenn C der Wärmeleitfähigkeitskoeffizient des Gases ist, so ist nach Gleichung (147) die — als mechanische Energie gemessene — Wärmemenge, die pro Zeiteinheit durch die Flächeneinheit dringt, gleich

$$C\frac{\mathrm{d}\vartheta}{\mathrm{d}x} = \frac{5}{6}\cdot\frac{\beta}{k_1 A_2}\frac{p^2}{\varrho^2\vartheta}\frac{\mathrm{d}\vartheta}{\mathrm{d}x}. \tag{148}$$

Setzen wir für β seinen Wert nach Gleichung (115) in Abhängigkeit von γ und für k_1 seinen Wert nach Gleichung (125) in Abhängigkeit von μ ein und bezeichnen die gleichzeitigen Werte von Druck, Dichte und Temperatur des Standardgases mit p_0, ϱ_0 und ϑ_0 und mit s die Dichtezahl des betreffenden Gases, so finden wir[1])

$$C = \frac{5}{3(\gamma-1)}\frac{p_0}{\varrho_0\vartheta_0}\frac{\mu}{s}. \tag{149}$$

Für Luft haben wir $\gamma = 1{,}409$, und bei der Temperatur des schmelzenden Eises oder 274,6 °C über dem absoluten Nullpunkt ist $\sqrt{(p/\varrho)} = 918{,}6$ Fuß/s und bei

[1]) [Nach BOLTZMANN, Arbeit 2, S. 182, sollte die Zahlenkonstante 5/2 statt 5/3 lauten; vgl. auch H. POINCARÉ: Compt. rend. Acad. Sci. Paris **116** (1893) 1020.]

16,6 °C im Fuß-Gran-Sekunde-System $\mu = 0{,}0936$. Daher ist bei 16,6 °C die Wärmeleitfähigkeit gleich

$$C = 1172. \tag{150}$$

Das bedeutet, eine horizontale Luftschicht von einem Fuß Dicke, deren obere Fläche bei 17 °C und deren untere bei 16 °C gehalten wird, würde durch jeden Quadratfuß der horizontalen Fläche pro Sekunde eine Wärmemenge durchlassen, deren mechanische Energie gleich derjenigen von 2344 Gran ist, die sich mit einer Geschwindigkeit von 1 Fuß/s bewegen.

Präsident FORBES[1]) hat aus seinen Versuchen über die Wärmeleitung in Stäben geschlossen, daß eine Platte aus Schmiedeeisen von einem Fuß Dicke, zwischen deren gegenüberliegenden Flächen ein Temperaturunterschied von 1 °C aufrechterhalten wird, bei einer mittleren Temperatur von 25 °C in 1 min durch einen Quadratfuß der Oberfläche so viel Wärme durchlassen würde, wie notwendig ist, um einen Kubikfuß Wasser um 0,0127 °C zu erwärmen.

Nun ist das dynamische Äquivalent der Wärme, die erforderlich ist, um 1 Kubikfuß Wasser um 1 °C zu erwärmen, im Fuß-Gran-Sekunde-System $1{,}9157 \cdot 10^{10}$. Hieraus ergibt sich, daß Eisen von 25 °C 3525mal besser die Wärme leitet als Luft bei 16,6 °C.

Herr CLAUSIUS hat auf Grund einer verschiedenen Form der Theorie und von einem verschiedenen Wert von μ ausgehend gefunden, daß Blei die Wärme 1400mal besser als Luft leiten sollte. Nun ist Eisen ein doppelt so guter Wärmeleiter wie Blei, so daß sich diese Abschätzung in dem wahren Wert nicht so sehr von derjenigen von Herrn CLAUSIUS unterscheidet.

Bei der Umrechnung des Leitfähigkeitswertes von einem Maßsystem in ein anderes müssen wir uns daran erinnern,

---

[1]) Experimental Inquiry into the Laws of the Conduction of Heat in Bars. Edinburgh [roy. Soc.] Transactions, 1861–2. [23, 133.]

daß seine Dimensionen, im absoluten dynamischen Maßsystem ausgedrückt, MLT^{-3} sind.

Da alle Größen mit Ausnahme von μ, die in den Ausdruck für C eingehen, konstant sind, unterliegt die Leitfähigkeit demselben Gesetz wie die Viskosität, d. h., sie ist vom Druck unabhängig und variiert direkt proportional zur absoluten Temperatur. Die Leitfähigkeit von Eisen nimmt mit steigender Temperatur ab.

Außerdem wird sich die Leitfähigkeit von Luft, Sauerstoff, Wasserstoff und Kohlendioxid, da γ für diese Gase nahezu gleich ist, wie das Verhältnis der Viskosität zur Dichtezahl verhalten. Sauerstoff, Stickstoff, Kohlendioxid und Luft werden gleiche Leitfähigkeit haben, während diejenige von Wasserstoff etwa 7mal so groß sein wird.

Der Wert von γ für Kohlendioxid ist 1,27, ihre Dichtezahl beträgt 11/8 derjenigen von Sauerstoff und ihre Viskosität 8/11 derjenigen von Sauerstoff. Die Wärmeleitfähigkeit von Kohlendioxid ist daher etwa 7/9 derjenigen von Sauerstoff oder von Luft.

2. Weitere Studien über das Wärmegleichgewicht unter Gasmolekülen*)

von

Ludwig Boltzmann

Zusammenfassung

Nach der mechanischen Wärmetheorie gehorchen die thermischen Eigenschaften von Gasen und anderen Stoffen trotz der Tatsache, daß diese Stoffe aus einer großen Anzahl von Molekülen zusammengesetzt sind, die sich in schneller ungleichmäßiger Bewegung befinden, wohlbestimmten Gesetzen. Die Erklärung dieser Eigenschaften muß auf die Wahrscheinlichkeitsrechnung gegründet werden, und dazu muß man die Verteilungsfunktion kennen, die zu jedem Zeitpunkt die Anzahl von Molekülen in jedem Zustand bestimmt. Um diese Verteilungsfunktion $f(x,t)$ = Anzahl der Moleküle, die zur Zeit t die Energie x haben, zu ermitteln, wird für f eine partielle Differentialgleichung hergeleitet, indem untersucht wird, wie sich f während eines kleinen Zeitintervalls infolge von Stößen zwischen den Molekülen ändert. Wenn keine äußeren Kräfte vorliegen und die Bedingungen durch das ganze Gas hindurch gleichförmig sind, nimmt diese Gleichung die Form

$$\frac{\partial f(x,t)}{\partial t} = \int_0^\infty \int_0^{x+x'} \left[\frac{f(\xi,t)}{\sqrt{\xi}} \frac{f(x+x'-\xi,t)}{\sqrt{x+x'-\xi}} - \frac{f(x,t)}{\sqrt{x}} \frac{f(x',t)}{\sqrt{x'}}\right] \times \sqrt{xx'}\,\psi(x,x',\xi)\,\mathrm{d}x'\,\mathrm{d}\xi$$

an [Gleichung (16)], worin die Variablen x und x' die Energien

*) Ursprünglich veröffentlicht in: Sitz.-Ber. Akad. Wiss. Wien (II) **66** (1872) 275–370; nachgedruckt in: L. Boltzmann: Wissenschaftliche Abhandlungen, Bd. 1. J. A. Barth, Leipzig 1909, S. 316–402.

zweier Moleküle vor einem Stoß und ξ und $(x + x' - \xi)$ ihre Energien nach dem Stoß bezeichnen; $\psi(x,x',\xi)$ ist eine Funktion, die von der Natur der Kräfte zwischen den Molekülen abhängt.

Wenn die Geschwindigkeitsverteilung durch die MAXWELLsche Formel

$$f(x, t) = (\text{const}) \sqrt{x}\, e^{-hx}$$

gegeben wird, so verschwindet in der obigen Gleichung der Ausdruck in eckigen Klammern, und die zeitliche Ableitung von $f(x,t)$ wird Null. Dies ist im wesentlichen das schon von MAXWELL auf anderem Wege erhaltene Resultat: wenn diese Geschwindigkeitsverteilung einmal erreicht ist, so wird sie durch Stöße nicht mehr gestört.

Mit Hilfe der partiellen Differentialgleichung für f sind wir in der Lage, einen Schritt weiter zu gehen und zu beweisen, daß die Zustandsverteilung, auch wenn sie zunächst nicht MAXWELLsch ist, im Laufe der Zeit gegen die MAXWELL-Verteilung streben wird. Der Beweis hierfür beruht darauf, daß gezeigt wird, daß eine mittels f definierte Größe

$$E = \int_0^\infty f(x, t) \left[\log\left(\frac{f(x, t)}{x}\right) - 1\right] \mathrm{d}x$$

niemals zunehmen kann, sondern immer abnehmen oder konstant bleiben muß, wenn f der obigen Differentialgleichung genügt. (Diese Feststellung ist jetzt unter dem Namen H-Theorem bekannt.) E muß sich einem Minimalwert nähern und hernach konstant bleiben, und der entsprechende Endwert von f ist dann die MAXWELLsche Verteilung. Da E zu der thermodynamischen Entropie im Gleichgewichtsendzustand in enger Beziehung steht, ist unser Ergebnis äquivalent zu einem Beweis dafür, daß die Entropie immer *wachsen* oder konstant bleiben muß, und liefert auf diese Weise eine mikroskopische Deutung des zweiten Hauptsatzes der Thermodynamik.

Um die in diesen Beweisen enthaltene Überlegung klarer herauszuarbeiten, ersetzen wir die kontinuierliche Energievariable x durch eine diskrete Variable, die nur die Werte ε, 2ε, 3ε, ... annehmen kann; wir zeigen dann, daß dasselbe Resultat hergeleitet werden kann, wenn man zur Grenze $\varepsilon \to 0$ übergeht.

Die Differentialgleichung für f wird auch für den Fall angegeben, daß die Geschwindigkeitsverteilung von einem Ort zum anderen variieren kann und nicht alle Geschwindigkeitsrichtungen äquivalent sind [Gleichung (44)]. Für den Spezialfall zwischenmolekularer Kräfte, die umgekehrt proportional zur fünften Potenz des Abstands variieren, besitzt diese Gleichung eine einfache exakte Lösung, und es lassen sich die Viskositäts-, Wärmeleitfähigkeits- und Diffusionskoeffizienten berechnen. Die Ergebnisse sind im wesentlichen dieselben wie die von MAXWELL gefundenen (Arbeit 1).

Die obigen Resultate werden auf Gase verallgemeinert, die aus vielatomigen Molekülen bestehen.

Die mechanische Wärmetheorie setzt voraus, daß sich die Moleküle der Gase keineswegs in Ruhe, sondern in der lebhaftesten Bewegung befinden. Wenn daher auch der Körper seinen Zustand gar nicht verändert, so wird doch jedes einzelne seiner Moleküle seinen Bewegungszustand beständig verändern, und ebenso werden sich die verschiedenen Moleküle gleichzeitig nebeneinander in den verschiedensten Zuständen befinden. Lediglich dem Umstande, daß selbst die regellosesten Vorgänge, wenn sie unter denselben Verhältnissen vor sich gehen, doch jedesmal dieselben Durchschnittswerte liefern, ist es zuzuschreiben, daß wir auch im Verhalten warmer Körper ganz bestimmte Gesetze wahrnehmen. Denn die Moleküle der Körper sind ja so zahlreich und ihre Bewegungen so rasch, daß uns nie etwas anderes als jene Durchschnittswerte wahrnehmbar wird. Man möchte die Regelmäßigkeit jener Durchschnittswerte mit der bewunderungswürdigen Konstanz der von der Statistik gelieferten Durchschnittszahlen vergleichen, welche ja auch aus Vorgängen abgeleitet sind, von denen jeder einzelne durch ein ganz unberechenbares Zusammenwirken der mannigfaltigsten äußeren Umstände bedingt ist. Die Moleküle sind gleichsam ebenso viele Individuen, welche die verschiedensten Bewegungszustände haben, und nur dadurch, daß die Anzahl derjenigen, welche durchschnittlich einen gewissen Bewegungszustand haben, konstant ist, bleiben die Eigenschaften des Gases unverändert. Die Bestimmung von Durchschnittswerten ist Aufgabe der Wahrscheinlichkeitsrechnung. Die Probleme der mechanischen Wärmetheorie sind daher Probleme der Wahrscheinlichkeitsrechnung. Es wäre aber ein Irrtum, zu glauben, daß der Wärmetheorie deshalb eine Unsicherheit anhafte, weil daselbst die Lehrsätze der Wahrscheinlichkeitsrechnung in Anwendung kommen. Man verwechsle nicht einen unvollständig bewiesenen Satz, dessen Richtigkeit infolgedessen problematisch ist, mit einem vollständig erwiesenen Satze der Wahrscheinlichkeitsrechnung; letzterer stellt, wie das Resultat jedes anderen Kalküls, eine notwendige Konsequenz gewisser Prämissen dar, und bestätigt sich, sobald diese richtig sind, ebenso in der Erfahrung, wenn nur genügend viele Fälle der Beobachtung unterzogen werden, was bei der enormen Anzahl der Körpermoleküle in der Wärmetheorie immer der Fall ist. Nur scheint es hier doppelt geboten, bei den Schlüssen mit der größten Strenge zu verfahren. Will man daher nicht bloß beiläufige Werte der in der Gastheorie vorkommenden Größen mutmaßen, sondern eine exakte Theorie derselben in Angriff nehmen, so muß vor allem die Wahrscheinlichkeit der verschiedenen Zustände bestimmt werden, welche an einem und demselben Moleküle im Verlaufe einer sehr langen Zeit und an den verschiedenen Molekülen gleichzeitig vorkommen, d. h., es muß berechnet werden, wie sich die Zahl jener Moleküle, deren Zustand zwischen gewissen Grenzen liegt, zur Gesamtanzahl der Moleküle verhält. Es wurde dieses Problem bereits von MAXWELL und mir in verschiedenen Abhandlungen behandelt, ohne daß jedoch bis jetzt eine vollständige Lösung gelungen wäre. In der Tat scheint dieselbe namentlich in dem Falle, wo jedes Molekül wieder aus mehreren materiellen Punkten (den Atomen) besteht, sehr schwierig, da man die Bewegungsgleichungen bereits für einen Komplex von drei Atomen nicht mehr zu integrieren vermag. Allein bei näherer Betrachtung erweist es sich als doch nicht so unwahrscheinlich, daß sich jene Wahrscheinlichkeit aus den bloßen Bewegungsgleichungen ohne deren Integration wird ableiten lassen. Denn die zahlreichen einfachen Gesetze über das Verhalten der Gase zeigen, daß der Ausdruck für jene Wahrscheinlichkeit gewisse allgemeine, von der speziellen Natur der Gase unabhängige Eigenschaften besitzen muß, und gerade derartige allgemeine Gesetze lassen sich nicht selten schon aus den bloßen Bewegungsgleichungen ableiten, ohne daß deren Integration dazu erforderlich wäre. In der Tat gelang es mir, das Problem für Gasmoleküle, die aus beliebig vielen Atomen bestehen, der Lösung zuzuführen. Ich will jedoch hier, der besseren Übersicht halber, zunächst den einfachsten Fall behandeln, daß jedes Molekül ein einzelner materieller Punkt ist. Hieran schließe ich dann erst den allgemeinen, in dem übrigens die Durchführung der Rechnung im Wesen ganz dieselbe ist.

I. Betrachtung einatomiger Gasmoleküle

Sei irgend ein Raum mit sehr vielen Gasmolekülen erfüllt, deren jedes ein einfacher materieller Punkt ist. Jedes Molekül fliege während des größten Teiles der Zeit geradlinig mit gleichförmiger Geschwindigkeit fort. Nur wenn sich zwei Moleküle zufällig sehr nahe kommen, beginnen sie aufeinander einzuwirken. Ich nenne diesen Vorgang, während dessen zwei Moleküle aufeinander einwirken, einen Zusammenstoß der beiden Moleküle, ohne daß jedoch dabei an einen Stoß elastischer Körper zu denken ist; die während des Zusammenstoßes wirksamen Kräfte können vielmehr ganz beliebig sein. Selbst wenn zu Anfang der Zeit alle Moleküle dieselbe Geschwindigkeit besessen hätten, würden sie dieselbe im Verlaufe der Zeit nicht immer beibehalten. Infolge der Zusammenstöße werden vielmehr einige Moleküle größere, andere kleinere Geschwindigkeiten annehmen, bis sich endlich eine solche Verteilung der Geschwindigkeiten unter den Molekülen hergestellt hat, daß dieselbe durch die Zusammenstöße nicht weiter verändert wird. Bei dieser schließlich sich herstellenden Geschwindigkeitsverteilung werden im allgemeinen alle möglichen Geschwindigkeiten von Null bis zu einer sehr großen Geschwindigkeit vorkommen. Die Zahl der Moleküle, deren Geschwindigkeit zwischen v und $v + \mathrm{d}v$ liegt, wollen wir mit $F(v)\mathrm{d}v$ bezeichnen. Dann bestimmt uns also die Funktion F die Geschwindigkeitsverteilung vollständig. Für den Fall einatomiger Moleküle, den wir jetzt betrachten, fand bereits MAXWELL für $F(v)$ den Wert $A v^2 e^{-Bv^2}$, wobei A und B Konstanten sind, so daß also die Wahrscheinlichkeit der verschiedenen Geschwindigkeiten durch eine ähnliche Formel gegeben wird wie die Wahrscheinlichkeit der verschiedenen Beobachtungsfehler in der Theorie der Methode der kleinsten Quadrate. Der erste Beweis jedoch, den MAXWELL für diese Formel gab, wird von ihm selbst als unrichtig bezeichnet. Später gab er zwar einen sehr eleganten Beweis dafür, daß, wenn man die obige Geschwindigkeitsverteilung einmal unter den Gasmolekülen hergestellt hat, dieselbe in der Tat durch die Zusammenstöße nicht weiter verändert wird. Er sucht auch zu beweisen, daß es die einzige Geschwindigkeitsverteilung von der betrachteten Eigenschaft ist. Allein der letztere Beweis scheint mir wieder Fehlschlüsse zu enthalten.[1]) Es ist somit noch

[1]) Erstlich sollte MAXWELL eigentlich beweisen, daß ebensooft *ein Paar* von Molekülen ihre Geschwindigkeit von OA, OB in OA', OB' verwandeln wie umgekehrt, während er tatsächlich nur davon spricht, daß *ein* Molekül ebensooft seine Geschwindigkeit von OA in OA' als von OA' in OA verwandelt; dann behauptet MAXWELL, daß, wenn die Geschwindigkeit OA öfter in OA' als umgekehrt übergehe, um ebensoviel öfter die Geschwindigkeit OA' in OA'' als umgekehrt übergehen müsse ,weil sonst die Anzahl der Moleküle mit der Geschwindigkeit OA' nicht konstant bleiben könnte, welcher Schluß nur erlaubt wäre, wenn die Geschwindigkeit OA' in gar keine andere als OA und OA'' übergehen könnte. In der Tat kann nur geschlossen werden, daß eine oder mehrere Geschwindigkeiten OA'', OA''', ... existieren, in welche die Geschwindigkeit OA' öfter übergeht als umgekehrt. Um endlich zu beweisen, daß es nicht möglich sei, daß die Geschwindigkeit eines Moleküls öfter von OA in OA' als umgekehrt übergehe, sagt MAXWELL, dasselbe müßte sonst eine in sich zurücklaufende Reihe von Geschwindigkeiten OA, OA', OA'', ..., OA lieber in der einen als in der umgekehrten Ordnung durchlaufen. Dies könne aber nicht sein, denn es ließe sich kein Grund angeben, behauptet er, weshalb das Molekül diesen Zyklus lieber in der einen als in der anderen Ordnung durch-

nicht bewiesen, daß, wie immer der Zustand des Gases zu Anfang gewesen sein mag, er sich immer dieser von MAXWELL gefundenen Grenze nähern muß. Es könnte sein, daß es außer dieser noch verschiedene andere mögliche Grenzen gibt. Dieser Beweis gelingt aber leicht mittels der Auffassungsweise des Problems, zu deren Auseinandersetzung ich jetzt schreiten will und welche zudem den Vorteil bietet, daß sie sich direkt auf mehratomige Moleküle, also auf den in der Natur wahrscheinlich allein vorkommenden Fall übertragen läßt.

Ich beginne damit, das Problem nochmals genau zu definieren. Gesetzt also, wir hätten irgendeinen Raum R, in demselben befinden sich sehr viele Gasmoleküle. Jedes Molekül ist ein einfacher materieller Punkt, der sich in der bereits geschilderten Weise bewegt. Während des größten Teiles der Zeit fliegt er geradlinig mit gleichförmiger Geschwindigkeit fort. Nur wenn sich zwei Moleküle sehr nahe kommen, beginnen sie aufeinander zu wirken. Das Wirkungsgesetz der Kräfte, die während eines Zusammenstoßes wirksam sind, muß uns natürlich gegeben sein. Ich will aber bezüglich desselben gar keine beschränkende Annahme machen. Es kann uns gegeben sein, daß zwei Moleküle wie elastische Kugeln voneinander abprallen; es kann uns auch jedes beliebige andere Wirkungsgesetz gegeben sein. Bezüglich der Gefäßwände, welche das Gas umschließen, will ich jedoch voraussetzen, daß die Moleküle an denselben wie elastische Kugeln reflektiert werden. Es würde da auch jedes beliebige Wirkungsgesetz die-

laufe. Diese letztere Behauptung aber scheint mir das zu Beweisende als schon bewiesen anzunehmen. Denn nehmen wir bereits als bewiesen an, daß sich die Geschwindigkeit eines Moleküls ebensooft von OA in OA', wie umgekehrt, verwandelt, dann wäre freilich kein Grund, warum es diesen Zyklus lieber in der einen als in der anderen Ordnung durchlaufe. Nehmen wir dagegen den zu beweisenden Satz noch nicht als erwiesen an, so wäre gerade die Tatsache, daß die Geschwindigkeit eines Moleküls lieber von OA in OA' als umgekehrt, lieber von OA' in OA'' als von OA'' in OA' usw. verwandelt, der Grund, weshalb dasselbe jene Reihe von Geschwindigkeiten lieber in der Ordnung OA, OA', OA'', ..., OA als in der umgekehrten durchlaufen würde. Beide Vorgänge sind ja nichts weniger als identisch. Es kann daher auch nicht a priori auf ihre gleiche Wahrscheinlichkeit geschlossen werden.

selben Formeln liefern. Aber es vereinfacht die Sache, wenn wir uns über das Gefäß diese spezielle Vorstellung machen. Wir stellen uns nun folgendes Problem: Es sei zu Anfang der Zeit, also für $t = 0$, der Ort, die Geschwindigkeit und die Geschwindigkeitsrichtung jedes unserer Moleküle gegeben. Es wird gefragt, welches ist der Ort, die Geschwindigkeit und die Geschwindigkeitsrichtung jedes Moleküls nach Verlauf einer beliebigen Zeit t. Da uns die Gestalt des Gefäßes R sowie das Wirkungsgesetz der während der Zusammenstöße wirksamen Kräfte gegeben ist, so ist dieses Problem natürlich ein vollständig bestimmtes. Es ist jedoch klar, daß es in dieser Allgemeinheit nicht vollständig auflösbar ist. Die Lösung wird aber eine viel leichtere, wenn wir an die Stelle dieses ganz allgemeinen Problems nur ein etwas Spezielleres setzen. Nur zwei ganz in der Natur der Sache liegende Beschränkungen wollen wir da hinzunehmen. Es ist zunächst klar, daß nach Verlauf einer sehr langen Zeit für die Geschwindigkeitsrichtung eines Moleküls jede Richtung im Raume gleich wahrscheinlich sein wird. Handelt es sich daher bloß darum, die nach langer Zeit sich herstellende Geschwindigkeitsverteilung zu finden, so können wir annehmen, daß schon zu Anfang jede Geschwindigkeitsrichtung gleich wahrscheinlich gewesen sei. Es kann der allgemeinste Fall auf keine anderen schließlichen Zustandsverteilungen führen als dieser speziellere. Dies sei die erste Beschränkung, welche wir machen wollen. Die zweite sei, daß die Geschwindigkeitsverteilung schon zu Anfang der Zeit eine gleichförmige gewesen sei. Ich muß da zunächst erklären, was ich unter einer gleichförmigen Geschwindigkeitsverteilung verstehe. Es wird für die Folge besser sein, statt der Geschwindigkeit die lebendige Kraft eines Moleküls einzuführen. Tun wir das gleich jetzt. Es sei x die lebendige Kraft eines unserer Gasmoleküle, so daß also $x = mv^2/2$ ist. R ist der gesamte Raum, in dem unser Gas eingeschlossen ist. Konstruieren wir in diesem Raume R einen kleineren (r will ich ihn nennen), dessen Gestalt ganz beliebig ist, dessen Volumen aber gleich Eins sein soll. Wir setzen voraus, daß im Raum r noch immer sehr viele Moleküle sind, daß also seine Dimensionen groß gegen die mittlere Distanz zweier Nachbarmoleküle sind, worin keine Beschränkung liegt, da wir ja die Volumeinheit so groß wählen können als wir wollen. Die Anzahl der Moleküle im Raume r, deren lebendige Kraft zur Zeit t zwischen x und $x + \mathrm{d}x$ liegt, will ich mit $f(x,t)\mathrm{d}x$ bezeichnen. Dieselbe wird im allgemeinen davon abhängen, wo ich den Raum r im Raume R konstruiere. Es könnten sich z. B. rechts im Raume R die schnelleren, links die langsameren Moleküle befinden. Dann würde die Anzahl $f(x,t)\mathrm{d}x$ verschieden ausfallen, je nachdem ich den Raum r rechts oder links im Raume R konstruiere. Wenn nun dies nicht der Fall ist, wenn die Anzahl $f(x,t)\mathrm{d}x$ zu einer gegebenen Zeit vollkommen gleich ausfällt, wo immer ich den Raum r im Raume R konstruieren mag, so sage ich, die Verteilung der lebendigen Kraft sei zur Zeit t eine gleichförmige, d. h. also nichts anderes, als die Moleküle mit den verschiedenen lebendigen Kräften sind gleichförmig untereinander gemischt. Es sind nicht rechts die schnelleren, links die langsameren oder umgekehrt. Es ist da wieder klar, daß nach Verlauf einer sehr langen Zeit die Verteilung der lebendigen Kraft eine gleichförmige wird; denn dann ist ja jeder Ort im Gase gleichberechtigt. Die Wände stören nicht, da an ihnen die Moleküle wie elastische Kugeln reflektiert werden; also geradeso von ihnen zurücktreten, als ob der Raum jenseits der Wände von gleich beschaffenem Gase erfüllt wäre. Wir können daher wieder annehmen, daß schon zu Anfang der Zeit die Geschwindigkeitsverteilung eine gleichförmige war. Dies, sowie die gleiche Wahrscheinlichkeit jeder Geschwindigkeitsrichtung zu Anfang der Zeit sind die beiden beschränkenden Annahmen, unter denen wir zunächst das Problem behandeln werden. Es ist klar, daß diese beiden Bedingungen dann auch für alle folgende Zeit erfüllt sein werden, daß also der Zustand des Gases zur Zeit t durch die Funktion $f(x,t)$ vollständig bestimmt ist. Gegeben sei uns der Zustand unseres Gases zu Anfang der

Zeit, also $f(x,0)$. Gefunden soll werden der Zustand nach Verlauf einer beliebigen Zeit t, also $f(x,t)$. Der Weg, den wir da einschlagen werden, ist derselbe, den man in ähnlichen Fällen immer einschlägt. Wir berechnen zuerst, um wieviel sich die Funktion $f(x,t)$ während einer sehr kleinen Zeit t verändert; hierdurch erhalten wir zunächst eine partielle Differentialgleichung für $f(x,t)$; dieselbe muß dann so integriert werden, daß f für $t = 0$ den gegebenen Wert $f(x, 0)$ annimmt. Wir haben also jetzt eine doppelte Aufgabe vor uns, erstens die Aufstellung der partiellen Differentialgleichung und zweitens deren Integration. Wenden wir uns zuerst an die erste Aufgabe. $f(x,t)\,\mathrm{d}x$ ist die Zahl der Moleküle in der Volumeneinheit, deren lebendige Kraft zur Zeit t zwischen x und $x + \mathrm{d}x$ liegt. Solange ein Molekül mit keinem anderen zusammenstößt, behält es seine lebendige Kraft unverändert bei. Würden also keine Zusammenstöße erfolgen, so würde sich die Zahl der Moleküle, deren lebendige Kraft zwischen x und $x + \mathrm{d}x$ liegt, also $f(x,t)$, gar nicht ändern; diese Funktion ändert sich bloß durch die Zusammenstöße. Wollen wir daher die Veränderung dieser Funktion während einer sehr kleinen Zeit t erfahren, so müssen wir die Zusammenstöße während dieser Zeit der Betrachtung unterziehen. Betrachten wir einen Zusammenstoß, vor welchem die lebendige Kraft des einen der stoßenden Moleküle zwischen x und $x + \mathrm{d}x$, die des anderen zwischen x' und $x' + \mathrm{d}x'$ liegt. Dadurch ist natürlich die Natur des Zusammenstoßes noch keineswegs vollkommen bestimmt. Je nachdem derselbe ein zentraler oder mehr oder weniger schiefer ist, kann vielmehr die lebendige Kraft des einen der stoßenden Moleküle nach dem Zusammenstoße noch gar mannigfaltige Werte haben. Setzen wir voraus, dieselbe liege nach dem Zusammenstoße zwischen ξ und $\xi + \mathrm{d}\xi$; dann ist aber die lebendige Kraft des zweiten Moleküls nach dem Zusammenstoße bestimmt. Bezeichnen wir letztere mit ξ', so ist nämlich nach dem Prinzip der Erhaltung der lebendigen Kraft

$$x + x' = \xi + \xi'; \tag{1}$$

die Summe der lebendigen Kraft beider Moleküle vor dem Stoße ist gleich der Summe der lebendigen Kraft beider Moleküle nach demselben. Wir können uns die Grenzen, zwischen denen die unseren Zusammenstoß charakterisierenden Variabeln liegen, durch folgendes Schema darstellen:

$$\left.\begin{array}{lll} & a & b \\ \text{vor dem Stoße} \ldots & x, x + \mathrm{d}x & x', x' + \mathrm{d}x', \\ \text{nach ,, \quad ,,} \ldots & \xi, \xi + \mathrm{d}\xi. & \end{array}\right\} \quad \text{(A)}$$

Unter der Rubrik a steht die lebendige Kraft des einen, unter der Rubrik b die der anderen der zusammenstoßenden Moleküle. Es fragt sich jetzt, wie viele Zusammenstöße geschehen während der Zeit τ in der Volumeinheit so, daß die lebendige Kraft der stoßenden Moleküle zwischen den durch das Schema (A) dargestellten Grenzen liegt. Die Anzahl dieser Zusammenstöße soll mit $\mathrm{d}n$ bezeichnet werden. Die Bestimmung dieser Zahl $\mathrm{d}n$ kann nur in recht weitläufiger Weise durch Betrachtung der relativen Geschwindigkeit beider Moleküle geschehen. Da diese Betrachtung außer ihrer Weitläufigkeit nicht die mindeste Schwierigkeit, aber auch kein besonderes Interesse hat, und ihr Resultat so einfach ist, daß man fast sagen möchte, es verstehe sich von selbst, so will ich mich begnügen, hier dieses Resultat mitzuteilen. Dasselbe besteht in folgendem: Diese Anzahl $\mathrm{d}n$ ist erstens proportional der Zeit τ; je länger diese Zeit τ ist, desto mehr Zusammenstöße der betrachteten Art erfolgen während derselben; natürlich nur, solange τ sehr klein ist, so daß sich der Zustand des Gases während τ nicht merklich ändert. Zweitens ist $\mathrm{d}n$ proportional der Größe $f(x,t)\mathrm{d}x$; dies ist ja die Zahl der Moleküle in der Volumeinheit, deren lebendige Kraft zwischen x und $x + \mathrm{d}x$ liegt; je mehr solcher Moleküle sich in der Volumeinheit befinden, desto öfter stoßen sie in der betrachteten Weise zusammen. Drittens ist $\mathrm{d}n$ proportional $f(x',t)\mathrm{d}x'$; denn was von dem einen der zusammenstoßenden Moleküle gilt, gilt natürlich auch vom anderen. Das Produkt dieser drei Größen muß noch multipliziert werden mit einem gewissen Proportionalitätsfaktor, von dem man leicht einsieht, daß er unendlich klein wie $d\xi$ sein muß. Derselbe wird im allgemeinen von der Natur des Zusammenstoßes, also von den den Zusammenstoß bestimmenden Größen x, x' und ξ abhängen. Wir wollen, um alles dies auszudrücken, den Proportionalitätsfaktor mit $d\xi \cdot \psi(x,x',\xi)$ bezeichnen, so daß wir also haben:

$$dn = \tau \cdot f(x,t)dx \cdot f(x',t)dx' \cdot d\xi\,\psi(x,x',\xi). \qquad (2)$$

Dies ist das Resultat, zu dem die exakte Betrachtung des Vorganges des Zusammenstoßes führt, durch welche sich natürlich auch die Funktion ψ bestimmen läßt, sobald das Wirkungsgesetz der Moleküle gegeben ist; denn diese Funktion ψ hängt natürlich von dem Wirkungsgesetze ab. Da wir jedoch diese Funktion ψ nicht brauchen werden, so wäre ihre Bestimmung hier überflüssig. Wir wollen jetzt in dem durch die Gleichung (2) gegebenen Ausdrucke für dn die Größe x konstant lassen, nach x' und ξ aber über alle möglichen Werte dieser Größen integrieren, d. h. bezüglich ξ von Null bis $x + x'$, bezüglich x' von Null bis Unendlich. Das Resultat dieser Integrationen bezeichne ich mit $\int dn$; so ist also:

$$\int dn = \tau f(x,t)dx \int_0^\infty \int_0^{x+x'} f(x',t)\,\psi(x,x',\xi)\,dx'\,d\xi.$$

Da x für die beiden Integrationen als konstant zu betrachten ist, so können wir $f(x,t)$ auch unter die beiden Integralzeichen schreiben und erhalten:

$$\int dn = \tau dx \int_0^\infty \int_0^{x+x'} f(x,t) f(x',t)\,\psi(x,x',\xi)\,dx'\,d\xi.^{1)} \qquad (3)$$

[1]) Anstatt die Grenzen eines bestimmten Integrals wirklich hinzuschreiben, kann man dieselben noch in verschiedener Weise bestimmen, z. B. durch Ungleichungen. In dem bestimmten Integrale der Formel (3) ist x als Konstante zu

Was ist nun diese Größe $\int dn$? Wir haben x konstant gelassen. Die lebendige Kraft eines Moleküls vor dem Stoße bleibt also zwischen den Grenzen x und $x + dx$ eingeschlossen. Bezüglich aller übrigen Variabeln aber haben wir über alle möglichen Werte derselben integriert.

---

betrachten. Die beiden Integrationsvariabeln sind x' und ξ; dieselben können nur positive Werte inklusive Null annehmen, denn es sind lebendige Kräfte, und zwar muß auch $x + x' - \xi \geqq 0$ sein; denn $x + x' - \xi$ ist die lebendige Kraft des zweiten Moleküls nach dem Zusammenstoße; andererseits ist klar, daß alle positiven x' und ξ, für welche auch $x + x' - \xi$ positiv ausfällt, möglichen Zusammenstößen entsprechen; also innerhalb der Integrationsgrenzen liegen. Die drei Ungleichungen

$$x' \geqq 0, \quad \xi \geqq 0, \quad x + x' - \xi \geqq 0 \tag{3a}$$

definieren uns also ebenfalls die Integrationsgrenzen des Integrales der Formel (3) unzweideutig. Es empfiehlt sich diese Methode der Grenzbestimmung dadurch, daß sie die Rechnung oft bedeutend abkürzt. Eine dritte Methode der Grenzenbestimmung ist die geometrische. Man trägt die Integrationsvariabeln auf rechtwinkligen Koordinatenachsen auf und bestimmt die Fläche, über

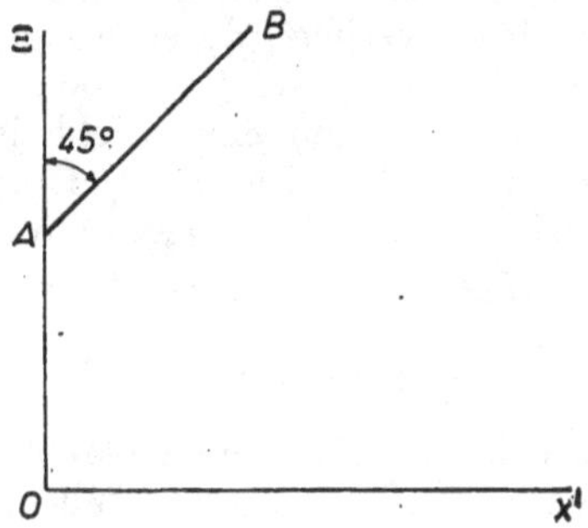

Abb. 2.1

welche zu integrieren ist. Tragen wir in unserem Falle auf der Abszissenachse OX' die Variable x', auf der Ordinatenachse $O\Xi$ die Variable ξ auf, so erhalten wir die Fläche, über welche zu integrieren ist, indem wir $OA = x$ machen und die Gerade AB ins Unendliche und unter 45° gegen die Koordinatenachsen geneigt ziehen. Das unendliche Trapez $X'OAB$ ist dann die Fläche, über welche die Integration zu erstrecken ist. Die letztere Art, die Grenzen darzustellen, zeichnet sich namentlich durch ihre große Anschaulichkeit aus.

Alle übrigen Variabeln sind also keiner beschränkenden Bedingung mehr unterworfen. Es ist also $\int dn$ einfach die Zahl der Zusammenstöße, welche in der Volumeinheit während der Zeit τ so geschehen, daß vor denselben die lebendige Kraft eines Moleküls zwischen x und $x + dx$ liegt. Durch jeden dieser Zusammenstöße verliert ein Molekül diese lebendige Kraft, folglich wird durch jeden dieser Zusammenstöße die Zahl der Moleküle, deren lebendige Kraft zwischen x und $x + dx$ liegt, um Eins vermindert.[1]) Im ganzen geschehen während der Zeit τ in der Volumeinheit $\int dn$ solcher Zusammenstöße. Im ganzen wird also jene Zahl um $\int dn$ vermindert. Die Zahl der Moleküle in der Volumeinheit, deren lebendige Kraft zur Zeit t zwischen x und $x + dx$ lag, ist aber, wie wir wissen, $f(x,t)dx$; während der Zeit τ wird sie infolge der eben betrachteten Zusammenstöße um $\int dn$ vermindert, wir müssen also $\int dn$ von $f(x,t)dx$ abziehen. Wir haben bis jetzt bloß die Zusammenstöße berücksichtigt, durch welche ein Molekül eine lebendige Kraft, die zwischen x und $x + dx$ liegt, verliert, durch welche also $f(x,t)dx$ vermindert wird. Wir müssen jetzt noch jene betrachten, durch welche ein Molekül eine solche lebendige Kraft gewinnt, durch welche also $f(x,t)\,dx$ vermehrt wird. Bezeichnen wir die Zahl dieser letzteren Zusammenstöße mit $\int d\nu$, so muß also $\int d\nu$ zu $f(x,t)dx$ addiert werden; in der Summe

$$f(x,t)dx - \int dn + \int d\nu \tag{4}$$

ist das erste Glied die Zahl der Moleküle in der Volumeinheit, deren lebendige Kraft zur Zeit t zwischen x und

[1]) Ausgenommen sind hiervon jene Zusammenstöße, bei denen auch nach dem Stoße die lebendige Kraft eines oder gar beider Moleküle zwischen x und $x + dx$ liegt. Man sieht jedoch leicht, daß die Zahl dieser Zusammenstöße sowie auch derjenigen, vor denen die lebendige Kraft beider Moleküle zwischen x und $x + dx$ liegt, durch welche also gleichzeitig zwei Moleküle diese lebendige Kraft verlieren, unendlich klein höherer Ordnung ist, also vernachlässigt werden darf. Die ersteren Zusammenstöße, welche wir jetzt unberechtigter Weise subtrahieren, sind übrigens zudem auch in $\int d\nu$ enthalten und werden daher ohnedies später wieder hinzuaddiert.

$x + \mathrm{d}x$ lag; davon ist subtrahiert die Zahl der Moleküle, welche während der Zeit τ diese lebendige Kraft verlieren, addiert die Zahl der Moleküle, welche während der Zeit τ diese lebendige Kraft gewinnen. Das Resultat ist offenbar die Zahl der Moleküle, welche zur Zeit $t + \tau$ diese lebendige Kraft haben, also $f(x, t + \tau)\mathrm{d}x$. Wir erhalten somit:

$$f(x, t + \tau)\mathrm{d}x = f(x,t)\mathrm{d}x - \int \mathrm{d}n + \int \mathrm{d}\nu. \tag{5}$$

Es muß noch $\int \mathrm{d}\nu$ bestimmt werden. $\int \mathrm{d}\nu$ ist die Zahl der Zusammenstöße in der Volumeinheit während der Zeit τ, nach denen die lebendige Kraft eines Moleküls zwischen x und $x + \mathrm{d}x$ liegt. Wir müssen also jetzt für die lebendige Kraft vor dem Stoße eine andere Bezeichnung wählen. Sei also etwa $\mathrm{d}\nu$ die Zahl der Zusammenstöße, welche in der Volumeinheit während der Zeit τ so geschehen, daß vor denselben die lebendige Kraft des einen Moleküls zwischen u und $u + \mathrm{d}u$, die des anderen zwischen v und $v + \mathrm{d}v$ liegt, nach dem Stoße aber die des einen Moleküls zwischen x und $x + \mathrm{d}x$ liegt. Die lebendige Kraft des anderen Moleküls nach dem Stoße ist natürlich hierdurch wieder bestimmt. $\mathrm{d}\nu$ ist also die Zahl der Zusammenstöße, welche, entsprechend dem früher mit (A) bezeichneten Schema, durch folgendes Schema charakterisiert sind:

$$\left.\begin{array}{lll} & a & b \\ \text{vor dem Stoße} \ldots & u,\, u + \mathrm{d}u & v,\, v + \mathrm{d}v \\ \text{nach dem Stoße} \ldots & x,\, x + \mathrm{d}x & \end{array}\right\} \tag{B}$$

Man sieht sogleich, daß sich die jetzt betrachteten Zusammenstöße von den früher betrachteten, durch das Schema (A) dargestellten bloß darin unterscheiden, daß jetzt die lebendigen Kräfte vor und nach dem Zusammenstoße durch andere Buchstaben ausgedrückt sind. Die Anzahl $\mathrm{d}\nu$ der jetzt betrachteten Zusammenstöße kann also aus der Zahl $\mathrm{d}n$ der früher betrachteten durch bloße Buchstabenvertauschung gefunden werden. Und zwar muß, wie man leicht (am besten durch Vergleichung der beiden Schemata) sieht, jetzt

$$\left.\begin{array}{l} u \text{ statt } x, \quad v \text{ statt } x', \quad x \text{ statt } \xi \\ \text{ebenso} \\ \mathrm{d}u \text{ statt } \mathrm{d}x, \quad \mathrm{d}v \text{ statt } \mathrm{d}x', \quad \mathrm{d}x \text{ statt } \mathrm{d}\xi \end{array}\right\} \qquad \text{(C)}$$

gesetzt werden. Die Anzahl der früher betrachteten Zusammenstöße hieß $\mathrm{d}n$ und war durch die Gleichung (2) gegeben. Nehmen wir darin die Buchstabentauschung (C) vor, so erhalten wir $\mathrm{d}\nu$. Es ist also

$$\mathrm{d}\nu = \tau \cdot f(u,t)\mathrm{d}u\, f(v,t)\mathrm{d}v\, \mathrm{d}x \cdot \psi(u,v,x).$$

Hier wollen wir wieder x konstant lassen; bezüglich u und v aber über alle möglichen Werte dieser Größen integrieren. Das Resultat

$$\tau \mathrm{d}x \int\int f(u,t)\, f(v,t)\, \psi(u,v,x)\mathrm{d}u\, \mathrm{d}v$$

ist die Zahl der Zusammenstöße in der Volumeinheit während der Zeit τ, nach denen die lebendige Kraft eines Moleküls zwischen x und $x + \mathrm{d}x$ liegt (denn nach allen anderen Variabeln wurde über alle möglichen Werte integriert), also die Zahl der Zusammenstöße, durch welche ein Molekül eine lebendige Kraft gewinnt, die zwischen x und $x + \mathrm{d}x$ liegt; genau jene Zahl, welche wir schon früher mit $\int \mathrm{d}\nu$ bezeichneten.[1]) Tun wir dies wieder, so

[1]) Man könnte glauben, daß wir hier die Zusammenstöße vergessen haben, nach denen die lebendige Kraft des zweiten der stoßenden Moleküle zwischen x und $x + \mathrm{d}x$ liegt. Sei für einen solchen Stoß $u = u_1$, $v = v_1$. Da wir bezüglich u und v über alle möglichen Werte integriert haben, so haben wir auch den Stoß, für welchen $u = v_1$, $v = u_1$ ist und nach dem Stoße die lebendige Kraft des ersten Moleküls zwischen x und $x + \mathrm{d}x$ liegt, in das Integral aufgenommen; dies ist aber genau der Fall, den wir eben vergessen zu haben fürchteten. Denn welches wir als das erste, welches als das zweite Molekül auffassen, ist gleichgültig. Alle diese Zusammenstöße sind also in unserem Integrale schon mit berücksichtigt, nur tritt dabei u an die Stelle von v und umgekehrt. Wollte man noch ein zweites Integral beifügen, das die Stöße enthält, nach denen die lebendige Kraft des zweiten Moleküls zwischen x und $x + \mathrm{d}x$ liegt, so müßte

erhalten wir also:

$$\int d\nu = \tau\,dx \int\int f(u,t)\,f(v,t)\,\psi(u,v,x)\,du\,dv. \qquad (6)$$

Es entsteht noch die Frage nach den Grenzen des Doppelintegrals.[1]) Wenn $u > x$ ist, so kann v alle mög-

dafür im Doppelintegrale jede Ambe aus Werten von u und v ohne Permutation genommen, also nach v von Null (resp. $x - u$) bis u, nach u von Null bis Unendlich integriert werden. Nur jene Fälle, wo die lebendige Kraft beider Moleküle nach dem Stoße zwischen x und $x + dx$ liegt, haben wir nicht, wie es sein sollte, doppelt gezählt, was aber kein Fehler ist, da jene Zahl unendlich klein höherer Ordnung ist.

[1]) Bestimmen wir die Grenzen nach der in der Anmerkung S. 127 angedeuteten Methode, so erhalten wir zur Grenzbestimmung die Ungleichungen:

$$u \geqq 0, \qquad v \geqq 0, \qquad u + v - x \geqq 0.$$

Führen wir jetzt beliebige neue Variabeln p, q ein, so ist bekanntlich

$$dp\,dq = \Sigma \pm \frac{dp}{du}\frac{dq}{dv}\,du\,dv.$$

Im speziellen Falle, daß wir $p = u + v - x$, $q = u$ setzen, ist die Funktionaldeterminante gleich Eins (sie ist natürlich positiv zu nehmen); ferner wird in diesem Falle

$$v = p + x - q.$$

Es geht daher die Gleichung (6) über in

$$\int d\nu = \tau\,dx \int\int f(q,t) \cdot f(p + x - q,t) \cdot \psi(q,p + x - q,x)\,dp\,dq.$$

Und die Ungleichungen, welche die Grenzen bestimmen, gehen in folgende über:

$$q \geqq 0, \qquad p + x - q \geqq 0, \qquad p \geqq 0.$$

Nun können wir im Integrale die Variabeln bezeichnen, wie wir wollen, wenn wir nur dieselbe Bezeichnungsveränderung auch in den Ungleichungen vornehmen. Verwechseln wir die Buchstaben p, q mit x', ξ, so erhalten wir also

$$\int d\nu = \tau\,dx \int\int f(\xi,t)\,f(x + x' - \xi,t)\,\psi(\xi, x + x' - \xi,x)\,dx'\,d\xi.$$

Und die Grenzen sind bestimmt durch

$$x' \geqq 0, \qquad \xi \geqq 0, \qquad x + x' - \xi \geqq 0;$$

also wieder durch die Ungleichungen (3a), die auch die Grenzen in der Formel (3) bestimmen. Wenn wir also zum Schlusse den Integralzeichen die Grenzen wieder anhängen, so stimmt die letzte Formel mit der Formel (11) des Textes, welche wir also hier auf einem kürzeren Wege gewonnen haben.

lichen Werte von Null bis Unendlich durchlaufen; ist aber $u < x$, so kann v nicht kleiner als $x - u$ werden, weil sonst $u + v - x$, was ja die lebendige Kraft des zweiten Moleküls nach dem Stoße ist, negativ würde. Wenn also $u < x$ ist, so durchläuft v alle Werte von $x - u$ bis Unendlich. Es muß also schon das Integral nach u in zwei zerlegt werden, eines von Null bis x, das andere von x bis Unendlich. Im ersten ist bezüglich v von $x - u$ bis Unendlich, im zweiten von Null bis Unendlich zu integrieren. Die Formel (6) geht also nach richtiger Grenzenbestimmung über in folgende:

$$\int d\nu = \tau\, dx \int_0^x \int_{x-u}^{\infty} f(u,t)\, f(v,t)\, \psi(u,v,x)\, du\, dv$$
$$+ \tau\, dx \int_x^{\infty} \int_0^{\infty} f(u,t)\, f(v,t)\, \psi(u,v,x)\, du\, dv. \tag{7}$$

Wir wollen jetzt statt v die neue Variable

$$w = u + v - x \tag{8}$$

einführen, so daß also $v = x + w - u$ ist. Da bei der Integration nach v sowohl u als auch x als konstant zu betrachten sind, so folgt aus der Formel (8) $dw = dv$. Es ist also nach richtiger Grenzbestimmung der Integration bezüglich w

$$\int d\nu = \tau\, dx \int_0^x \int_0^{\infty} f(u,t)\, f(x + w - u,t)$$
$$\times\ \psi(u,x + w - u,x)\, du\, dw$$
$$+ \tau\, dx \int_x^{\infty} \int_{u-x}^{\infty} f(u,t)\, f(x + w - u,t)$$
$$\times\ \psi(u,x + w - x)\, du\, dv. \tag{9}$$

Da diese Integrale eine einfache Summierung einer Anzahl von Stößen darstellen, so können wir die Integrationsordnung ohne weiteres umkehren. Dadurch geht das erste Doppelintegral der Formel (9) über in folgendes:

$$\int_0^\infty \int_0^x f(u,t)\, f(x+w-u,t)\, \psi(u,x+w+u,x)\, \mathrm{d}w\, \mathrm{d}u\,. \qquad (10)$$

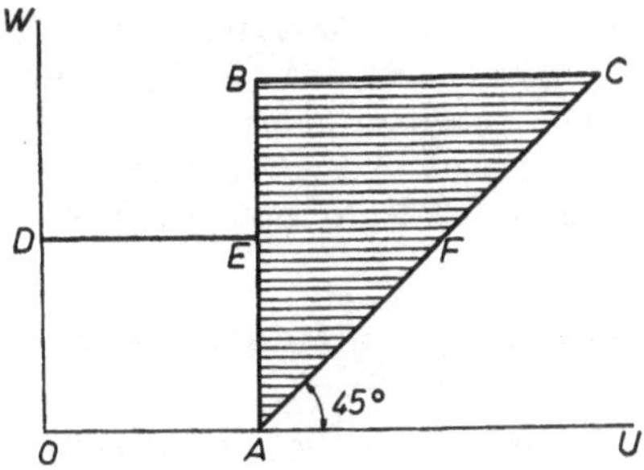

Abb. 2.2

Bei dem zweiten ist die Bestimmung der neuen Integrationsgrenzen nicht ganz so einfach. Wir wollen dieselben durch geometrische Betrachtungen gewinnen. Wir tragen auf der Abszissenachse OU die Werte von u, auf der Ordinatenachse OW die von w auf. x ist bei der Integration konstant. Machen wir $OA = x$ und ziehen durch A die beiden unbegrenzten Geraden AB parallel OW und AC unter 45° gegen die Koordinatenachsen geneigt. In dem zweiten Doppelintegrale der Formel (9) war nach u von x bis Unendlich, also vom Punkte A an bis ins Unendliche, bezüglich w von $u-x$ bis Unendlich, also von der Geraden AC angefangen bis ins Unendliche zu integrieren. Die gesamte Integration war also über das unbegrenzte Dreieck zu erstrecken, welches in der Figur schraffiert ist. Und nun ist es leicht, die Grenzen zu bestimmen, wenn zuerst nach u, dann nach w integriert wird. Für ein gegebenes w, also z. B. $w = OD$, ist bezüglich u von DE bis DF, also von x bis $x + w$ zu integrieren. Bezüglich w geht dann die Integration von Null bis Unendlich. Das zweite Doppelintegral der Formel (9) verwandelt sich also in

$$\int\limits_0^\infty \int\limits_x^{x+w} f(u,t)\, f(x+w-u,t)\, \psi(u,x+w-u,x)\, \mathrm{d}w\, \mathrm{d}u\,.$$

Es vereinigt sich, wie man sieht, mit dem ersten in Formel (10) gegebenen zu einem einzigen Doppelintegrale. (Das erste stellt nebenbei bemerkt die Integration über das unbegrenzte Rechteck $WOAB$ unserer Figur dar.) Die Wiedervereinigung beider Doppelintegrale liefert:

$$\int \mathrm{d}\nu = \tau\, \mathrm{d}x \int\limits_0^\infty \int\limits_0^{x+w} f(u,t)\, f(x+w-u,t)$$
$$\times\, \psi(u,x+w-u,x) \mathrm{d}w\, \mathrm{d}u\,.$$

Um diesen Ausdruck gleichförmiger mit dem durch Formel (3) gegebenen Ausdrucke für $\int \mathrm{d}n$ zu machen, will ich statt w den Buchstaben x', statt u den Buchstaben ξ schreiben. Bekanntlich kann man ja in einem bestimmten Integrale die Variabeln, nach denen zu integrieren ist, bezeichnen wie man will, wenn nur die Grenzen dieselben bleiben. Dadurch ergibt sich

$$\int \mathrm{d}\nu = \tau\, \mathrm{d}x \int\limits_0^\infty \int\limits_0^{x+x'} f(\xi,t)\, f(x+x'-\xi,t)$$
$$\times\, \psi(\xi,x+x'-\xi,x) \mathrm{d}x'\, \mathrm{d}\xi\,. \qquad (11)$$

Bevor wir die beiden für $\int \mathrm{d}n$ und $\int \mathrm{d}\nu$ gefundenen Werte in die Gleichung (5) substituieren, wollen wir jene Gleichung noch etwas transformieren. Entwickeln wir ihre linke Seite nach dem TAYLORschen Lehrsatze, so ergibt sich

$$f(x,t) \mathrm{d}x + \frac{\partial f(x,t)}{\partial t} \tau \mathrm{d}x + A\tau^2 \mathrm{d}x = f(x,t)\, \mathrm{d}x - \int \mathrm{d}n + \int \mathrm{d}\nu,$$

wobei A irgendeine endliche Größe ist, und daraus

$$\frac{\partial f(x,t)}{\partial t} = \frac{\int \mathrm{d}\nu}{\tau \mathrm{d}x} - \frac{\int \mathrm{d}n}{\tau \mathrm{d}x} - A\tau,$$

also nach Substitution der Werte (3) und (11) für $\int \mathrm{d}n$ und $\int \mathrm{d}\nu$

$$\frac{\partial f(x,t)}{\partial t} = \int_0^\infty \int_0^{x+x'} f(\xi,t)\, f(x+x'-\xi,t)$$

$$\times\; \psi(\xi,x+x'-\xi,x)\,\mathrm{d}x'\,\mathrm{d}\xi - \int_0^\infty \int_0^{x+x'} f(x,t)$$

$$\times\; f(x',t)\,\psi(x,x',\xi)\,\mathrm{d}x'\,\mathrm{d}\xi - A\tau.$$

Da alles bis auf $A\tau$ endlich ist, kann dasselbe vernachlässigt werden. Ferner können die beiden Integrale in eins zusammengefaßt werden, da ja Integrationsvariabeln und Grenzen in beiden dieselben sind. Dadurch ergibt sich:

$$\frac{\partial f(x,t)}{\partial t} = \int_0^\infty \int_0^{x+x'} [f(\xi,t)\, f(x+x'-\xi,t)\, \psi(\xi,x+x'-\xi,x)$$

$$- f(x,t)\, f(x',t)\, \psi(x,x',\xi)]\,\mathrm{d}x'\,\mathrm{d}\xi. \qquad (12)$$

Dies ist die gesuchte partielle Differentialgleichung, welche das Gesetz der Veränderung der Funktion f bestimmt. Sie bedarf jedoch noch einer Transformation, zu welcher wir die beiden durch folgende für beliebige x, x' und ξ gültige Gleichungen ausgedrückten Eigenschaften der Funktion ψ brauchen werden:

$$\psi(x', x, \xi) = \psi(x', x, x+x'-\xi), \qquad (13)$$

$$\sqrt{xx'}\,\psi(x,x',\xi) = \sqrt{\xi(x+x'-\xi)}\,\psi(\xi,x+x'-\xi,x), \qquad (14)$$

wobei selbstverständlich alle Wurzeln mit dem positiven Zeichen zu nehmen sind; die ψ sind auch wesentlich positive Größen. Die erste dieser beiden Gleichungen läßt sich leicht beweisen. Sei dn' die Zahl der Zusammenstöße, welche in der Volumeneinheit während der schon früher mit τ bezeichneten sehr kleinen Zeit so geschehen, daß vor denselben die lebendige Kraft des ersten Moleküls zwischen x' und $x' + dx'$, die des zweiten zwischen x und $x + dx$ und nach demselben die des ersten Moleküls zwischen $x + x' - \xi - d\xi$ und $x + x' - \xi$ liegt, also der Stöße, welche durch das Schema

$$\left.\begin{array}{lll} & a & b \\ \text{vor dem Stoße} \ldots & x', x' + dx' & x, x + dx \\ \text{nach dem Stoße} \ldots & x + x' - \xi - d\xi, & \\ & x + x' - \xi & \end{array}\right\} \text{(D)}$$

charakterisiert sind. Dann kann dn' wieder durch bloße Buchstabenvertauschung aus der früher mit dn bezeichneten Größe gefunden werden. Und zwar zeigt die Vergleichung der Schemata (D) und (A), daß man

$$x' \text{ statt } x, \quad x \text{ statt } x', \quad x + x' - \xi - d\xi \text{ statt } \xi,$$
$$dx' \text{ statt } dx, \quad dx \text{ statt } dx'$$

schreiben muß. $d\xi$ bleibt. Nimmt man diese Vertauschungen in der Gleichung (2) vor, so ergibt sich:

$$dn' = \tau f(x',t)dx' \cdot f(x,t)dx \cdot d\xi\, \psi(x',x,x + x' - \xi - d\xi). \tag{15}$$

Wenn aber die lebendige Kraft des einen Moleküls nach dem Stoße zwischen $x + x' - \xi - d\xi$ und $x + x' - \xi$ liegt, so liegt die des anderen genau zwischen ξ und $\xi + d\xi$. Statt des Schemas (D) könnten wir unsere Zusammenstöße also auch durch folgendes

$$\begin{array}{lll} & a & b \\ \text{vor dem Stoße} \ldots & x', x' + dx' & x, x + dx \\ \text{nach dem Stoß} \ldots & & \xi, \xi + d\xi \end{array}$$

charakterisieren. Und jetzt sieht man, daß es ganz dieselben Zusammenstöße wie die durch das Schema (A) charakterisierten sind. Denn welches Molekül ich als das erste, welches als das zweite bezeichne (welches in die Rubrik a, welches in die Rubrik b eintrage) ist offenbar gleichgültig. Da jene beiden Gattungen von Zusammenstößen gar nicht verschieden sind, so muß also auch ihre Anzahl gleich, folglich $dn = dn'$ sein. Setzen wir die beiden Werte (2) und (15) wirklich gleich und streichen die beiden gemeinsamen Faktoren, so ergibt sich

$$\psi(x,x',\xi) = \psi(x',x,x + x' - \xi - d\xi).$$

Hier kann das Differential $d\xi$ neben dem Endlichen weggelassen werden, da ja ψ unmöglich diskontinuierlich sein kann, und wir erhalten somit die Gleichung (13). Schwieriger ist der Beweis der Gleichung (14). Der Beweis dieser Gleichung wurde zuerst, freilich in etwas anderer Form, von MAXWELL geliefert; dieselbe wurde dann von mir bedeutend verallgemeinert, wobei sie sich als spezieller Fall des JACOBIschen Prinzips des letzten Multiplikators erwies; ich glaube, mich daher mit dem Beweise dieser Gleichung hier nicht aufhalten zu sollen, dieselbe vielmehr als etwas Bekanntes voraussetzen zu können. Ich bemerke nur noch, daß bei ihrem Beweis vorausgesetzt wird, daß die zwischen zwei materiellen Punkten wirksame Kraft Funktion ihrer Entfernung ist, nach der Richtung ihrer Verbindungslinie wirkt und Wirkung und Gegenwirkung gleich sind. Diese Voraussetzungen sind also zur Gültigkeit der folgenden Rechnungen notwendig. Mit Rücksicht auf die Gleichung (14) kann aus der eckigen Klammer der Gleichung (12) auch ψ als gemeinsamer Faktor herausgehoben werden, und es ergibt sich:

$$\frac{\partial f(x,t)}{\partial t} = \int_0^\infty \int_0^{x+x'} \left[\frac{f(\xi,t)}{\sqrt{\xi}} \frac{f(x+x'-\xi,t)}{\sqrt{x+x'-\xi}} - \frac{f(x,t)}{\sqrt{x}} \frac{f(x',t)}{\sqrt{x'}}\right] \times \sqrt{xx'}\, \psi(x,x',\xi)\, dx'\, d\xi. \tag{16}$$

Dies ist die Fundamentalgleichung für die Veränderung der Funktion $f(x,t)$. Ich bemerke nochmals, daß die Wurzeln alle positiv zu nehmen sind sowie auch ψ und die f wesentlich positive Größen sind. Setzen wir für einen Augenblick

$$f(x,t) = C\sqrt{x}\,e^{-hx}, \tag{16a}$$

wobei C und h Konstanten sind, so daß also

$$f(x',t) = C\sqrt{x'}\,e^{-hx'}, \quad f(\xi,t) = C\sqrt{\xi}\,e^{-h\xi},$$

$$f(x+x'-\xi,t) = C\sqrt{x+x'-\xi}\,e^{-h(x+x'-\xi)}$$

wird, so verschwindet der Ausdruck in der eckigen Klammer der Gleichung (16); es wird also $\partial f(x,t)/\partial t = 0$. Dies ist nichts anderes als der Beweis MAXWELLS, übertragen in unsere gegenwärtige Bezeichnungsweise. Ist die Zustandsverteilung zu irgendeiner Zeit durch die Formel (16a) bestimmt, so ist $\partial f(x,t)/\partial t = 0$, d. h., dieselbe verändert sich im Verlaufe der Zeit nicht weiter. Dies und nichts anderes ist von MAXWELL bewiesen worden. Wir wollen aber jetzt das Problem viel allgemeiner auffassen. Wir wollen annehmen, die Verteilung der lebendigen Kraft sei zu Anfang der Zeit eine ganz beliebige gewesen, und wollen uns fragen, wie verändert sich dieselbe im Verlaufe der Zeit. Ihre Veränderung ist bestimmt durch die partielle Differentialgleichung (16). Es kann diese partielle Differentialgleichung, wie wir später sehen werden, in ein System gewöhnlicher Differentialgleichungen verwandelt werden, wenn man an die Stelle des Doppelintegrals eine Summe sehr vieler Glieder setzt. Es ist ja ein solches Doppelintegral bekanntlich nichts anderes als eine abgekürzte Bezeichnung für eine Summe unendlich vieler Glieder. An dem Systeme gewöhnlicher Differentialgleichungen werden dann alle Rechnungsoperationen viel anschaulicher. Ich will jedoch absichtlich diese Vertauschung der Summation mit einer Integration vorerst nicht vornehmen, damit es nicht scheine, als sei dieselbe zum Beweise unserer Sätze notwendig. Dieser Beweis kann geführt werden, ganz ohne daß man die Symbolik der Integralrechnung verläßt. Nur zur Veranschaulichung derselben werden wir zum Schlusse die Summenformel benützen. Wir wollen zunächst den Beweis eines Satzes liefern, welcher die Grundlage unserer ganzen gegenwärtigen Untersuchung bildet, des Satzes nämlich, daß die Größe

$$E = \int_0^\infty f(x,t) \left\{ \log\left[\frac{f(x,t)}{\sqrt{x}}\right] - 1 \right\} dx \tag{17}$$

niemals zunehmen kann, wenn die in dem bestimmten Integrale vorkommende Funktion $f(x,t)$ der partiellen Differentialgleichung (16) genügt. Auf der rechten Seite der Formel (17) ist bezüglich x von Null bis Unendlich zu integrieren. Es fällt also x aus der Größe E ganz heraus. E ist nur eine Funktion t. Da t in den Grenzen des Integrals nicht vorkommt, so erhalten wir den Differentialquotienten dE/dt, indem wir die Größe unter dem Integralzeichen partiell nach t differentieren, x dabei konstant lassend. Diese Differentiation, welche ungemein leicht auszuführen ist, liefert

$$\frac{dE}{dt} = \int_0^\infty \log\left[\frac{f(x,t)}{\sqrt{x}}\right] \frac{\partial f(x,t)}{\partial t}\, dx.$$

Wir nehmen an, daß $f(x,t)$ die Gleichung (16) befriedigt. Substituieren wir aus dieser Gleichung den Wert für $\partial f(x,t)/\partial t$, so ergibt sich

$$\frac{dE}{dt} = \int_0^\infty \log\left[\frac{f(x,t)}{\sqrt{x}}\right]$$

$$\times\, dx \int_0^\infty \int_0^{x+x'} \left[\frac{f(\xi,t)}{\sqrt{\xi}} \frac{f(x+x'-\xi t)}{\sqrt{x+x'-\xi}} - \frac{f(x,t)}{\sqrt{x}} \frac{f(x',t)}{\sqrt{x'}}\right]$$

$$\times \sqrt{xx'}\, \psi(x,x',\xi)\, dx'\, d\xi.$$

Da bei der Integration nach x' und ξ die Größe x als konstant zu betrachten ist, so können wir den Logarithmus auch unter die beiden folgenden Integralzeichen setzen und schreiben

$$\frac{\mathrm{d}E}{\mathrm{d}t} = \int\limits_0^\infty \int\limits_0^\infty \int\limits_0^{x+x'} \log \frac{f(x,t)}{\sqrt{x}}$$

$$\times \left[\frac{f(\xi,t)}{\sqrt{\xi}} \frac{f(x+x'-\xi,t)}{\sqrt{x+x'-\xi}} - \frac{f(x,t)}{\sqrt{x}} \frac{f(x',t)}{\sqrt{x'}} \right]$$

$$\times \sqrt{x x'}\, \psi(x,x',\xi)\, \mathrm{d}x\, \mathrm{d}x'\, \mathrm{d}\xi. \tag{18}$$

Die wahre Bedeutung der Transformationen, welche wir jetzt mit diesem Ausdrucke vornehmen werden, wird freilich erst in ein helles Licht treten, wenn wir die Integrale durch Summenformeln ersetzen werden. Es wird sich da zeigen, daß alle folgenden Transformationen des Integrals wie natürlich nichts anderes als Veränderungen der Summationsordnung sind; es wird dann auch klar werden, warum gerade diese Änderungen der Summationsordnung notwendig sind. Jetzt aber will ich hierauf nicht näher eingehen, sondern so rasch als möglich zum Beweise des Satzes zu gelangen suchen, daß in der Tat E nicht zunehmen kann. Wir können in der Formel (18) zuerst nach x' und dann nach x integrieren;[1]) dadurch erhalten

[1]) Daß die Vertauschung der Integrationsordnung unbedingt gestattet ist, folgt schon daraus, daß wir die Gleichungen (20), (22) und (23) genau in derselben Weise wie die Gleichung (18) direkt hätten ableiten können; wir schlugen den Weg der Transformation bloß ein, um die Schlüsse, durch welche wir die Gleichung (18) erhielten, nicht viermal wiederholen zu müssen. Auch dadurch, daß die früher angewandte Differentiation unter dem Integralzeichen unerlaubt wird, indem der Integrand diskontinuierlich wird, erleidet der im Texte geführte Beweis keine Störung, wie man nachweisen kann, indem man aus dem gesamten Raume, über den in den Formeln (18), (20), (22) und (23) die Integrationen zu erstrecken sind, gleichzeitig um alle Stellen, für welche eine der Größen s, s', σ oder σ' Null oder Unendlich wird, sehr dünne flächenartig ausgedehnte Streifen ausschließt. Von der Gesamtheit der auf diese Art aus $4(\mathrm{d}E/\mathrm{d}t)$ ausgeschlossenen Glieder läßt sich dann mittels der ergänzten TAYLORschen Reihe beweisen, daß ihre Summe nicht positiv sein kann, wenn keine dieser Größen unendlich nahe unendlich viele Diskontinuitätsstellen hat.

wir:

$$\frac{\mathrm{d}E}{\mathrm{d}t} = \int_0^\infty \int_0^\infty \int_0^{x+x'} \log \frac{f(x,t)}{\sqrt{x}}$$

$$\times \left[\frac{f(\xi,t)}{\sqrt{\xi}} \frac{f(x+x'-\xi,t)}{\sqrt{x+x'-\xi}} - \frac{f(x,t)}{\sqrt{x}} \frac{f(x',t)}{\sqrt{x'}} \right]$$

$$\times \sqrt{x x'}\ \psi(x,x',\xi)\,\mathrm{d}x'\,\mathrm{d}x\,\mathrm{d}\xi$$

oder, wenn wir für $\psi(x,x',\xi)$ seinen Wert aus der Gleichung (13) substituieren,

$$\frac{\mathrm{d}E}{\mathrm{d}t} = \int_0^\infty \int_0^\infty \int_0^{x+x'} \log \frac{f(x,t)}{\sqrt{x}}$$

$$\times \left[\frac{f(\xi,t)}{\sqrt{\xi}} \frac{f(x+x'-\xi,t)}{\sqrt{x+x'-\xi}} - \frac{f(x,t)}{\sqrt{x}} \frac{f(x',t)}{\sqrt{x'}} \right]$$

$$\times \sqrt{x x'}\, \psi(x',x,x+x'-\xi)\,\mathrm{d}x'\,\mathrm{d}x\,\mathrm{d}\xi.$$

Wir lassen jetzt die Variabeln x' und x unverändert; aber statt ξ führen wir die neue Variable $\xi' = x + x' - \xi$ ein, so daß also $\xi = x + x' - \xi'$, $\mathrm{d}\xi = -\mathrm{d}\xi'$ wird. Dann ergibt sich

$$\frac{\mathrm{d}E}{\mathrm{d}t} = -\int_0^\infty \int_0^\infty \int_{x+x'}^{0} \log \frac{f(x,t)}{\sqrt{x}}$$

$$\times \left[\frac{f(x+x'-\xi',t)}{\sqrt{x+x'-\xi'}} \frac{f(\xi',t)}{\sqrt{\xi'}} - \frac{f(x,t)}{\sqrt{x}} \frac{f(x',t)}{\sqrt{x'}} \right]$$

$$\times \sqrt{x x'}\ \psi(x',x,\xi')\,\mathrm{d}x'\,\mathrm{d}x\,\mathrm{d}\xi'$$

oder, wenn man Zeichen und Grenzen des ersten Integrals

umkehrt:

$$\frac{\mathrm{d}E}{\mathrm{d}t} = \int\limits_0^\infty \int\limits_0^\infty \int\limits_0^{x+x'} \log \frac{f(x,t)}{\sqrt{x}}$$

$$\times \left[\frac{f(\xi',t)}{\sqrt{x}} \frac{f(x+x'-\xi',t)}{\sqrt{x+x'-\xi'}} - \frac{f(x,t)}{\sqrt{x}} \frac{f(x'\,t)}{\sqrt{x'}} \right]$$

$$\times \sqrt{xx'}\, \psi(x',x,\xi')\,\mathrm{d}x'\,\mathrm{d}x\,\mathrm{d}\xi'. \tag{19}$$

Dieses dreifache Integral ist jetzt ganz so gebaut wie das der Formel (18); nur sind die Variabeln, nach denen integriert werden soll, anders bezeichnet. Allein das ist nur ein scheinbarer Unterschied. Die Integrationsvariabeln eines bestimmten Integrals kann man ja bezeichnen wie man will, solange nur die Grenzen dieselben bleiben. Wir können daher auch in der Formel (19) statt ξ' wieder ξ schreiben und auch die Buchstaben x und x' miteinander vertauschen. Dadurch ergibt sich

$$\frac{\mathrm{d}E}{\mathrm{d}t} = \int\limits_0^\infty \int\limits_0^\infty \int\limits_0^{x+x'} \log \frac{f(x',t)}{\sqrt{x'}}$$

$$\times \left[\frac{f(\xi,t)}{\sqrt{\xi}} \frac{f(x+x'-\xi,t)}{\sqrt{x+x'-\xi}} - \frac{f(x,t)}{\sqrt{x}} \frac{f(x',t)}{\sqrt{x'}} \right]$$

$$\times \sqrt{xx'}\, \psi(x,x',\xi)\,\mathrm{d}x\,\mathrm{d}x'\,\mathrm{d}\xi. \tag{20}$$

Über die Identität der beiden Integrale (19) und (20) kann kein Zweifel bestehen, da sie sich bloß durch die Buchstaben unterscheiden, mit denen die Integrationsvariabeln bezeichnet sind. Einen dritten Ausdruck für $\mathrm{d}E/\mathrm{d}t$ erhalten wir in folgender Weise. Wir substituieren in der Formel (18) statt $\sqrt{xx'}\,\psi(x,x',\xi)$ seinen Wert aus der Gleichung (14). Dadurch erhalten wir zunächst:

$$\frac{\mathrm{d}E}{\mathrm{d}t} = \int\limits_0^\infty \int\limits_0^\infty \int\limits_0^{x+x'} \log \frac{f(x,t)}{\sqrt{x}}$$

$$\times \left[\frac{f(\xi,t)}{\sqrt{\xi}} \frac{f(x+x'-\xi,t)}{\sqrt{x+x'-\xi}} - \frac{f(x,t)}{\sqrt{x}} \frac{f(x',t)}{\sqrt{x'}}\right]$$

$$\times \sqrt{\xi(x+x'-\xi)}\, \psi(\xi, x+x'-\xi, x) \mathrm{d}x\, \mathrm{d}x'\, \mathrm{d}\xi .$$

Wir wollen jetzt für x' eine neue Variable einführen. Da müssen wir uns die Integration nach x' zuerst, also vor der nach ξ ausgeführten denken. Wir brauchen da bloß das Doppelintegral

$$\int\limits_0^\infty \int\limits_0^{x+x'} \log \frac{f(x,t)}{\sqrt{x}} \left[\frac{f(\xi,t)}{\sqrt{\xi}} \frac{f(x+x'-\xi,t)}{\sqrt{x+x'-\xi}} - \frac{f(x,t)}{\sqrt{x}} \frac{f(x',t)}{\sqrt{x'}}\right]$$

$$\times \sqrt{\xi(x+x'-\xi)}\, \psi(\xi, x+x'-\xi, x) \mathrm{d}x'\, \mathrm{d}\xi$$

zu transformieren. Dasselbe braucht dann nur noch mit $\mathrm{d}x$ multipliziert und nach x von Null bis Unendlich integriert zu werden, um $\mathrm{d}E/\mathrm{d}t$ zu erhalten. In einem solchen Doppelintegrale haben wir bereits früher die Integrationsordnung umgekehrt. Durch ganz dieselben Betrachtungen wie damals ergibt sich, daß es in eine Summe zweier Integrale zerfällt, nämlich:

$$\int\limits_0^x \int\limits_0^\infty \log \frac{f(x,t)}{\sqrt{x}} \left[\frac{f(\xi,\tau)}{\sqrt{\xi}} \frac{f(x+x'-\xi,t)}{\sqrt{x+x'-\xi}} - \frac{f(x,t)}{\sqrt{x}} \frac{f(x',t)}{\sqrt{x'}}\right]$$

$$\times \sqrt{\xi(x+x'-\xi)}\, \psi(\xi, x+x'-\xi, x) \mathrm{d}\xi\, \mathrm{d}x'$$

$$+ \int\limits_x^\infty \int\limits_{\xi-x}^\infty \log \frac{f(x,t)}{\sqrt{x}} \left[\frac{f(\xi,t)}{\sqrt{\xi}} \frac{f(x+x'-\xi,t)}{\sqrt{x+x'-\xi}} - \frac{f(x,t)}{\sqrt{x}} \frac{f(x',t)}{\sqrt{x'}}\right]$$

$$\times \sqrt{\xi(x+x'-\xi)}\, \psi(\xi, x+x'-\xi, x) \mathrm{d}\xi\, \mathrm{d}x' .$$

Führen wir jetzt in diese beiden Integrale für x' die Variable $\xi' = x + x' - \xi$ ein, so erhalten wir nach richtiger Grenzenbestimmung:

$$\int_0^x \int_{x-\xi}^\infty \log \frac{f(x,t)}{\sqrt{x}} \left[\frac{f(\xi,t)}{\sqrt{\xi}} \frac{f(\xi',t)}{\sqrt{\xi'}} - \frac{f(x,t)}{\sqrt{x}} \frac{f(\xi+\xi'-x,t)}{\sqrt{\xi+\xi'-x}} \right]$$
$$\times \sqrt{\xi\xi'}\, \psi(\xi,\xi',x) \mathrm{d}\xi\, \mathrm{d}\xi'$$
$$+\int_x^\infty \int_0^\infty \log \frac{f(x,t)}{\sqrt{x}} \left[\frac{f(\xi,t)}{\sqrt{\xi}} \frac{f(\xi',t)}{\sqrt{\xi'}} - \frac{f(x,t)}{\sqrt{x}} \frac{f(\xi+\xi'-x,t)}{\sqrt{\xi+\xi'-x}} \right]$$
$$\times \sqrt{\xi\xi'}\, \psi(\xi,\xi',x) \mathrm{d}\xi\, \mathrm{d}\xi' .$$

Diese beiden bestimmten Integrale sind noch bezüglich x von Null bis Unendlich zu integrieren, so daß man also erhält:

$$\frac{\mathrm{d}E}{\mathrm{d}t} = \int_0^\infty \int_0^x \int_{x-\xi}^\infty \log \frac{f(x,t)}{\sqrt{x}}$$
$$\times \left[\frac{f(\xi,t)}{\sqrt{\xi}} \frac{f(\xi',t)}{\sqrt{\xi'}} - \frac{f(x,t)}{\sqrt{x}} \frac{f(\xi+\xi'-x,t)}{\sqrt{\xi+\xi'-x}} \right]$$
$$\times \sqrt{\xi\xi'}\, \psi(\xi,\xi',x)\, \mathrm{d}x \,\mathrm{d}\xi\, \mathrm{d}\xi' + \int_0^\infty \int_x^\infty \int_0^\infty \log \frac{f(x,t)}{\sqrt{x}}$$
$$\times \left[\frac{f(\xi,t)}{\sqrt{\xi}} \frac{f(\xi',t)}{\sqrt{\xi'}} - \frac{f(x,t)}{\sqrt{x}} \frac{f(\xi+\xi'-x,t)}{\sqrt{\xi+\xi'-x}} \right]$$
$$\times \sqrt{\xi\xi'}\, \psi(\xi,\xi',x) \mathrm{d}x\, \mathrm{d}\xi\, \mathrm{d}\xi' . \tag{21}$$

Hier müssen wir jetzt die Integrationsordnung so verändern, daß zuerst nach x, dann nach ξ', zuletzt nach ξ

integriert wird.[1]) Da ist es behufs der Grenzenbestimmung wohl am besten, sich den Integrationsraum geometrisch zu versinnlichen. Da das Integral ein dreifaches ist, so

[1]) Alle im Text geführten etwas weitläufigen Grenzenbestimmungen vereinfachen sich außerordentlich, wenn man die Grenzen nach der bereits in der Anmerkung S. 127 gegebenen Weise definiert. Dann sieht die Formel (18) so aus:

$$\frac{dE}{dt} = \iiint \log \frac{f(x,t)}{\sqrt{x}} \left[\frac{f(\xi,t)}{\sqrt{\xi}} \frac{f(x+x'-\xi,t)}{\sqrt{x+x'-\xi}} - \frac{f(x,t)}{\sqrt{x}} \frac{f(x',t)}{\sqrt{x'}} \right] \times \sqrt{xx'}\, \psi(x,x',\xi)\, dx\, dx'\, d\xi\,. \tag{18a}$$

Zu integrieren ist über alle Werte, welche folgenden Ungleichungen genügen:

$$x \geqq 0, \quad x' \geqq 0, \quad \xi \geqq 0, \quad x + x' - \xi \geqq 0. \tag{18b}$$

Die beiden Formeln (18a) und (18b) besagen jetzt ganz dasselbe wie früher das eine bestimmte Integral (18), und ich bemerke noch, daß jetzt die Integrationsordnung ganz willkürlich ist, ja es ist nicht einmal notwendig, daß überhaupt zuerst nach der einen, dann der anderen Variabeln integriert wird, wenn nur über alle Werte integriert wird, die den Ungleichungen (18b) genügen. Führen wir nun irgenwelche neuen Variabeln u, v, w ein, so ist bekanntlich

$$du\, dv\, dw = \Sigma \pm \frac{du}{dx} \frac{dv}{dy} \frac{dw}{dz}\, dx\, dy\, dz\,.$$

Wollen wir nun die Formel (20) des Textes erhalten, so brauchen wir nur zu setzen

$$u = x', \qquad v = x\,, \qquad w = x + x' - \xi.$$

Dann wird die Funktionaldeterminante gleich Eins, und es ist klar, daß sie mit positivem Zeichen zu nehmen ist, wenn wir immer von den kleineren zu den größeren Werten der Variabeln integrieren, also die Differentiale positiv betrachten. Es ist also

$$du\, dv\, dw = dx\, dx'\, d\xi$$

und die Gleichung (18a) geht über in

$$\frac{dE}{dt} = \iiint \log \frac{f(v,t)}{\sqrt{v}} \left[\frac{f(u+v-w,t)}{\sqrt{u+v-w}} \frac{f(w,t)}{\sqrt{w}} - \frac{f(v,t)}{\sqrt{v}} \frac{f(u,t)}{\sqrt{u}} \right] \times \sqrt{uv}\, \psi(v,u,u+v-w)\, du\, dv\, dw\,.$$

Die Ungleichungen (18b) aber, welche die Grenzen bestimmen, verwandeln sich in

$$v \geqq 0, \quad u \geqq 0, \quad u + v - w \geqq 0, \quad w \geqq 0.$$

müssen wir hierzu den Raum zu Hilfe nehmen. Ziehen wir uns drei rechtwinklige Koordinatenachsen OX, $O\Xi$, $O\Xi'$ im Raume, und tragen auf denselben die Werte von x, ξ,

---

Nun können wir wieder die Buchstaben u, v, w mit x, x' und ξ vertauschen (an der Bezeichnung der Integrationsvariabeln liegt ja nichts) und erhalten für das Integral

$$\frac{dE}{dt} = \int\int\int \log \frac{f(x', t)}{\sqrt{x'}} \left[\frac{f(x + x' - \xi, t)}{\sqrt{x + x' - \xi}} \frac{f(\xi, t)}{\sqrt{\xi}} - \frac{f(x, t)}{\sqrt{x}} \frac{f(x', t)}{\sqrt{x'}}\right]$$
$$\times \sqrt{xx'}\, \psi(x', x, x + x' - \xi)\, dx\, dx'\, d\xi$$

und für die Ungleichungen, die die Grenzen bestimmen

$$x \geqq 0, \qquad x' \geqq 0, \qquad \xi \geqq 0, \qquad x + x' - \xi \geqq 0. \tag{20b}$$

Ersetzen wir jetzt schließlich $\psi(x', x, x + x' - \xi)$ nach Gleichung (13) durch $\psi(x, x', \xi)$, so erhalten wir

$$\frac{dE}{dt} = \int\int\int \log \frac{f(x', t)}{\sqrt{x'}} \left[\frac{f(\xi, t)}{\sqrt{\xi}} \frac{f(x + x' - \xi, t)}{\sqrt{x + x' - \xi}} - \frac{f(x, t)}{\sqrt{x}} \frac{f(x', t)}{\sqrt{x'}}\right]$$
$$\times \sqrt{xx'}\, \psi(x, x', \xi)\, dx\, dx'\, d\xi. \tag{20a}$$

Die Ungleichungen (20b) sind identisch mit den Gleichungen (18a). Vereinigen wir daher die beiden Formeln (20a) und (20b) in eine einzige, indem wir uns wieder zuerst nach ξ, dann nach x', zuletzt nach x integriert denken und die Integrationsgrenzen jedesmal den Integralzeichen beisetzen, so erhalten wir die gewünschte Formel (20) des Textes.

Wollen wir die Formel (22) des Textes gewinnen, so setzen wir

$$u = \xi, \qquad v = x + x' - \xi, \qquad w = x.$$

Die Determinante ist wieder Eins, daher

$$du\, dv\, dw = dx\, dx'\, d\xi.$$

Ferner ist

$$x' = u + v - w.$$

Die Gleichung (18a) lautet also nach Einführung dieser Variabeln

$$\frac{dE}{dt} = \int\int\int \log \frac{f(w, t)}{\sqrt{w}} \left[\frac{f(u, t)}{\sqrt{u}} \frac{f(v, t)}{\sqrt{v}} - \frac{f(w, t)}{\sqrt{w}} \frac{f(u + v - w, t)}{\sqrt{u + v - w}}\right]$$
$$\times \sqrt{w(u + v - w)}\, \psi(w, u + v - w, u)\, du\, dv\, dw,$$

ξ' auf. Ferner ziehen wir in der Ebene $XO\Xi$ die Gerade OA, welche mit OX und $O\Xi$ Winkel von 45° macht und ebenso in der Ebene $\Xi O\Xi'$ die Gerade OB. Betrachten wir jetzt das erste in der Formel (21) erscheinende dreifache Integral. In demselben ist bezüglich ξ' von $x - \xi$ bis

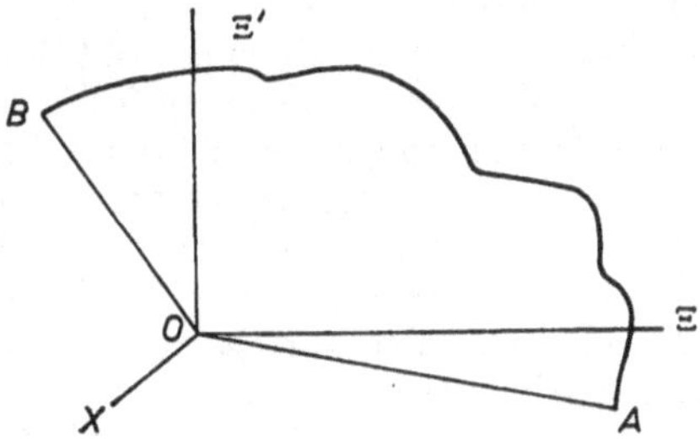

Abb. 2.3

---

und die Ungleichungen (18b) lauten

$$w \geqq 0, \quad u + v - w \geqq 0, \quad u \geqq 0, \quad v \geqq 0.$$

Vertauschen wir jetzt, ganz wie früher, die Buchstaben u, v, w mit x, x', ξ, so erhalten wir

$$\frac{dE}{dt} = \int\int\int \log \frac{f(\xi, t)}{\sqrt{\xi}} \left[\frac{f(x, t)}{\sqrt{x}} \frac{f(x', t)}{\sqrt{x'}} - \frac{f(\xi, t)}{\sqrt{\xi}} \frac{f(x + x' - \xi, t)}{\sqrt{x + x' - \xi}} \right.$$

$$\times \sqrt{\xi(x + x' - \xi)} \; \psi(\xi, x + x' - \xi, x) \, dx \, dx' \, d\xi, \tag{22a}$$

$$x \geqq 0, \quad x' \geqq 0, \quad x + x' - \xi \geqq 0, \quad \xi \geqq 0. \tag{22b}$$

Man sieht sofort, daß wir in der Gleichung (22a) wieder bloß von der Formel (14) Gebrauch zu machen und die Grenzen wirklich anzuschreiben brauchen, um die Formel (22) des Textes zu erhalten. Man sieht also, daß, wenn man von der Methode der Grenzenbestimmung durch Ungleichungen Gebrauch macht, die Transformationen fast ohne alle Rechnung gemacht werden können, welche im Texte weitläufige Rechnungen erfordern. Wenn ich trotzdem im Texte von der weitläufigeren Methode Gebrauch machte, so geschah es bloß, weil diese Art der Grenzenbestimmung durch Ungleichungen eine etwas ungewöhnlichere

Unendlich, also von einem Punkte der Ebene AOB bis ins Unendliche hinauf zu integrieren; bezüglich ξ ist von Null bis x, also von Null bis zu einem Punkte der Geraden OA zu integrieren. Der Integrationsraum des ersten Integrals ist also der ganze Teil des Raumes, welcher vertikal über AOB steht (wofern man sich die Achse $O\Xi'$ vertikal denkt). Ebenso findet man, daß der Integrationsraum des zweiten Integrals der Formel (21) jener Teil des Raumes ist, der vertikal über dem Dreiecke $AO\Xi$ steht (jenes Dreieck von O gegen A und gegen Ξ zu ins Unendliche erstreckt gedacht). Beide Integrale zusammen repräsentieren uns also eine Integration, die über die körperliche Ecke zu erstrecken ist, die von den vier Figuren AOB, $AO\Xi$, $BO\Xi'$ und $\Xi O\Xi'$ begrenzt wird. Und nun ist es leicht, die Grenzen zu bestimmen, wenn zuerst nach x integriert wird. Bei konstantem ξ und ξ' bleiben wir in jener körperlichen Ecke, wenn x von Null bis $\xi + \xi'$ wächst. Null und $\xi + \xi'$ sind also die Integrationsgrenzen für x. Bezüglich ξ und ξ' aber geht die Integration von Null bis Unendlich. Bei dieser neuen Anordnung der Integrationsordnung vereinigen sich also wieder beide Inte-

ist. Ich bemerke hier noch, daß für E auch folgender Ausdruck gesetzt werden kann.

$$E_1 = \int_0^\infty f(x, t) \log \left[\frac{f(x, t)}{\sqrt{x}}\right] dx. \qquad (17a)$$

Dieser Ausdruck ist nämlich bloß um

$$\int_0^\infty f(x, t)\, dx,$$

also um die Gesamtzahl der Moleküle in der Volumeinheit, größer als der im Texte für E gegebene. Und da diese Gesamtzahl konstant ist, so unterscheidet er sich nur durch eine Konstante davon, kann also wie der im Texte gegebene nicht zunehmen. Eine andere Transformationsmethode der Integrale besteht darin, daß man der Funktion $\psi(x, x', \xi)$ den Wert Null beilegt, so oft $x + x' - \xi < 0$ ist, und dann alle Integrationen von Null bis Unendlich erstreckt.

grale in eines und man hat

$$\frac{\mathrm{d}E}{\mathrm{d}t} = \int_0^\infty \int_0^\infty \int_0^{\xi+\xi'} \log \frac{f(x,t)}{\sqrt{x}}$$

$$\times \left[\frac{f(\xi,t)}{\sqrt{\xi}} \frac{f(\xi',t)}{\sqrt{\xi'}} - \frac{f(x,t)}{\sqrt{x}} \frac{f(\xi+\xi'-x,t)}{\sqrt{\xi+\xi'-x}} \right]$$

$$\times \sqrt{\xi\xi'}\, \psi(\xi,\xi',x)\, \mathrm{d}\xi\, \mathrm{d}\xi'\, \mathrm{d}x.$$

In diesem bestimmten Integrale ist es wieder gleichgültig, mit welchen Buchstaben wir die Variabeln, nach denen zu integrieren ist, bezeichnen. Wir können daher die beiden Variabeln ξ und ξ' auch mit den lateinischen Buchstaben x und x' bezeichnen, die Variable x aber mit dem Buchstaben ξ. Tun wir dies und setzen noch vor das ganze Integral das negative Zeichen, während wir gleichzeitig die Zeichen in der eckigen Klammer umkehren, so ergibt sich

$$\frac{\mathrm{d}E}{\mathrm{d}t} = -\int_0^\infty \int_0^\infty \int_0^{x+x'} \log \frac{f(\xi,t)}{\sqrt{\xi}}$$

$$\times \left[\frac{f(\xi,t)}{\sqrt{\xi}} \frac{f(x+x'-\xi,t)}{\sqrt{x+x'-\xi}} - \frac{f(x,t)}{\sqrt{x}} \frac{f(x',t)}{\sqrt{x}} \right]$$

$$\times \sqrt{xx'}\, \psi(x,x',\xi)\, \mathrm{d}x\, \mathrm{d}x'\, \mathrm{d}\xi. \tag{22}$$

Wenden wir auf diese Formel wieder ganz dieselbe Transformation an, durch welche wir aus der Gleichung (18) die Gleichung (20) erhielten, so gewinnen wir noch einen vierten Ausdruck für $\mathrm{d}E/\mathrm{d}t$. Ich glaube, diese Transformation hier nicht wirklich ausführen zu sollen; man übersieht leicht, daß ihr Resultat folgendes ist:

$$\frac{\mathrm{d}E}{\mathrm{d}t} = -\int_0^\infty \int_0^\infty \int_0^{x+x'} \log \frac{f(x+x'-\xi, t)}{\sqrt{x+x'-\xi}}$$

$$\times \left[\frac{f(\xi, t)}{\sqrt{\xi}} \frac{f(x+x'-\xi, t)}{\sqrt{x+x'-\xi}} - \frac{f(x, t)}{\sqrt{x}} \frac{f(x', t)}{\sqrt{x'}}\right]$$

$$\times \sqrt{x x'}\, \psi(x, x', \xi)\, \mathrm{d}x\, \mathrm{d}x'\, \mathrm{d}\xi. \tag{23}$$

Ich will jetzt die vier Ausdrücke, die wir für $\mathrm{d}E/\mathrm{d}t$ erhielten, noch einmal übersichtlich zusammenstellen, wobei ich mich aber folgender Abkürzungen bediene. Ich setze:

$$\frac{f(x, t)}{\sqrt{x}} = s, \qquad \frac{f(x', t)}{\sqrt{x'}} = s', \qquad \frac{f(\xi, t)}{\sqrt{\xi}} = \sigma,$$

$$\frac{f(x+x'-\xi, t)}{\sqrt{x+x'-\xi}} = \sigma', \qquad \sqrt{x x'}\, \psi(x, x', \xi) = r.$$

Dadurch gehen die vier Gleichungen (18), (20), (22) und (23) über in

$$\frac{\mathrm{d}E}{\mathrm{d}t} = \int_0^\infty \int_0^\infty \int_0^{x+x'} \log s \cdot (\sigma\sigma' - s s') r\, \mathrm{d}x\, \mathrm{d}x'\, \mathrm{d}\xi,$$

$$\frac{\mathrm{d}E}{\mathrm{d}t} = \int_0^\infty \int_0^\infty \int_0^{x+x'} \log s' \cdot (\sigma\sigma' - s s') r\, \mathrm{d}x\, \mathrm{d}x'\, \mathrm{d}\xi,$$

$$\frac{\mathrm{d}E}{\mathrm{d}t} = -\int_0^\infty \int_0^\infty \int_0^{x+x'} \log \sigma \cdot (\sigma\sigma' - s s') r\, \mathrm{d}x\, \mathrm{d}x'\, \mathrm{d}\xi,$$

$$\frac{\mathrm{d}E}{\mathrm{d}t} = -\int_0^\infty \int_0^\infty \int_0^{x+x'} \log \sigma' \cdot (\sigma\sigma' - s s') r\, \mathrm{d}x\, \mathrm{d}x'\, \mathrm{d}\xi.$$

Wir erhalten auch $\mathrm{d}E/\mathrm{d}t$, wenn wir alle die vier Ausdrücke addieren und die Summe durch 4 dividieren. Da rechts lauter bestimmte Integrale mit denselben Integrationsvariabeln und denselben Grenzen stehen, so können wir die Integralzeichen vor die Summen schreiben und brauchen bloß die Größen unter den Integralzeichen zu addieren. Heben wir da noch den gemeinsamen Faktor heraus, so erhalten wir

$$\frac{\mathrm{d}E}{\mathrm{d}t} = \frac{1}{4}\int\limits_0^\infty\int\limits_0^\infty\int\limits_0^{x+x'} (\log s + \log s' - \log\sigma - \log\sigma') \times (\sigma\sigma' - ss')r\,\mathrm{d}x\,\mathrm{d}x'\,\mathrm{d}\xi$$

oder, nach Zusammenziehen der Summe der Logarithmen in den Logarithmus eines Produktes,

$$\frac{\mathrm{d}E}{\mathrm{d}t} - \frac{1}{4}\int\limits_0^\infty\int\limits_0^\infty\int\limits_0^{x+x'} \log\left(\frac{ss'}{\sigma\sigma'}\right)\cdot(\sigma\sigma' - ss')r\,\mathrm{d}x\,\mathrm{d}x'\,\mathrm{d}\xi. \quad (24)$$

Wenn nun nicht für alle Wertekombinationen der in den s und σ enthaltenen Variabeln

$$ss' = \sigma\sigma' \quad (25)$$

ist, so muß für einige entweder $ss' > \sigma\sigma'$ oder $ss' < \sigma\sigma'$ sein. Im ersten Falle ist $\log(ss'/\sigma\sigma')$ positiv, $\sigma\sigma' - ss'$ aber negativ, im zweiten umgekehrt; in beiden Fällen ist daher das Produkt

$$\log\left(\frac{ss'}{\sigma\sigma'}\right)\cdot(\sigma\sigma' - ss')$$

negativ. Nun ist aber die Größe r wesentlich positiv, da ψ immer positiv ist und auch die Quadratwurzeln mit positivem Zeichen zu nehmen sind. Es ist also die Größe unter dem Integralzeichen, folglich auch das ganze Integral notwendig negativ. Es muß also E notwendig abnehmen. Nur wenn allgemein die Gleichung (25) gilt, kann E konstant bleiben. Da nun, wie wir später sehen werden, E auch nicht negativ unendlich werden kann, so muß es sich mit wachsender Zeit immer mehr einem Minimum nähern, für welches $\mathrm{d}E/\mathrm{d}t = 0$ wird, daher die Gleichung (25) besteht. Diese Gleichung lautet, wenn wir für s, s', σ und σ' wieder ihre Werte substituieren:

$$\frac{f(x,t)}{\sqrt{x}}\,\frac{f(x',t)}{\sqrt{x'}} = \frac{f(\xi,t)}{\sqrt{\xi}}\,\frac{f(x+x'-\xi,t)}{\sqrt{x+x'-\xi}}.$$

Damit diese Gleichung für alle Werte der Variabeln x, x' und ξ bestehe, muß, wie sich leicht zeigen läßt,

$$f(x,t) = C\sqrt{x}\,e^{-hx}$$

sein. Es ist somit strenge bewiesen, daß, wie immer die Verteilung der lebendigen Kraft zu Anfang der Zeit gewesen sein mag, sie sich nach Verlauf einer sehr langen Zeit immer notwendig der von MAXWELL gefundenen nähern muß. Das bisher Vorgenommene ist nun allerdings nichts weiter als ein mathematischer Kunstgriff, um einen Satz strenge zu beweisen, dessen exakter Beweis bisher nicht gelungen ist. Es gewinnt aber sehr an Bedeutung durch seine Anwendbarkeit auf die Theorie mehratomiger Gasmoleküle. Dort läßt sich wieder von einer gewissen Größe E beweisen, daß dieselbe infolge der Molekularbewegung nur abnehmen oder im Grenzfalle konstant bleiben kann. Es läßt sich also der Beweis liefern, daß bei der Atombewegung von Systemen beliebig vieler materieller Punkte immer eine gewisse Größe existiert, welche infolge jener Atombewegung nicht zunehmen kann, und diese Größe stimmt bis auf einen konstanten Faktor genau mit der von mir in der Abhandlung „Analytischer Beweis des 2. Hauptsatzes usw.", Sitz.-Ber. Wiener Akad., Bd. **63**,[1]) für das bekannte Integral $\int(\mathrm{d}Q/T)$ gefundenen Größe überein. Es ist also hiermit ein analytischer Beweis des zweiten Hauptsatzes auf einem ganz anderen Wege angebahnt, als derselbe bisher versucht wurde. Bisher

[1]) [L. BOLTZMANN: Sitz.-Ber. Akad. Wiss. Wien **63** (1871) 712.]

suchte man nämlich immer zu beweisen, daß $\int(\mathrm{d}Q/T) = 0$ ist für den umkehrbaren Kreisprozeß, womit noch immer nicht analytisch bewiesen ist, daß es für den nicht umkehrbaren Kreisprozeß, der doch allein in der Natur vorkommt, immer negativ ist, während der umkehrbare Kreisprozeß bloß ein Ideal ist, dem man sich mehr oder weniger nähern, es aber nicht vollkommen erreichen kann. Hier dagegen gelangen wir direkt zum Satze, daß $\int(\mathrm{d}Q/T)$ im allgemeinen negativ und nur für den Grenzfall gleich Null ist, der natürlich der umkehrbare Kreisprozeß ist (weil für ihn nicht, wenn man ihn in dem einen und anderen Sinne durchläuft, $\int(\mathrm{d}Q/T)$ immer negativ sein kann).

II. Ersetzung der Integrale durch Summen

Ich will mich hier nicht länger mit Betrachtung der Beziehung der Größe E zum Integrale $\int(\mathrm{d}Q/T)$ aufhalten, sondern jetzt zeigen, wie alles bisher Vorgetragene viel klarer und anschaulicher wird, wenn wir die partielle Differentialgleichung (16) in ein System gewöhnlicher Differentialgleichungen verwandeln. Es geschieht dies, indem wir das in jener partiellen Differentialgleichung erscheinende Doppelintegral durch eine Summe ersetzen nach der bekannten Formel

$$\int_0^\infty f(x,t)\,\mathrm{d}x = \lim \varepsilon[f(\varepsilon,t) + f(2\varepsilon,t) + f(3\varepsilon,t) + \ldots f(p\varepsilon,t)]$$

$$\text{für } \lim \varepsilon = 0, \quad \lim p\varepsilon = \infty .$$

Wir wollen beide Integrale der Formel (16) durch eine derartige Summe ersetzen und zuerst ε und p endlich annehmen. Dann verwandelt sich die Gleichung (16) in eine Differentialgleichung mit folgenden Unbekannten:

$$f(\varepsilon,t), \quad f(2\varepsilon,t), \ldots, f(p\varepsilon,t) .$$

Jede dieser Unbekannten ist nur mehr Funktion der Zeit.

Die Zahl der Unbekannten ist p. Allein die Gleichung (16) muß für jedes x gelten. Setzen wir darin der Reihe nach

$$x = \varepsilon, \quad x = 2\varepsilon, \ldots, \quad x = p\varepsilon,$$

so erhalten wir im ganzen p Differentialgleichungen zwischen unseren p Unbekannten; und da die Unbekannten nur Funktionen der Zeit sind, so sind die Differentialgleichungen keine partiellen. Dieses System von p gewöhnlichen Differentialgleichungen zwischen p Unbekannten lösen wir zuerst auf und untersuchen dann, welcher Grenze sich die Lösung nähert, wenn ε unendlich klein, $p\varepsilon$ unendlich groß wird. Jene Grenze ist dann die Lösung der partiellen Differentialgleichung. Die Substitution der Summenformel in die partielle Differentialgleichung hat gar keine Schwierigkeit. Dieselbe verwandelt sich dann in das Gleichungssystem (34) auf Seite 161. Auf dieser Seite werden wir dann auch die übrigen jetzt nur skizzierten Rechnungsoperationen ausführen. Zuvor will ich aber noch zeigen, wie man unser Problem modifizieren muß, um direkt statt auf die partielle Differentialgleichung auf jenes System von p gewöhnlichen Differentialgleichungen zu kommen. Die Methode, deren wir uns hierbei bedienen werden, ist keineswegs neu. Die Integrale sind bekanntlich nichts anderes als symbolische Bezeichnungen für Summen unendlich vieler, unendlich kleiner Glieder. Die symbolische Bezeichnung der Integralrechnung zeichnet sich nur durch eine solche Kürze aus, daß es in den meisten Fällen nur zu unnützen Weitschweifigkeiten führen würde, wenn man die Integrale erst als Summen von p Gliedern hinschriebe und dann p immer größer werden ließe. Trotzdem aber gibt es Fälle, in denen die letztere Methode wegen der Allgemeinheit, die sie erzielt, namentlich aber wegen der größeren Anschaulichkeit, in der sie die verschiedenen Lösungen eines Problems erscheinen läßt, nicht ganz zu verschmähen ist. Ich erinnere da an die elegante Auflösung des Problems der Saitenschwingungen durch LAGRANGE in den *Mis-*

cellanea taurinensia,[1]) wo derselbe zuerst die Schwingungen eines Systems von n miteinander verbundenen Kugeln behandelt und dann zu den Saitenschwingungen gelangt, indem er n immer größer, die Masse jeder Kugel immer kleiner werden läßt. In ähnlicher Weise wurde auch das Problem der Diffusion und Wärmeleitung (durch STEFAN, Sitz.-Ber. Wiener Akad., Bd. 47, und BEEZ) gelöst.[2]) Noch eine hübsche Anwendung dieser Methode auf die Differentialgleichung

$$\frac{\mathrm{d}^2 w}{\mathrm{d}r\,\mathrm{d}s} = a\left(\frac{\mathrm{d}w}{\mathrm{d}r} + \frac{\mathrm{d}w}{\mathrm{d}s}\right)$$

deutet RIEMANN in den Ber. Göttinger Ges. Wiss., Bd. 8, an.[3]) Diese Methode scheint mir nun auch in unserem Falle, wenn man sich einmal an einige Abstraktionen gewöhnt hat, die Deutlichkeit sehr zu fördern. Wir wollen an die Stelle der kontinuierlichen Variabeln x eine Reihe diskreter Werte $\varepsilon, 2\varepsilon, 3\varepsilon, \ldots, p\varepsilon$ setzen. Wir müssen daher annehmen, daß unsere Moleküle nicht imstande sind, eine kontinuierliche Reihe lebendiger Kräfte anzunehmen, sondern bloß solche, welche Vielfache einer gewissen Größe ε sind. Im übrigen wollen wir ganz dasselbe Problem wie früher behandeln. In einem Raume R haben wir sehr viele Gasmoleküle. Aber jedes derselben soll nur fähig sein, folgende lebendige Kräfte anzunehmen:

$$\varepsilon, 2\varepsilon, 3\varepsilon, 4\varepsilon, \ldots, p\varepsilon. \tag{26}$$

Kein Molekül soll eine dazwischen liegende noch größere lebendige Kraft annehmen. Wenn zwei Moleküle zusammenstoßen, so sollen sie ihre lebendige Kraft in gar mannigfaltiger Weise verändern. Aber immer soll nach dem Stoße die lebendige Kraft jedes Moleküls wieder ein

---

[1]) [J. L. LAGRANGE: Misc. taur. **1** (1759); nachgedruckt in: Œuvres, Bd. 1, Gauthier-Villars, Paris 1867, S. 37.]

[2]) [J. STEFAN: Sitz.-Ber. Akad. Wiss. Wien **47** (1863) 327; R. BEEZ: Z. math. Phys. **7** (1862) 327; **10** (1865) 358.]

[3]) [B. RIEMANN: Abh. königl. Ges. Wiss. Göttingen **8** (1859) 43.]

Vielfaches von ε sein. Ich brauche wohl nicht zu bemerken, daß wir es da für den Augenblick nicht mit einem reellen pysikalischen Probleme zu tun haben. Es dürfte schwer sein, eine Vorrichtung zu ersinnen, welche den Zusammenstoß zweier Körper so reguliert, daß nach demselben die lebendige Kraft eines jeden immer ein Vielfaches von ε ist. Darum handelt es sich hier auch gar nicht. Jedenfalls steht es uns frei, die mathematischen Konsequenzen dieser Annahme zu prüfen, welche nichts weiter als ein Hilfsmittel sein soll, um uns die Berechnung des physikalischen Vorganges zu erleichtern. Denn zum Schlusse werden wir ja ε unendlich klein, $p\varepsilon$ unendlich groß setzen, wodurch sofort die unter (26) gegebene Reihe lebendiger Kräfte in eine kontinuierliche, unsere mathematische Fiktion also in das früher behandelte physikalische Problem übergeht. Wir nehmen nun an, zur Zeit t befinden sich w_1 Moleküle mit der lebendigen Kraft ε, w_2 Moleküle mit der lebendigen Kraft $2\varepsilon, \ldots, w_p$ mit der lebendigen Kraft $p\varepsilon$ in der Volumeinheit. Wir nehmen wieder an, schon zur Zeit t sei die Verteilung der lebendigen Kraft eine gleichförmige gewesen (die mit w bezeichneten Größen seien also unabhängig davon, wo wir den Raum vom Volumen Eins konstruieren) und für die Geschwindigkeitsrichtung sei jede Richtung im Raume gleich wahrscheinlich gewesen. Im Verlaufe der Zeit werden aus der Volumeinheit Moleküle von einer gewissen lebendigen Kraft, z. B. $k\varepsilon$, austreten; allein da die Verteilung der lebendigen Kraft eine gleichförmige ist, so werden durchschnittlich ebenso viele wieder aus der Umgebung eintreten. Und da es sich hier nur um Durchschnittswerte handelt, so werden sich die mit w bezeichneten Anzahlen also nur durch die Zusammenstöße verändern. Wollen wir daher die Differentialgleichungen für die Veränderungen der w aufstellen, so müssen wir die Zusammenstöße einer näheren Betrachtung unterziehen. Bezeichnen wir mit $N_{\varkappa\lambda}^{kl}$ die Zahl der Zusammenstöße, welche in der Volumeinheit während der sehr kleinen Zeit τ so geschehen, daß vor denselben die lebendige Kraft des ersten der stoßenden Moleküle $k\varepsilon$, die des zweiten $l\varepsilon$, nach dem Stoße aber die des ersten $\varkappa\varepsilon$, des zweiten $\lambda\varepsilon$ ist. Die vier Größen $k, l, \varkappa, \lambda$ sind ganze positive Zahlen $\leqq p$; denn Zusammenstöße, bei denen die Größen $k, l, \varkappa, \lambda$ andere Werte hätten, finden, wie wir wissen, nicht statt. Außerdem besteht zwischen denselben die Gleichung

$$k + l = \varkappa + \lambda, \tag{27}$$

da die Summe der lebendigen Kraft beider Moleküle vor dem Stoße gleich der Summe der lebendigen Kraft beider Moleküle nach dem Stoße sein muß. Da wir es gegenwärtig nicht mit einem reellen physikalischen Probleme zu tun haben, so können wir diese Anzahl $N_{\varkappa\lambda}^{kl}$ natürlich auch nicht wirklich bestimmen; wir können über dieselbe vielmehr jede beliebige Voraussetzung machen und die daraus folgenden Konsequenzen prüfen. Wollen wir aber, daß unser Problem für unendlich kleine ε in das früher behandelte übergeht, so müssen wir voraussetzen, daß $N_{\varkappa\lambda}^{kl}$ vollkommen analog bestimmt sei, wie früher die Anzahl der Zusammenstöße bestimmt war. Wir nehmen also an, die Zahl $N_{\varkappa\lambda}^{kl}$ sei wieder erstens proportional der Zeit τ, zweitens proportional der Anzahl der Moleküle mit der lebendigen Kraft $k\varepsilon$ in der Volumeinheit, also proportional w_k, drittens proportional der Zahl w_l. Das Produkt dieser drei Größen sei noch zu multiplizieren mit einem gewissen Proportionalitätsfaktor, der noch von den vier die Natur des Zusammenstoßes bestimmenden Größen $k, l, \varkappa, \lambda$, aber nicht von der Zeit abhängen kann und mit $A_{\varkappa\lambda}^{kl}$ bezeichnet werden mag. Fassen wir alles dieses zusammen, so haben wir also:

$$N_{\varkappa\lambda}^{kl} = \tau w_k w_l A_{\varkappa\lambda}^{kl}. \tag{28}$$

Jetzt ist die Zahl der Zusammenstöße ganz analog wie früher Formel (2) bestimmt. Die Größe A tritt an die Stelle der früher mit ψ bezeichneten. Wollen wir die Analogie vollständig machen, so müssen wir der Größe A auch noch dieselben Eigenschaften beilegen, welche die Größe ψ hatte. ψ erfüllte die Gleichung

$$\sqrt{x x'}\;\psi(x, x', \xi) = \sqrt{\xi(x + x' - \xi)}\;\psi(\xi, x + x' - \xi, x). \tag{29}$$

In unserem Falle sind die lebendigen Kräfte vor dem Stoße $k\varepsilon$, $l\varepsilon$, die nach demselben $\varkappa\varepsilon$, $\lambda\varepsilon$; in unserem Falle ist also

$$x = k\varepsilon,\; x' = l\varepsilon,\; \xi = \varkappa\varepsilon, x + x' - \xi = \lambda\varepsilon.$$

Der Größe $\psi(x, x', \xi)$ entspricht $A_{\varkappa\lambda}^{kl}$, und man sieht leicht, daß der Größe $\psi(\xi, x + x' - \xi, x)$ die Größe $A_{\varkappa\lambda}^{kl}$ entspricht. Die Gleichung (29) geht also in unserem Falle über in

$$\sqrt{kl}\;A_{\varkappa\lambda}^{kl} = \sqrt{\varkappa\lambda}\;A_{kl}^{\varkappa\lambda}. \tag{30}$$

Nun ist die Analogie eine vollständige, und wir brauchen nur ε unendlich klein, $p\varepsilon$ unendlich groß zu setzen, um aus der Lösung dieses Problems die des früher behandelten physikalischen zu erhalten. Die Formeln werden etwas einfacher, wenn wir $\sqrt{kl}A_{\varkappa\lambda}^{kl}$, was ja wieder eine von den vier Zahlen k, l, $\varkappa$, λ abhängige Konstante ist, mit $B_{\varkappa\lambda}^{kl}$ bezeichnen. Dann geht die Gleichung (30) über in

$$B_{\varkappa\lambda}^{kl} = B_{kl}^{\varkappa\lambda}, \tag{31}$$

und die Gleichung (28) verwandelt sich in

$$N_{\varkappa\lambda}^{kl} = \tau\,\frac{w_k w_l}{\sqrt{kl}}\,B_{\varkappa\lambda}^{kl}. \tag{32}$$

Die Quadratwurzeln sind natürlich positiv zu nehmen, da $B_{\varkappa\lambda}^{kl}$ wie die w wesentlich positive Zahlen sind und wir die B auch immer positiv wählen wollen. Nach diesen Vorbereitungen fragen wir uns, welche Veränderung die Größe w_1 während der Zeit τ erfährt. w_1 ist die Zahl der Moleküle mit der lebendigen Kraft ε in der Volumeinheit.

Wir wissen, daß sich diese Zahl nur infolge der Zusammenstöße verändert. So oft nämlich zwei Moleküle so zusammenstoßen, daß vor dem Stoße eines derselben die lebendige Kraft ε hat, während nach demselben keines mehr die lebendige Kraft ε hat, wird diese Zahl um Eins vermindert. Umgekehrt, so oft zwei Moleküle so zusammenstoßen, daß vor dem Stoße keines, nach dem Stoße aber eines die lebendige Kraft ε hat, wird jene Zahl um Eins vermehrt. Ziehen wir also die erstere Zahl von w_1 ab und addieren die letztere hinzu, so erhalten wir die Zahl der Moleküle in der Volumeinheit, welche zur Zeit $t + \tau$ die lebendige Kraft ε haben und welche wir mit w_1' bezeichnen wollen. Es handelt sich also jetzt um die Zahl der Zusammenstöße, vor denen eines der stoßenden Moleküle die lebendige Kraft ε hatte. Wenn auch das andere die lebendige Kraft ε hatte, so müssen nach dem Stoße wieder beide die lebendige Kraft ε haben, da die Summe der lebendigen Kraft beider nach dem Stoße wieder 2ε sein muß und keine anderen lebendigen Kräfte als die in der Reihe (26) verzeichneten vorkommen können. Hatte vor dem Stoße ein Molekül die lebendige Kraft ε, das andere 2ε, so muß aus demselben Grunde auch nach dem Stoße eines die lebendige Kraft ε, das andere 2ε haben. Durch alle diese Zusammenstöße ändert sich also die Zahl der Moleküle mit der lebendigen Kraft ε nicht. Anders aber ist die Sache, wenn vor dem Stoße ein Moleküle die lebendige Kraft ε, das andere 3ε hatte; dann können nach dem Stoße beide die lebendige Kraft 2ε haben. Durch jeden dieser Zusammenstöße wird die Zahl der Moleküle mit der lebendigen Kraft ε, also w_1, um Eins vermindert. Im ganzen geschehen N_{22}^{13} solcher Zusammenstöße in der Volumeinheit während der Zeit τ; durch alle diese Zusammenstöße zusammen nimmt also w_1 um N_{22}^{13} ab. Es ist also N_{12}^{13} von w_1 zu subtrahieren. Ebenso sind N_{22}^{13}, N_{32}^{14}, N_{24}^{15}, ... $N_{p-1,2}^{1p}$ von w_1 zu subtrahieren. Dagegen sind die Zahlen N_{13}^{22}, N_{14}^{23}, ..., $N_{1p}^{p-1,2}$ dazu zu addieren, weil durch jeden dieser Zusammenstöße die Zahl der Moleküle mit der lebendigen Kraft ε um Eins vermehrt wird. Es ergibt sich somit:

$$w_1' = w_1 - N_{22}^{13} - N_{23}^{14} - N_{32}^{14} - N_{32}^{15} - \cdots$$
$$+ N_{13}^{22} + N_{14}^{23} + N_{14}^{32} + N_{15}^{24} + \cdots \qquad (33)$$

Das Gesetz, welches hier herrscht, ist leicht zu übersehen. Zu subtrahieren sind alle N, welche oben den Index 1 haben, zu addieren alle, welche unten den Index 1 haben. Diejenigen, welche diesen Index sowohl oben als auch unten haben, sind zu addieren und subtrahieren, können also ganz weggelassen werden. (Früher, im Integral, haben wir diese sich tilgenden Glieder bequemlichkeitshalber nicht fortgehoben.) Dabei ist noch zu beachten, daß die vier Indizes der N die Gleichung (27) erfüllen müssen und daß zwei N, welche durch gleichzeitige Verwechslung der oberen und unteren Indizes auseinander hervorgehen (z. B. N_{23}^{14} und N_{32}^{41}) ganz identischen Zusammenstößen entsprechen, daher nur einmal addiert (respektive subtrahiert) werden dürfen. Entwickeln wir w_1' nach dem TAYLORschen Lehrsatze, so ergibt sich

$$w_1' = w_1 + \tau \frac{\mathrm{d} w_1}{\mathrm{d} t}.$$

Substituieren wir dies sowie die durch die Gleichung (32) gegebenen Werte N in die Gleichung (33), so ergibt sich, nachdem mit τ wegdividiert wurde,

$$\frac{\mathrm{d} w_1}{\mathrm{d} t} = - B_{22}^{13} \frac{w_1 w_3}{\sqrt{1}\sqrt{3}} - B_{23}^{14} \frac{w_1 w_4}{\sqrt{1}\sqrt{4}}$$
$$- B_{32}^{14} \frac{w_1 w_4}{\sqrt{1}\sqrt{4}} - B_{24}^{15} \frac{w_1 w_5}{\sqrt{1}\sqrt{5}} - \cdots + B_{13}^{22} \frac{w_2^2}{2}$$
$$+ B_{14}^{23} \frac{w_2 w_3}{\sqrt{2}\sqrt{3}} + B_{14}^{32} \frac{w_2 w_3}{\sqrt{2}\sqrt{3}} + B_{15}^{24} \frac{w_2 w_4}{\sqrt{2}\sqrt{4}} + \cdots,$$

welche Gleichung unter Berücksichtigung der Gleichung

(32) auch so geschrieben werden kann:

$$\frac{dw_1}{dt} = B_{22}^{13}\left(\frac{w_2^2}{2} - \frac{w_1 w_3}{\sqrt{1}\sqrt{3}}\right)$$
$$+ (B_{23}^{14} + B_{32}^{14})\left(\frac{w_2 w_3}{\sqrt{2}\sqrt{3}} - \frac{w_1 w_4}{\sqrt{1}\sqrt{4}}\right) + \cdots$$

Ebenso findet man

$$\left.\begin{aligned}
\frac{dw_2}{dt} &= 2B_{22}^{13}\left(\frac{w_1 w_3}{\sqrt{1}\sqrt{3}} - \frac{w_2^2}{2}\right)\\
&+ (B_{23}^{14} + B_{32}^{14})\left(\frac{w_1 w_4}{\sqrt{1}\sqrt{4}} - \frac{w_2 w_3}{\sqrt{2}\sqrt{3}}\right) + \cdots,\\
&\vdots\\
\frac{dw_p}{dt} &= (B_{2,p-1}^{1,p} + B_{p-1,2}^{1,p})\left(\frac{w_{p-1} w_3}{\sqrt{p-1}\sqrt{2}} - \frac{w_1 w_p}{\sqrt{1}\sqrt{p}}\right)\\
&+ (B_{3,p-2}^{1,p} + B_{p-2,3}^{1,p})\left(\frac{w_3 w_{p-2}}{\sqrt{3}\sqrt{p-2}} - \frac{w_1 w_p}{\sqrt{1}\sqrt{p}}\right) + \cdots
\end{aligned}\right\} \quad (34)$$

Es bedarf höchstens noch einer Erläuterung, warum das Glied

$$B_{22}^{13}\frac{w_1 w_3}{\sqrt{1}\sqrt{3}}$$

im Ausdrucke für dw_2/dt den Faktor 2 hat. Dieses Glied rührt von jenen Zusammenstößen her, für welche vor dem Stoße ein Molekül die lebendige Kraft ε, das andere 3ε, nach dem Stoße beide die lebendige Kraft 2ε haben; durch jeden dieser Stöße wird die Zahl der Moleküle mit der lebendigen Kraft 2ε nicht um Eins, sondern um Zwei vermehrt, weil ja durch jeden dieser Stöße gleichzeitig zwei Moleküle die lebendige Kraft 2ε gewinnen. Daher müssen alle diese Stöße doppelt gezählt werden. Ebenso zählen im Ausdrucke für $\mathrm{d}w_3/\mathrm{d}t$ die Glieder

$$B_{33}^{15}\frac{w_1 w_5}{\sqrt{5}}$$

und

$$B_{33}^{24}\frac{w_2 w_4}{\sqrt{2}\,\sqrt{4}}$$

usw. doppelt. Es wäre leicht, das Gleichungssystem (34) durch Summenformeln darzustellen; ich glaube aber, daß dadurch für die Deutlichkeit nichts Wesentliches gewonnen würde; das Bildungsgesetz ist ja nach dem Auseinandergesetzten klar. Man sieht auch, daß dies genau das Gleichungssystem ist, in welches die eine partielle Differentialgleichung (18) übergeht, wenn man sie nach der früher auseinandergesetzten LAGRANGEschen Methode durch ein System von p gewöhnlichen Differentialgleichungen ersetzt und $f(k\varepsilon, t)$ mit w_k bezeichnet. Um die Gleichungen (34) etwas zu vereinfachen, setzen wir

$$w_k = \sqrt{k}\, u_k.$$

Dieselben verwandeln sich dann in

$$\left.\begin{aligned}
\frac{\mathrm{d}u_1}{dt} &= B_{22}^{13}(u_2^2 - u_1 u_3)\\
&+ (B_{23}^{14} + B_{32}^{14})\,(u_2 u_2 - u_1 u_4) + \cdots,\\
\sqrt{2}\,\frac{d u_2}{\mathrm{d}t} &= 2\,B_{22}^{13}(u_1 u_3 - u_2^2)\\
&+ (B_{23}^{14} + B_{32}^{14})\,(u_1 u_4 - u_2 u_3) + \cdots,\\
&\;\;\vdots\\
\sqrt{p}\,\frac{\mathrm{d}u_p}{\mathrm{d}t} &= (B_{2,p-1}^{1,p} + B_{p-1,2}^{1,p})\,(u_2 u_{p-1} - u_1 u_p) + \cdots
\end{aligned}\right\} \quad (35)$$

Aus diesen Gleichungen läßt sich wieder beweisen, daß

$$E = u_1 \log u_1 + \sqrt{2}\, u_2 \log u_2 + \cdots + \sqrt{p}\, u_p \log u_p$$

beständig abnehmen muß, solange nicht $u_2^2 - u_1 u_3$, $u_2 u_3 - u_1 u_4, \ldots$, kurz alle in den Gleichungen (35) mit den Koeffizienten B multiplizierten Ausdrücke verschwinden. Die Gleichungen (35) haben das Unbequeme, daß sie sich höchstens durch Summenformeln, nicht aber explizit vollständig hinschreiben lassen. Es wird daher ohne Zweifel die Deutlichkeit erhöhen, wenn wir, mit den einfachsten Fällen beginnend, erst allmählich zum allgemeinen Falle übergehen. Sei zunächst $p = 3$; die Moleküle seien also nur fähig, drei verschiedene lebendige Kräfte, ε, 2ε und 3ε anzunehmen. Dann reduziert sich das Gleichungssystem (35) auf folgende drei Gleichungen:

$$\left.\begin{aligned} \frac{\mathrm{d}u_1}{\mathrm{d}t} &= B_{22}^{13}(u_2^2 - u_1 u_3), \\ \sqrt{2}\,\frac{\mathrm{d}u_2}{\mathrm{d}t} &= 2B_{22}^{13}(u_1 u_3 - u_2^2), \\ \sqrt{3}\,\frac{\mathrm{d}u_3}{\mathrm{d}t} &= B_{22}^{13}(u_2^2 - u_1 u_3), \end{aligned}\right\} \tag{36}$$

und der Ausdruck für E geht über in

$$E = u_1 \log u_1 + \sqrt{2}\, u_2 \log u_2 + \sqrt{3}\, u_3 \log u_3.$$

Die Differentiation liefert

$$\frac{\mathrm{d}E}{\mathrm{d}t} = (\log u_1 + 1)\frac{\mathrm{d}u_1}{\mathrm{d}t} + (\log u_2 + 1)\frac{\mathrm{d}u_2}{\mathrm{d}t} + (\log u_3 + 1)\frac{\mathrm{d}u_3}{\mathrm{d}t}$$

oder, nach veränderter Anordnung der Glieder,

$$\frac{\mathrm{d}E}{\mathrm{d}t} = \log u_1 \frac{\mathrm{d}u_1}{\mathrm{d}t} + \sqrt{2}\log u_2 \frac{\mathrm{d}u_2}{\mathrm{d}t} + \sqrt{3}\log u_3 \frac{\mathrm{d}u_3}{\mathrm{d}t}$$
$$+ \frac{\mathrm{d}u_1}{\mathrm{d}t} + \sqrt{2}\frac{\mathrm{d}u_2}{\mathrm{d}t} + \sqrt{3}\frac{\mathrm{d}u_3}{\mathrm{d}t}.$$

Die Summe der letzten drei Glieder verschwindet gemäß den Gleichungen (36), und man erhält somit $\mathrm{d}E/\mathrm{d}t$, indem man die erste dieser Gleichungen mit $\log u_1$, die zweite mit $\log u_2$, die dritte mit $\log u_3$ multipliziert und alle drei addiert. Führt man dies wirklich aus, so erhält man

$$\frac{\mathrm{d}E}{\mathrm{d}t} = B_{22}^{13}(u_2^2 - u_1 u_3)(\log u_1 + \log u_3 - 2\log u_2)$$

oder

$$\frac{\mathrm{d}E}{\mathrm{d}t} = B_{22}^{13}(u_2^2 - u_1 u_3)\log\left(\frac{u_1 u_3}{u_2^2}\right).$$

Von den beiden Faktoren, welche auf der rechten Seite dieser Gleichung mit B_{22}^{13} multipliziert sind, ist für $u_2^2 > u_1 u_3$ der erste positiv, der zweite negativ, für $u_2^2 < u_1 u_3$ aber der erste negativ und der zweite positiv; ihr Produkt ist daher immer negativ, und da B_{22}^{13} wesentlich positiv ist, so ist $\mathrm{d}E/\mathrm{d}t$ immer negativ oder gleich Null; letzteres für $u_2^2 = u_1 u_3$. Nun läßt sich aber leicht beweisen, daß E nicht negativ unendlich werden kann. Selbstverständlich kann keine der drei Größen u_1, u_2 und u_3 negativ oder imaginär werden. Für positive u aber kann $u \log u$ bekanntlich keinen größeren negativen Wert als $-1/\mathrm{e}$, die Größe E also keinen größeren negativen Wert als

$$-\frac{1+\sqrt{2}+\sqrt{3}}{\mathrm{e}}$$

annehmen, wobei e die Basis der natürlichen Logarithmen ist.

Es muß sich also E, da sein Differentialquotient nicht positiv sein kann, immer mehr einem Minimum nähern, für welches $\mathrm{d}E/\mathrm{d}t = 0$, also $u_2^2 = u_1 u_3$ ist. Ganz in derselben Weise kann der Beweis auch geführt werden, wenn $n > 3$ ist. Ich betrachte hier nur noch den Fall $n = 4$. In diesem Falle reduzieren sich die Gleichungen (35) auf

$$\left.\begin{aligned}
\frac{\mathrm{d}u^1}{\mathrm{d}t} &= B_{22}^{13}\left(u_2^2 - u_1 u_3\right) \\
&\quad + \left(B_{23}^{14} + B_{32}^{14}\right)(u_2 u_3 - u_1 u_4), \\
\sqrt{2}\,\frac{\mathrm{d}u_2}{\mathrm{d}t} &= 2B_{22}^{13}\left(u_1 u_3 - u_2^2\right) \\
&+ \left(B_{23}^{14} + B_{32}^{14}\right)(u_1 u_4 - u_2 u_3) + B_{33}^{24}\left(u_3^2 - u_2 u_4\right), \\
\sqrt{3}\,\frac{\mathrm{d}u_3}{\mathrm{d}t} &= B_{22}^{13}\left(u_2^2 - u_1 u_3\right) \\
&+ \left(B_{23}^{14} + B_{32}^{14}\right)(u_1 u_4 - u_2 u_3) + 2B_{33}^{24}\left(u_2 u_4 - u_3^2\right), \\
\sqrt{4}\,\frac{\mathrm{d}u_4}{\mathrm{d}t} &= \left(B_{23}^{14} + B_{32}^{14}\right)(u_2 u_3 - u_1 u_4) \\
&\quad + B_{33}^{24}\left(u_3^2 - u_2 u_4\right).
\end{aligned}\right\} \quad (37)$$

Für E aber findet man

$$E = \mathrm{l}u_1 \log u_1 + \sqrt{2}\, u_2 \log u_2 + \sqrt{3}\, u_3 \log u_3 + \sqrt{4}\, u_4 \log u_4,$$

$$\frac{\mathrm{d}E}{\mathrm{d}t} = \log u_1 \frac{\mathrm{d}u_1}{\mathrm{d}t} + \sqrt{2} \log u_2 \frac{\mathrm{d}u_2}{\mathrm{d}t} + \sqrt{3} \log u_3 \frac{\mathrm{d}u_3}{\mathrm{d}t} + \sqrt{4} \log u_4 \frac{\mathrm{d}u_4}{\mathrm{d}t}.$$

Substituiert man hier für

$$\frac{\mathrm{d}u_1}{\mathrm{d}t}, \quad \frac{\mathrm{d}u_2}{\mathrm{d}t}, \quad \frac{\mathrm{d}u_3}{\mathrm{d}t}, \quad \frac{\mathrm{d}u_4}{\mathrm{d}t}$$

ihre Werte aus den Gleichungen (37), so ergibt sich nach passender Anordnung der Glieder

$$\frac{\mathrm{d}E}{\mathrm{d}t} = B_{22}^{13}\left(u_2^2 - u_1 u_3\right)\log\left(\frac{u_1 u_3}{u_2^2}\right)$$

$$+ B_{33}^{24}\left(u_3^2 - u_2 u_4\right)\log\left(\frac{u_2 u_4}{u_3^2}\right)$$

$$+ \left(B_{23}^{14} + B_{32}^{14}\right)\left(u_2 u_3 - u_1 u_4\right)\log\left(\frac{u_1 u_4}{u_2 u_3}\right).$$

Ich bemerke, daß die Veränderung der Anordnung der Summanden, welche hier erforderlich war, nichts anderes ist als unsere frühere weitläufige Transformation des bestimmten Integrals. Aus dem obigen Ausdrucke sieht man sofort, daß $\mathrm{d}E/\mathrm{d}t$ wieder notwendig negativ ist, wenn nicht gleichzeitig

$$u_2^2 = u_1 u_3, \quad u_3^2 = u_2 u_4, \quad u_2 u_3 = u_1 u_4$$

ist, wofür man auch setzen kann

$$u_3 = \frac{u_2^2}{u_1}, \quad u_4 = \frac{u_2^3}{u_1^2}.$$

Ebenso findet man für den allgemeinen Fall, daß $\mathrm{d}E/\mathrm{d}t$ notwendig negativ ist, daher E notwendig abnimmt, wenn nicht

$$u_3 = \frac{u_2^2}{u_1}, \quad u_4 = \frac{u_2^3}{u_1^2}, \cdots \tag{38}$$

ist. Da nun E wieder keinen größeren negativen Wert als

$$-\frac{1 + \sqrt{2} + \sqrt{3} + \cdots \sqrt{p}}{\mathrm{e}} \tag{39}$$

annehmen kann, so muß es sich notwendig einem Minimum immer mehr und mehr nähern, für welches die

Gleichungen (38) bestehen werden. Es nähert sich daher die Zustandsverteilung immer mehr der durch die Gleichungen (38) bestimmten. Es ist noch zu beweisen, daß die Gleichungen (38) die Zustandsverteilung eindeutig bestimmen. Addieren wir alle Gleichungen (35), so ergibt sich

$$\frac{\mathrm{d}u_1}{\mathrm{d}t} + \sqrt{2}\,\frac{\mathrm{d}u_2}{\mathrm{d}t} + \sqrt{3}\,\frac{\mathrm{d}u_3}{\mathrm{d}t} + \cdots \sqrt{p}\,\frac{\mathrm{d}u_p}{\mathrm{d}t} = 0,$$

daher

$$u_1 + \sqrt{2}\,u_2 + \sqrt{3}\,u_3 + \cdots + \sqrt{p}\,u_p = a. \qquad (40)$$

In ähnlicher Weise findet man

$$u_1 + 2\sqrt{2}\,u_2 + 3\sqrt{3}\,u_3 + \cdots + p\sqrt{p}\,u_p = \frac{b}{s}, \qquad (41)$$

wobei a und b Konstanten sind. Die Bedeutung dieser Gleichungen liegt auf der Hand. Es ist nämlich

$$w_1 + w_2 + w_3 + \cdots = u_1 + \sqrt{2}\,u_2 \pm \sqrt{3}\,u_3 + \cdots = a$$

die Gesamtzahl der Moleküle in der Volumeinheit, b aber ist ihre gesamte lebendige Kraft. Die Gleichungen (40) und (41) besagen uns also, daß jene beiden Größen konstant sind. Seien uns die beiden Größen a und b, also die Gesamtzahl der Moleküle in der Volumeinheit und ihre gesamte lebendige Kraft gegeben. Dann wollen wir den Quotienten $u_2/u_1 = \gamma$ setzen. Die Gleichungen (38) gehen dann über in

$$u_3 = \gamma^2 u_1, \quad u_4 = \gamma^3 u_1, \quad \ldots \quad u = \gamma^{p-1} u_1.$$

Substituiert man diese Werte in die Gleichungen (40) und (41), so findet man daraus mit Leichtigkeit

$$\left[pa - \frac{b}{\varepsilon}\right]\sqrt{p}\,\gamma^{p-1} + \left[(p-1)a - \frac{b}{\varepsilon}\right]\sqrt{p-1}\,\gamma^{p-2} + \cdots$$
$$+ \left(3a - \frac{b}{\varepsilon}\right)\sqrt{3}\,\gamma^2 + \left(2a - \frac{b}{\varepsilon}\right)\sqrt{2}\,\gamma + a - \frac{b}{\varepsilon} = 0.$$

Da alle u notwendig positiv sind, so sieht man unmittelbar, daß $(b/\varepsilon) - a$ positiv, $(b/\varepsilon) - pa$ aber negativ sein muß. Es muß daher b zwischen εa und εpa liegen. In der Gleichung (42) ist daher der Koeffizient von γ^{p-1} positiv, das von γ freie Glied aber negativ. Ihr Gleichungspolynom ist also für $\gamma = \infty$ positiv, für $\gamma = 0$ negativ; sie liefert also eine positive Wurzel für γ und sie liefert nur eine, weil die Reihe der Koeffizienten nur einen Zeichenwechsel hat. Negative oder imaginäre Werte für γ haben natürlich keinen Sinn. Aus γ aber lassen sich alle u, mithin auch die w eindeutig bestimmen. Wie immer also die Zustandsverteilung zu Anfang der Zeit gewesen sein mag, es gibt eine, und nur eine, der sie sich mit wachsender Zeit immer mehr nähert. Dieselbe hängt bloß ab von den Konstanten a und b, also der Gesamtzahl und der gesamten lebendigen Kraft der Moleküle (Dichte und Temperatur des Gases). Dieser Satz wurde zunächst nur für den Fall bewiesen, daß die Zustandsverteilung schon zu Anfang der Zeit eine gleichförmige war. Er muß also auch gelten, wenn dies nicht der Fall war, wenn die Moleküle nur so verteilt waren, daß sie sich mit wachsender Zeit immer mehr mischen, daß also die Zustandsverteilung nach Verlauf einer sehr langen Zeit eine gleichförmige wird, und dies wird immer der Fall sein, mit Ausnahme ganz spezieller Fälle, z. B. wenn die Moleküle anfangs in einer geraden Linie angeordnet gewesen wären und auch von den Wänden in diese Gerade zurückreflektiert würden. Da wir dies für beliebige p und ε bewiesen haben, so können wir sofort zu dem Falle übergehen, wo $1/p$ und ε unendlich klein sind.[1]) Wir haben zunächst:

$$w_k = \sqrt{k}\, u_k = u_1 \sqrt{k}\, \gamma^{k-1}.$$

---

[1]) Für sehr große p wird der Ausdruck (39) sehr groß von der Ordnung $p^3/_2$. In diesem Falle ist es also notwendig, einen kleineren negativen Wert aufzusuchen, den E niemals überschreiten kann. Die hier mit E bezeichnete Größe unterscheidet sich durch eine Konstante von der früher so bezeichneten. Wollen wir die in der Anm. S.148, Gleichung (17a) mit E_1 bezeichnete Größe er-

Für unendlich kleine ε setzen wir nun wieder

$$\varepsilon = \mathrm{d}x, \quad k\varepsilon = x, \quad \gamma = \mathrm{e}^{-h\varepsilon}, \quad \frac{u_1}{\varepsilon^{3/2}} = C \tag{43}$$

---

halten, die wieder nur durch eine Konstante von den übrigen mit diesen Buchstaben gezeichneten Größen verschieden ist, so müssen wir zu unserem gegenwärtigen E noch

$$-\frac{3\log\varepsilon}{2}\left(u_1 + \sqrt{2}\,u_2 + \cdots\right)$$

addieren. Es ist also

$$E_1 = E - \frac{3\log\varepsilon}{2}\left(u_1 + \sqrt{2}\,u_2 + \cdots\right) = u_1\log\left(\frac{u_1}{\varepsilon^{3/2}}\right)$$

$$+ \sqrt{2}\,u_2\log\left(\frac{u_2}{\varepsilon^{3/2}}\right) + \ldots$$

Es ist zunächst klar, daß E_1 eine für alle reellen positiven Werte der u reelle und kontinuierliche Funktion derselben ist. Ferner kann (wenn wir eine negative Größe als um so kleiner bezeichnen, je größer ihr Zahlenwert ist) E nicht kleiner als der Ausdruck (39), also E_1 nicht kleiner als

$$-\,1/2\left(1 + \sqrt{2} + \cdots \sqrt{p}\right) - 3/2\,a\log\varepsilon$$

werden. Es muß daher E_1 ein Minimum haben, wenn die u alle reellen positiven mit den Gleichungen (40) und (41) verträglichen Werte durchlaufen. Man beweist zunächst leicht, daß für dieses Minimum keines der u gleich Null sein kann, daß es also nicht an der Grenze der von den u gebildeten Mannigfaltigkeit liegen kann und folglich nach den gewöhnlichen Regeln der Differentialrechnung gefunden wird. Addieren wir zum totalen Differential von E_1 das der beiden Gleichungen (40) und (41), ersteres mit dem unbestimmten Multiplikator λ, letzteres mit dem ebenfalls erst zu bestimmenden Multiplikator μ multipliziert, so ergibt sich

$$(\log u_1 + \lambda + \mu)\,\mathrm{d}u_1 + (\log u_2 + \lambda + 2\mu)\sqrt{2}\,\mathrm{d}u_2 + \cdots = 0.$$

Für das Minimum muß bekanntlich der Faktor jedes Differentials verschwinden, woraus man nach Elimination von λ und μ erhält

$$\log u_2 - \log u_1 = \log u_3 - \log u_2 = \cdots$$

oder

$$u_3 = \frac{u_2^2}{u_1}, \qquad u_4 = \frac{u_3^2}{u_2}\ldots,$$

und erhalten

$$w_k = C\sqrt{x}\, e^{-hx}\, dx,$$

---

worin man sogleich die Gleichungen (38) wieder erkennt. Dieselben bestimmen also in der Tat den kleinsten Wert, den E_1 annehmen kann, wennn die u alle möglichen Gleichungen (40) und (41) vereinbaren Werte annehmen. Da aber die u während des ganzen Vorganges in der Tat an die Gleichungen (40) und (41) gebunden sind, so ist dies der kleinste Wert, den E_1 während des ganzen Vorganges anzunehmen imstande ist. Um denselben zu berechnen, setzen wir wieder

$$u_2 = u_1\gamma, \quad u_3 = u_1\gamma^2, \ldots$$

Wir wissen, daß wir dann aus den Gleichungen (38), (40) und (41) einen einzigen positiven Wert für γ finden, der also dem wirklichen Minimum von E_1 entsprechen muß. Dieser Minimalwert von E_1 ist also

$$E' = \frac{1}{\varepsilon} b \log\gamma + a \log\left(\frac{u_1}{\varepsilon^{3/2}}\right).$$

Einen kleineren Wert kann E_1 nicht annehmen. Und dieser Wert bleibt selbst für unendlich kleine ε und unendliche p endlich. Er geht nämlich mit Rücksicht auf die Gleichungen (43) über in

$$a \log C - bh,$$

oder weil

$$a = \frac{1}{2}\sqrt{\frac{\pi}{h^3}}\, C, \quad b = \frac{3a}{2h}$$

ist, so kann man hierfür schreiben

$$\frac{1}{2}\sqrt{\frac{\pi}{h^3}}\, C\left(\log C - \frac{3}{2}\right),$$

was, da die Konstanten C und h nicht unendlich sind, eine endliche Größe ist. Es kann also die mit E_1 bezeichnete Größe nicht negativ unendlich werden, dagegen könnte E_1 positiv unendlich sein. Doch läßt sich leicht zeigen, daß dann unmöglich Wärmegleichgewicht herrschen kann. Dies sowie eine ausführliche Diskussion der Ausnahmefälle, wo

$$\lim \varepsilon/\tau\, [f(\varepsilon,t+\tau)\log f(\varepsilon,t+\tau) + \sqrt{2}\, f(2\varepsilon,t+\tau)\log f(2\varepsilon,t+\tau) + \cdots$$
$$- f(\varepsilon,t)\log f(\varepsilon,t) - \sqrt{2}\, f(2\varepsilon,t)\log f(2\varepsilon,t) - \ldots]$$

ungleich ausfallen könnte, je nachdem ε/τ oder τ/ε verschwindet, würde mich jedoch hier zu weit führen.

also wieder die MAXWELLsche Zustandsverteilung. Ebenso überzeugt man sich, daß die Summe, welche wir hier mit E bezeichnet haben, abgesehen von einem konstanten Addenden, in das Integral der Formel (17a) übergeht; wir erhalten also nach dieser Methode alle Resultate wieder, welche wir früher durch die Transformation der bestimmten Integrale gewannen, und sie hat den Vorteil, daß sie viel einfacher und durchsichtiger ist. Nur muß man sich dabei an die Abstraktion, daß ein Molekül nur imstande sei, eine endliche Anzahl lebendiger Kräfte anzunehmen, als Übergangsstadium gewöhnt haben.

Setzt man in den Gleichungen (35) die Differentialquotienten der u nach der Zeit gleich Null, so erhält man die Bedingungsgleichungen, daß die Zustandsverteilung sich mit wachsender Zeit nicht ändert, also stationär ist. Man sieht sogleich, daß die Gleichungen (35) dann außer der von uns gefundenen noch zahlreiche andere Lösungen haben, welche aber keine denkbaren stationären Zustandsverteilungen darstellen, da dabei die Wahrscheinlichkeit gewisser lebendiger Kräfte notwendig negativ oder imaginär ausfällt. Ganz analog verhält es sich natürlich auch, wenn, wie es in der Natur der Fall ist, jedes Molekül alle lebendigen Kräfte von Null bis Unendlich annehmen kann. Die Bedingung, daß die Zustandsverteilung stationär sei, erhält man dann, wenn man in der Gleichung (16)

$$\frac{\partial f(x, t)}{\partial t} = 0$$

setzt. Dieselbe ist also

$$0 = \int_0^\infty \int_0^{x+x'} \left[\frac{f(\xi)\, f(x+x'-\xi)}{\sqrt{\xi}\,\sqrt{x+x'-\xi}} - \frac{f(x)\, f(x')}{\sqrt{x x'}} \right] \times \sqrt{x x'}\, \psi(x, x', \xi)\, \mathrm{d}x'\, \mathrm{d}\xi .$$

Eine Lösung dieser Gleichung ist

$$f(x) = C\sqrt{x}\,e^{-hx};$$

also die MAXWELLsche Zustandsverteilung. Aus dem vorher Gesagten aber folgt, daß dieselbe noch unendlich viele andere Lösungen hat, welche aber nicht brauchbar sind, da dabei $f(x)$ immer für gewisse x negativ oder imaginär ausfällt. Daraus folgt am klarsten, daß MAXWELLS Versuche, a priori zu beweisen, daß seine Lösung die einzige sei, fehlschlagen mußten. Sie ist nicht die einzige, sondern es kann nun bewiesen werden, daß sie allein lauter positive Wahrscheinlichkeiten liefert, daß sie also allein brauchbar ist.

III. Diffusion, Reibung und Wärmeleitung der Gase

Hier sollen nur noch wenige Bemerkungen Platz finden, die sich auf den Fall beziehen, daß die Zustandsverteilung zwar nicht ganz regellos, aber doch auch nicht das ist, was wir gleichförmig genannt haben, und daß auch nicht alle Geschwindigkeitsrichtungen gleichmäßig vertreten sind, was bei innerer Reibung und Wärmeleitung stattfindet. Dann sei

$$f(\xi, \eta, \zeta, x, y, z, t)\, d\xi\, d\eta\, d\zeta$$

an der Stelle im Gase, deren Koordinaten x, y, z sind, die auf die Volumeinheit enfallende Anzahl der Moleküle, für welche die Komponente der Geschwindigkeit in der Richtung der x-Achse zwischen ξ und $\xi + d\xi$, die in der Richtung der y-Achse zwischen η und $\eta + d\eta$, die in der Richtung der z-Achse zwischen ζ und $\zeta + d\zeta$ liegt. Ein Zusammenstoß ist durch die Geschwindigkeitskomponenten ξ, η, ζ und ξ_1, η_1, ζ_1 der beiden stoßenden Moleküle vor demselben sowie durch die Größen b und φ

bestimmt. (Letztere beide Größen sowie sie später vorkommenden V, k, A_2, X usw. sollen dieselbe Bedeutung wie in MAXWELLS Abhandl. Philos. mag. (4), Bd. **35**, haben.)[1]) Funktionen dieser acht Variablen sind die Geschwindigkeitskomponenten ξ', η', ζ' und $\xi_1', \eta_1', \zeta_1'$ nach dem Stoße. Schreiben wir der Kürze halber $d\omega_1$ für $d\xi_1\, d\eta_1\, d\zeta_1$ und bezeichnen mit f den Wert der Funktion $f(\xi, \eta, \zeta, x, y, z, t)$, mit f_1, f' und f_1' die Werte dieser Funktion, wenn man darin für $\xi\eta\zeta$, bzw. $\xi_1\eta_1\zeta_1$, $\xi'\eta'\zeta'$ oder $\xi_1'\eta_1'\zeta_1'$ setzt; dann muß die Funktion f der Differentialgleichung

$$\frac{\partial f}{\partial t} + \xi\frac{\partial f}{\partial x} + \eta\frac{\partial f}{\partial y} + \zeta\frac{\partial f}{\partial z} + X\frac{\partial f}{\partial \xi} + Y\frac{\partial f}{\partial \eta} + Z\frac{\partial f}{\partial \zeta}$$

$$+ \int d\omega_1 \int b\, db \int d\varphi\, V(ff_1 - f'f_1') = 0 \tag{44}$$

genügen, wie man leicht sieht, wenn man ein Volumelement sich mit den Geschwindigkeiten ξ, η, ζ fortbewegt denkt und erwägt, wie sich in demselben die Zustandsverteilung durch die Zusammenstöße verändert. Ist das Gas von fixen Wänden umgeben, so folgt aus der Gleichung (44) wieder, daß E durch die Molekularbewegung nur abnehmen kann, wenn man setzt

$$E = \iiiiiint f \log f\, dx\, dy\, dz\, d\xi\, d\eta\, d\zeta,$$

welcher Ausdruck der Entropie des Gases proportional ist. Um für den Fall anderer Grenzbedingungen nur ein Beispiel zu geben, sei die Abstoßung zweier Moleküle der 5. Potenz ihrer Entfernung verkehrt proportional. X, Y, Z sollen im folgenden immer verschwinden. Wir wollen setzen

$$f = A(1 + 2hay\xi + c\xi\eta)\, e^{-h(\xi^2+\eta^2+\zeta^2)}, \tag{45}$$

wobei die beiden Konstanten a und c sehr klein sein

---

[1]) [J. C. MAXWELL: Philos. Mag. 35 (1868) 129 und 185 (Arbeit 1).]

sollen. Substituieren wir diesen Wert in die Gleichung (44), vernachlässigen die Quadrate und Produkte von a und c und führen die Integrationen nach b und φ genau so durch, wie es MAXWELL in der zitierten Abhandlung (S. 141—144) lehrt, so finden wir, daß die Gleichung (44) erfüllt ist, wenn

$$c = -\frac{2ha}{3A_2 k\varrho}$$

gemacht wird. Die Formel (45) gibt also eine mögliche Zustandsverteilung, und zwar diejenige, wobei sich jede der xz-Ebene parallele Schicht in der Richtung der x-Achse mit der Geschwindigkeit ay bewegt, wenn y die y-Koordinate der betreffenden Schicht ist, also den einfachsten Fall innerer Reibung. Die Reibungskonstante ist das in der Zeiteinheit durch die Flächeneinheit hindurchgehende durch $-a$ dividierte Bewegungsmoment, also

$$-\frac{\delta\overline{\xi\eta}}{a} = -\frac{\delta}{a}\frac{\iiint \xi\eta f\,d\xi\,d\eta\,d\zeta}{\iiint f\,d\xi\,d\eta\,d\zeta} = \frac{1}{6A_2 kh} = \frac{p}{3A_2 k\varrho};$$

genau wie sie schon MAXWELL gefunden hat. Die Bezeichnungen sind durchaus die von MAXWELL gebrauchten. Ein allgemeiner Ausdruck ist folgender:

$$f = A\left[1 - \frac{2ht}{3}\left(\frac{\partial u}{\partial x} + \frac{\partial v}{\partial y} + \frac{\partial w}{\partial z}\right)(\xi^2 + \eta^2 + \zeta^2) + 2h(hu\xi + v\eta + w\zeta) + \alpha\xi^2 + \beta\eta^2 + \gamma\zeta^2 + \alpha'\eta\zeta + \beta'\xi\zeta + \gamma'\xi\eta\right] e^{-h(\xi^2+\eta^2+\zeta^2)}. \tag{46}$$

Derselbe genügt ebenfalls der Gleichung (44), wenn u, v, w lineare Funktionen von x, y, z sind, und

$$\alpha = -\frac{2h}{3A_2 k\varrho}\frac{\partial u}{\partial x}, \qquad \alpha' = -\frac{2h}{3A_2 k\varrho}\left(\frac{\partial v}{\partial z} + \frac{\partial w}{\partial y}\right)$$

gesetzt wird. Analoge Werte haben β, γ, β' und γ'. Der Ausdruck (46) stellt eine beliebige Bewegung des Gases dar, bei der die Geschwindigkeitskomponenten u, v, w im Punkte mit den Koordinaten x, y, z lineare Funktionen dieser Koordinaten sind. Wenn nicht

$$\frac{\partial u}{\partial x} + \frac{\partial v}{\partial y} + \frac{\partial w}{\partial z} = 0$$

ist, so ändert sich die Dichte und Temperatur mit der Zeit. Letztere wie bei einem Gase, dem man keine Wärme zuführt. Berechnet man mittels des Ausdruckes (46)

$$\overline{\xi^2}, \overline{\eta^2}, \overline{\xi\eta}, \ldots,$$

so erhält man wieder die schon von MAXWELL gefundenen Werte. Wäre $\partial^2 u/\partial x^2$ von Null verschieden, so erhielte man in die Gleichung (44) noch ein Glied, das sich nicht tilgen würde, nämlich

$$\frac{\partial \alpha}{\partial x}\, \xi^3\, e^{-h(\xi^2+\eta^2+\zeta^2)},$$

als dessen durchschnittlichen Wert wir etwa

$$-\frac{\partial \alpha}{\partial x} \left(\overline{\xi^2}\right)^{3/2} e^{-h(\xi^2+\eta^2+\zeta^2)} = \frac{2h}{3A_2 k \varrho} \sqrt{\frac{p^3}{\varrho^3}}\, e^{-h(\xi^2+\eta^2+\zeta^2)} \frac{\partial^2 u}{\partial x^2}$$

$$= \frac{\mu}{\varrho} \sqrt{\frac{\varrho}{p}} \frac{\partial^2 u}{\partial x^2}\, e^{-h(\xi^2+\eta^2+\zeta^2)} \qquad (47)$$

annehmen können. Man sieht leicht, daß dieser Wert gegen jedes der übrigen Glieder, aus denen die Gleichung (44) besteht, wenn man darin den Wert von f aus Gleichung (46) substituiert, verschwindet, daß also die Gleichung (44) noch nahe erfüllt ist, man somit bei Berechnung der Zustandsverteilung die Größen u, v, w nach dem TAYLORschen Satze entwickeln und bei den ersten Potenzen von x, y, z stehen bleiben kann. Das erste Glied der Gleichung (44) nach Substitution des Wertes f aus Gleichung (46) wäre z. B.

$$-\frac{2h}{3}\xi^2\frac{\partial u}{\partial x}\,e^{-h(\xi^2+\eta^2+\zeta^2)}.$$

Sein mittlerer Wert also

$$\frac{1}{3}\frac{\partial u}{\partial x}\,e^{+h(\xi^2+\eta^2+\zeta^2)}.$$

Berechnet man den Quotienten dieser Größe in die Größe (47) für Luft bei 0 °C und dem Normalbarometerstande numerisch, so findet man denselben etwa $= 0{,}00009$ mm $\times \frac{\partial^2 u/\partial x^2}{\partial u/\partial x}$. Derselbe ist also selbst dann noch verschwindend klein, wenn $\frac{\partial u/\partial x}{\partial^2 u/\partial x^2}$ etwa 1 mm ist, wenn also die Werte von $\partial u/\partial x$, die um 1 mm voneinander abstehen, durchschnittlich sich wie 1:2 verhalten. Erst wenn dies schon für Werte von $\partial u/\partial x$ der Fall ist, deren Abstände nicht mehr groß gegen die mittlere Weglänge sind, würde dieser Quotient erheblich. Auch der Wert

$$f = A\,[1 + ax + by + cz - (a\xi + b\eta + c\zeta)t]\,e^{-h(\xi^2+\eta^2+\zeta^2)}$$

befriedigt die Gleichung (44). Für ein Gemenge zweier Gasarten wollen wir die auf die zweite bezüglichen Größen durch einen unten angefügten Stern bezeichnen, p und p_* seien die Partialdrücke, m und m_* die Massen eines Moleküls für beide Gasarten. Dann tritt an die Stelle der Gleichung (44) folgende:

$$\frac{\partial f}{\partial t} + \xi\frac{\partial f}{\partial x} + \eta\frac{\partial f}{\partial y} + \zeta\frac{\partial f}{\partial z} + \int d\omega_1 \int b\,db \int d\varphi\, V$$

$$\times (ff_1 - f'f_1')\int d\omega_* \int b\,db \int d\varphi\, V(ff_* - f'f_*') = 0 \qquad (44^*)$$

und eine analoge Gleichung für die zweite Gasart. Dem einfachsten Falle der Diffusion entspricht das Integral

$$\left.\begin{aligned} f &= \sqrt{\frac{m^3 h^3}{\pi^3}}\, N(1 + 2hmu\xi)\, e^{-hm(\xi^2+\eta^2+\zeta^2)}, \\ f_* &= \sqrt{\frac{m_*^3 h^3}{\pi^3}}\, N_*(1 + 2hm_* u_* \xi)\, e^{-hm_*(\xi^2+\eta^2+\zeta^2)}, \end{aligned}\right\} \quad (46^*)$$

wobei N und N^* Funktionen von x, Nu und $N_* u_*$ aber konstant sein sollen. Keine Größe soll Funktion der Zeit sein. Die Gleichung (44*) ist befriedigt, wenn

$$\frac{dN}{dx} + NN_* 2hmm_* (u - u_*) A_1 k = 0$$

ist. Eine analoge Gleichung muß für N_* gelten. Es muß also sein: $N + N_* = \text{const}$ = der Anzahl der Moleküle beider Gase in der Volumeinheit; daraus folgt: $Nu = - N_* u_*$ = der Anzahl der Moleküle einer Gasart, die in der Zeiteinheit durch den Querschnitt 1 gehen. Die Diffusionskonstante ist

$$-\frac{Nu}{\frac{dN}{dx}} = \frac{1}{(N + N_*)\, 2hmm_* A_1 k} = \frac{pp_*}{A_1 k \varrho\varrho_* (p + p_*)},$$

weil

$$2h = \frac{N + N_*}{p + p_*} = \frac{N}{p} = \frac{N_*}{p_*}$$

ist.

Will man die Bewegungsgleichungen erhalten, so multipliziere man die Gleichung (44) oder (44*) mit $m\xi\, d\omega$ (wobei $d\omega = d\xi\, d\eta\, d\zeta$) und integriere über alle ξ, η, ζ. Die vier ersten Glieder dieser Gleichungen verwandeln sich dann in

$$\frac{\partial(\varrho u)}{\partial t} + \frac{\partial(\varrho \overline{\xi^2})}{\partial x} + \frac{\partial(\varrho \overline{\xi\eta})}{\partial y} + \frac{\partial(\varrho \overline{\xi\zeta})}{\partial z}$$

oder, weil

$$\frac{\partial \varrho}{\partial t} + \frac{\partial(\varrho u)}{\partial x} + \frac{\partial(\varrho v)}{\partial y} + \frac{\partial(\varrho w)}{\partial z} = 0,$$

in

$$\varrho\left(\frac{\partial u}{\partial t} + u\frac{\partial u}{\partial x} + v\frac{\partial u}{\partial y} + w\frac{\partial u}{\partial z}\right)$$

$$+ \frac{\partial\left(\varrho\,\overline{\xi'^2}\right)}{\partial x} + \frac{\partial\left(\varrho\,\overline{\xi'\eta'}\right)}{\partial y} + \frac{\partial\left(\varrho\,\overline{\xi'\zeta'}\right)}{\partial z},$$

wobei

$$\xi = \xi' + u, \quad \eta = \eta' + v, \quad \zeta = \zeta' + w$$

gesetzt wurde. Die übrigen Glieder aber liefern negativ genommen das durch die Stöße den Molekülen zugeführte Bewegungsmoment, das natürlich verschwindet, wenn kein zweites Gas beigemischt ist. Das zugeführte Bewegungsmoment mehr der Resultierenden aller Druckkräfte

$$\left(-\frac{\partial\left(\varrho\,\overline{\xi'^2}\right)}{\partial x} - \frac{\partial\left(\varrho\,\overline{\xi'\eta'}\right)}{\partial y} - \frac{\partial\left(\varrho\,\overline{\xi'\zeta'}\right)}{\partial z}\right)$$

ist also gleich der mit der Dichte multiplizierten Beschleunigung

$$\varrho\left(\frac{\partial u}{\partial t} + u\frac{\partial u}{\partial x} + v\frac{\partial u}{\partial y} + w\frac{\partial u}{\partial z}\right).$$

Die letzteren Gleichungen gelten natürlich für jedes beliebige Wirkungsgesetz. Dagegen haben die Ausdrücke (45), (46) und (46*) nur dann Gültigkeit, wenn die Abstoßung zweier Moleküle der fünften Potenz ihrer Entfernung verkehrt proportional ist. Für jedes andere Wirkungsgesetz, z. B. wenn die Gasmoleküle wie elastische Kugeln aneinander abprallen, befriedigen die Ausdrücke (45), (46) und (46*) die Gleichungen (44) und (44*) nicht, für alle anderen Wirkungsgesetze ist also bei Diffusion, Reibung usw. die Geschwindigkeitsverteilung durch kein so einfaches Gesetz gegeben. Für den Fall der Diffusion müßte dann f etwa in folgender Form dargestellt werden:

$$A[1 + a\xi + b\xi^3 + c(\eta^2 + \zeta^2)\,\xi + d\xi^5 \ldots]\,e^{-h(\xi^2+\eta^2+\zeta^2)}, \tag{47*}$$

und ich sehe kein anderes Mittel zur Auflösung der Gleichung (44*) als die sukzessive Bestimmung der Koeffizienten $a, b, c \ldots$ Für alle anderen Wirkungsgesetze ist also die Geschwindigkeitsverteilung eines diffundierenden Gases nicht dieselbe, als ob es sich allein im Raume mit seiner Diffusionsgeschwindigkeit u fortbewegte. Es rührt dies daher, daß die Moleküle mit verschiedenen Geschwindigkeiten auch verschiedene Diffusionsgeschwindigkeit haben, wodurch die Geschwindigkeitsverteilung fortwährend gestört wird. Da die Glieder des Ausdruckes (47*) mit $\xi^3, \xi\eta^2, \ldots$ in die Diffusionskonstante im allgemeinen Glieder von derselben Ordnung liefern wie die mit ξ, so kann die Diffusionskonstante nicht numerisch exakt erhalten werden, wenn man erstere bei Berechnung des mitgeteilten Bewegungsmomentes vernachlässigt. Doch dürfte der hierdurch herbeigeführte Fehler kaum sehr groß sein. Ähnliches gilt natürlich von der Reibung und Wärmeleitung. Ja es wird nicht nur der Wert, sondern auch die Konstanz der Diffusions-, Reibungskonstante usw. bei anderen als dem Maxwellschen Wirkungsgesetze fraglich.

Dem Falle der Wärmeleitung in der Richtung der x-Achse entspricht unter Voraussetzung des Maxwellschen Wirkungsgesetzes folgender Werte von f:

$$f = A[1 + ax(\xi^2 + \eta^2 + \zeta^2) + bx + c\xi + g\xi(\xi^2 + \eta^2 + \zeta^2)]\,e^{-h(\xi^2+\eta^2+\zeta^2)},$$

woraus folgt

$$\xi\frac{\partial f}{\partial x} + \eta\frac{\partial f}{\partial y} + \zeta\frac{\partial f}{\partial z} = \xi A\,e^{-h(\xi^2+\eta^2+\zeta^2)}[a(\xi^2 + \eta^2 + \zeta^2) + b].$$

Das letzte Glied der Gleichung (44) aber reduziert sich, wenn man darin den obigen Wert für f substituiert und alle Integrationen nach MAXWELLS Vorschrift ausführt, auf

$$2 g A_2 k M N \xi \left(\xi^2 + \eta^2 + \zeta^2 - \frac{5}{2h}\right) A \, e^{-h(\xi^2+\eta^2+\zeta^2)}.$$

Damit also die Gleichung (44) erfüllt sei, muß

$$a = -2 g A_2 k M N, \quad b = 5 g A_2 k M N \frac{1}{h} = -\frac{5a}{2h}$$

sein. Die in der Zeiteinheit durch die Flächeneinheit gehende Masse ist

$$\varrho \bar{\xi} = \varrho \left(\frac{c}{2h} + \frac{5g}{4h^2}\right).$$

Soll die Wärmeleitung mit keiner Massenbewegung verbunden sein, so muß also

$$c = -\frac{5g}{2h}$$

sein. Bezeichnen wir mit T die absolute Temperatur, mit B aber eine Konstante, so ist

$$T = \frac{M}{2} (\overline{\xi^2} + \overline{\eta^2} + \overline{\zeta^2}) B = \frac{3MB}{4h} \left(1 + \frac{ax}{h}\right),$$

daher mit Vernachlässigung von unendlich Kleinem

$$\frac{dT}{dx} = \frac{a}{h} T.$$

Die in der Zeiteinheit durch die Flächeneinheit gehende lebendige Kraft ist

$$L = \frac{\varrho}{2} (\overline{\xi^3} + \overline{\xi \eta^2} + \overline{\xi \zeta^2}).$$

Die Mittelwerte können ohne Schwierigkeit mittels des angenommenen Wertes von f berechnet werden. Man erhält, wenn man alle dabei vorkommenden Integrale von der Form

$$\iiint \xi^2 (\xi^2 + \eta^2 + \zeta^2)^n \, e^{-h(\xi^2+\eta^2+\zeta^2)} d\xi \, d\eta \, d\zeta$$

ausrechnet, was am besten durch Differentiation von $N\overline{\xi^2}$ nach h geschieht:

$$L = \frac{5}{8} \frac{\varrho g}{h^3} = \frac{5 M N g}{8 h^3}.$$

Die Wärmeleitungskonstante ist

$$C = -\frac{L}{\frac{dT}{dx}} = -\frac{5 M N g}{8 h^3} \frac{h}{a T} = \frac{5}{16 h^2 T A_2 k_1}.$$

Beachtet man, daß

$$\frac{p}{\varrho} = \overline{\xi^2} = \frac{1}{2h}$$

ist, so ergibt endlich

$$C = \frac{5 p^2}{4 \varrho^2 T A_2 k_1}.$$

Da ich die Gasmoleküle dabei als einfache materielle Punkte betrachtete, so ist bei mir die MAXWELLsche Größe $\beta = 1$, das Verhältnis der Wärmekapazitäten $\gamma = 1^2/_3$. Wird daher die spezifische Wärme (der Gewichtseinheit des Gases) bei konstantem Volumen, in gewöhnlichen Wärmeeinheiten gemessen, mit w, das mechanische Wärmeäquivalent mit $1/J$ bezeichnet, so ist nach einer bekannten Formel

$$(\gamma - 1) w = \frac{2}{3} w = \frac{p J}{\varrho T}.$$

Die Wärmeleitungskonstante, in gewöhnlichen Wärmeeinheiten gemessen, ist also

$$C' = JC = \frac{5wp}{6kA_2\varrho} = \frac{5}{2}w\mu,$$

wobei μ der Reibungskoeffizient ist. Dieser Wert der Wärmeleitungskonstante ist $^3/_2$mal so groß als der von MAXWELL gefundene, was in einem Versehen MAXWELLS bei Ableitung seiner Gleichung (43) aus (39) seinen Grund hat. Die Gasmoleküle sind dabei von mir als einfache materielle Punkte vorausgesetzt, weil sich unter dieser Annahme allein die Rechnungen exakt durchführen lassen. In der Natur ist diese Annahme freilich nicht erfüllt, und würden daher die obigen Formeln bei ihrer Anwendung auf Experimente noch einer Modifikation bedürfen. Zieht man die intramolekulare Bewegung nach der Art MAXWELLS in Rechnung, so würde man erhalten

$$C = \frac{5\beta p^2}{4\varrho^2 T A_2 k}, \qquad C = \frac{5}{2}w\mu.$$

Doch scheint mir dies sehr willkürlich zu sein, und man könnte leicht, wenn man die intramolekulare Bewegung in anderer Weise in Rechnung zieht, erheblich andere Werte für die Wärmeleitungskonstante erhalten. Aus diesem Grunde scheint mir eine numerisch exakte Berechnung derselben aus der Theorie, solange man nicht mehr über die intramolekulare Bewegung weiß, unmöglich zu sein, und seit daher die Wärmeleitungskonstante, deren Größenwert man früher kaum für bestimmbar hielt, durch STEFAN[1]) in so genauer Weise experimentell bestimmt wurde, scheint mir ihre experimentelle Bestimmung die theoretische an Genauigkeit weit zu übertreffen.

Wie sich die Sache gestaltet, wenn die Funktion f keine lineare Funktion von x ist oder wenn gleichzeitig Wärmeleitung in anderen Richtungen oder Bewegungen stattfinden, wird kaum einer weiteren Erläuterung bedürfen.

[1]) [J. STEFAN: Sitz.-Ber. Akad. Wiss. Wien **65** (1872) 45; vgl. auch **47** (1863) 81 und 327; **42** (1876) 69.]

IV. Betrachtung mehratomiger Gasmoleküle

Wir haben bis jetzt vorausgesetzt, daß jedes Molekül ein einzelner materieller Punkt sei. Dies ist bei den in der Natur vorkommenden Gasen sicher nicht der Fall. Wir werden der Wahrheit offenbar weit näher kommen, wenn wir voraussetzen, daß jedes Molekül aus mehreren materiellen Punkten (Atomen) besteht. Das Verhalten solcher mehratomiger Gasmoleküle soll im gegenwärtigen Abschnitte der Betrachtung unterzogen werden. Ich bemerke, daß die früher eingeführten Bedeutungen der Buchstaben in diesem Abschnitte nicht mehr gelten.

Die Anzahl der materiellen Punkte, also der Atome eines Moleküls, sei r. Dieselben mögen durch ganz beliebige Kräfte zusammengehalten werden, von denen wir bloß voraussetzen, daß die zwischen je zwei Atomen wirksame Kraft eine Funktion des Abstandes der beiden Atome sei und ihre Richtung in die Verbindungslinie derselben fällt und daß sie so beschaffen sind, daß sich die Atome eines und desselben Moleküls niemals ganz voneinander trennen können. Ich will diese Kräfte als die inneren Kräfte des Moleküls bezeichnen. Während der weitaus größten Zeit der Bewegung eines Moleküls sollen auf die Atome desselben bloß diese inneren Kräfte wirken. Nur wenn das Molekül einem anderen zufällig sehr nahe kommt, sollen auch die Atome jenes anderen auf die Atome dieses Moleküls wirken und vice versa. Ich nenne diesen Vorgang, währenddessen beide Moleküle so nahe sind, daß sie aufeinander eine bemerkbare Wirkung ausüben, einen Zusammenstoß, und die Kräfte, welche dabei die Atome des einen Moleküls auf die des anderen und umgekehrt ausüben, sollen die Kräfte des Zusammenstoßes heißen. Von ihnen setze ich wieder bloß voraus, daß sie Funktionen der Entfernung sind und längs der Verbindungslinie wirken sowie daß sie so beschaffen sind, daß sich die Atome der beiden Moleküle nicht austauschen, sondern daß nach dem Stoße jedes

Molekül wieder aus denselben Atomen besteht wie vor demselben. Um den Moment des Beginnes eines Zusammenstoßes scharf definieren zu können, will ich voraussetzen, die Wechselwirkung zweier Moleküle beginne jedesmal, wenn die Distanz der Schwerpunkte beider Moleküle gleich einer gewissen Größe l wird. Diese Distanz wird dann kleiner als l, wächst dann wieder, und wenn sie wieder gleich l geworden ist, so hört die Wechselwirkung, also der Zusammenstoß wieder auf. Der Moment des Beginns des Zusammenstoßes ist freilich in der Natur wahrscheinlich nicht so scharf markiert. Unsere Schlüsse würden nicht alteriert, wenn ich denselben so charakterisieren würde, wie ich es in der Abhandlung „Über das Wärmegleichgewicht zwischen mehratomigen Gasmolekülen"[1]) tat. Ich will jedoch hier der Einfachheit halber die oben ausgesprochene Voraussetzung beibehalten, welche übrigens jener anderen an Allgemeinheit nicht einmal nachsteht, da wir ja bloß angenommen haben, daß, solange die Distanz der Schwerpunkte $> l$ ist, keine Wechselwirkung stattfindet. Ist dieselbe $= l$ geworden, so kann in manchen Fällen anfangs die Wechselwirkung noch immer gleich Null sein und erst später beginnen. Um den Zustand eines Moleküls zu einer gewissen Zeit t zu definieren, denken wir uns ein für allemal drei aufeinander senkrechte Richtungen fix im Raume angenommen. Wir ziehen durch den Punkt, an dem sich der Schwerpunkt unseres Moleküls zur Zeit t befindet, drei rechtwinklige Koordinatenachsen parallel jenen drei Richtungen und bezeichnen die Koordinaten der materiellen Punkte unseres Moleküls bezüglich jener Achsen zur Zeit t mit $\xi_1, \eta_1, \zeta_1, \xi_2, \ldots, \zeta_r$. Ferner sei c_1 die Geschwindigkeit des ersten Atoms, u_1, v_1, w_1 ihre Komponenten in den Richtungen der Koordinatenachsen; dieselben Größen seien für das zweite Atom c_2, u_2, v_2, w_2; für das dritte c_3, u_3, v_3, w_3 usw. Dann ist der Zustand unseres Moleküls zur Zeit t vollständig bestimmt, wenn

---

[1]) L. BOLTZMANN: Sitz.-Ber. Akad. Wiss. Wien **63** (1871) 397.

wir die Werte der $6r - 3$ Größen

$$\xi_1, \eta_1, \zeta_1, \xi_2, \ldots, \xi_{r-1}, \eta_{r-1}, \zeta_{r-1}, u_1, v_1, w_1, u_2, \ldots, w_r \quad \text{(A)}$$

zur Zeit t kennen. ξ_r, η_r, ζ_r sind Funktionen der übrigen ξ, η, ζ, weil der Schwerpunkt Koordinatenanfangspunkt ist. Die Koordinaten des Schwerpunktes unseres Moleküls bezüglich der fixen Koordinatenachsen bestimmen nicht den Zustand, sondern bloß die Lage unseres Moleküls. Wenn nun unser Molekül nicht gerade mit einem anderen im Zusammenstoße begriffen ist, so sind zwischen den Atomen desselben bloß die inneren Kräfte tätig. Wir können also, wenn dieselben gegeben sind, zwischen der Zeit und den $6r - 3$ Größen (A) ebenso viele Differentialgleichungen aufstellen, welche wir die Bewegungsgleichungen des Moleküls nennen wollen. Dieselben werden $6r - 3$ Integrale haben, durch welche die Werte der Variablen (A) als Funktionen der Zeit und der Werte dieser Größen zu Anfang der Zeit ausgedrückt werden können. Eliminieren wir aus denselben die Zeit, so bleiben noch $6r - 4$ Gleichungen mit ebensoviel willkürlichen Integrationskonstanten übrig. Dieselben seien

$$\varphi_1 = a_2, \; \varphi_2 = a_2, \; \ldots, \; \varphi_\varrho = a_\varrho,$$

wobei die a die Integrationskonstanten, die φ aber Funktionen der Variabeln (A) sind. ϱ ist gleich $6r - 4$. Aus diesen Gleichungen können daher alle Variabeln (A) bis auf eine als Funktionen dieser einen und der $6r - 4$ Integrationskonstanten ausgedrückt werden. Ich will diese eine Variable ein für allemal mit x bezeichnen; sie kann sowohl eine der ξ, η, ζ als auch der u, v, w sein. Solange das Molekül nicht mit einem anderen zusammenstößt, erfüllen die Variabeln (A) die Bewegungsgleichungen des Moleküls, bleiben daher die a konstant, und die Werte jeder der Variabeln (A) hängen bloß von dem Werte von x ab. Ich will daher $a_1, a_2, \ldots, a_\varrho$ als die die Bewegungsart des Moleküls bestimmenden Konstanten, x aber als die die Bewegungsphase bestimmende Variable bezeichnen. Solange also das Molekül nicht mit anderen zusammenstößt, ändert sich bloß die die Phase bestimmende Variable x. Wenn dagegen das Molekül mit einem anderen zusammenstößt, so ändern auch die mit a bezeichneten Größen ihre Werte; dann ändert sich auch die Bewegungsart des Moleküls. Wir wollen nun annehmen, wir hätten wieder einen Raum $\mathfrak{R}$, in welchem sich sehr viele Moleküle befinden. Alle diese Moleküle seien gleichartig, d. h., alle bestehen aus gleich viel materiellen Punkten, und die zwischen ihnen wirksamen Kräfte seien für alle identische Funktionen ihrer relativen Lage. Beschreiben wir im Raum $\mathfrak{R}$ irgendwo einen kleineren, aber doch gegen die Distanz zweier Moleküle großen Raum vom Volumen R, so mögen sich in demselben, wo er sich immer befinden mag, RN Moleküle befinden, von denen

$$R f(t, a_1, a_2, \ldots, a_\varrho)\, \mathrm{d}a_1\, \mathrm{d}a_2 \ldots \mathrm{d}a_\varrho$$

zu einer gewissen Zeit t so beschaffen sein sollen, daß für dieselben

$$\left.\begin{array}{lll} \varphi_1 \text{ zwischen } a_1 & \text{und} & a_1 + \mathrm{d}a_1, \\ \varphi_2 \text{ zwischen } a_2 & \text{und} & a_2 + \mathrm{d}a_2 \ldots \end{array}\right\} \qquad \text{(B)}$$

liegt. Die Konstanten a bestimmen die Bewegungsart eines Moleküls; ist demnach die Funktion f gegeben, so ist damit bestimmt, wie viele Moleküle von jeder der verschiedenen Bewegungsarten sich zur Zeit t im Raume R befinden. Wir sagen daher, die Funktion f bestimmt die Verteilung der verschiedenen Bewegungsarten zur Zeit t unter den Molekülen. Ich nehme wieder an, dieselbe sei schon zu Anfang, daher auch für alle folgenden Zeiten eine gleichförmige, d. h., die Funktion f sei unabhängig von der Lage des Raumes R, sobald derselbe nur sehr groß gegen die durchschnittliche Distanz zweier Nachbarmoleküle ist. Ich sage kürzehalber immer, ein Molekül befindet sich in einem Raume, wenn sich der Schwerpunkt desselben in jenem Raume befindet. Wir nehmen nun an, der Wert der Funktion f für $t = 0$, also $f(0, a_1, a_2, \ldots)$

sei gegeben; es soll daraus der Wert der Funktion f für irgendeine andere Zeit berechnet werden. Die Konstanten a ändern ihre Werte bloß infolge der Zusammenstöße; es kann sich daher auch die Funktion f bloß infolge der Zusammenstöße verändern, und unsere Aufgabe ist zunächst, die Gleichungen aufzustellen, durch welche die Veränderung der Funktion f bestimmt ist. Wir müssen da wieder berechnen, wie viele Zusammenstöße während einer gewissen Zeit Δt so geschehen, daß vor denselben die Größen a für eines der zusammenstoßenden Moleküle zwischen den Grenzen (B) liegen, ferner, wie viele so, daß nach denselben die Größen a für eines der Moleküle zwischen den Grenzen (B) liegen. Addieren wir die erstere Zahl zu $f(t, a_1, a_2, \ldots)\, \mathrm{d}a_1\, \mathrm{d}a_2 \ldots$ und subtrahieren die letztere davon, so erhalten wir die Zahl der Moleküle, für welche nach der Zeit Δt die Größen a zwischen den Grenzen (B) liegen, also die Größe $f(t + \Delta t, a_1, a_2 \ldots)\, \mathrm{d}a_1\, \mathrm{d}a_2 \ldots$

Betrachten wir nun irgendeinen Zusammenstoß zweier Moleküle; für das erste der stoßenden Moleküle mögen die Konstanten a vor dem Stoße zwischen den Grenzen (B) liegen. Für das zweite mag

$$\left.\begin{array}{l}\varphi_1 \text{ zwischen } a_1' \quad \text{und} \quad a_1' + \mathrm{d}a_1',\\ \varphi_2 \text{ zwischen } a_2' \quad \text{und} \quad a_2' + \mathrm{d}a_2' \text{ usw.}\end{array}\right\} \qquad (\mathrm{C})$$

liegen. Dadurch ist der Zusammenstoß noch keineswegs vollständig bestimmt; es muß auch noch die Phase der beiden zusammenstoßenden Moleküle sowie ihre relative Lage im Momente des Beginnes des Zusammenstoßes gegeben sein. Sei die Phase des ersten Moleküls dadurch gegeben, daß für dasselbe

$$x \text{ zwischen } x \quad \text{und} \quad x + \mathrm{d}x \qquad (\mathrm{D})$$

liegt, während für das zweite der zusammenstoßenden Moleküle

$$x \text{ zwischen } x' \quad \text{und} \quad x' + \mathrm{d}x' \qquad (\mathrm{E})$$

liege. Um die relative Lage beider Moleküle im Momente des Beginnes des Zusammenstoßes zu bestimmen, bezeichnen wir den Winkel zwischen der Verbindungslinie der Schwerpunkte derselben und der x-Achse mit ϑ, den zwischen der xy-Ebene und einer parallel jener Verbindungslinie durch die x-Achse gelegten Ebene mit ω, und es mag im Momente des Beginnes des Zusammenstoßes

$$\left.\begin{array}{lll} \vartheta \text{ zwischen } \vartheta & \text{und} & \vartheta + \mathrm{d}\vartheta, \\ \omega \text{ zwischen } \omega & \text{und} & \omega + \mathrm{d}\omega \end{array}\right\} \tag{F}$$

liegen. Alle Zusammenstöße, welche so geschehen, daß dabei die Bedingungen (B), (C), (D), (E) und (F) erfüllt sind, will ich als Zusammenstöße von der Gattung (G) bezeichnen. Es fragt sich jetzt zunächst, wie viele Zusammenstöße von der Gattung (G) geschehen in der Volumeinheit während einer gewissen Zeit Δt? Wir wollen da die Annahme machen, die innere Bewegung der Moleküle sei sehr rasch, die Stöße dagegen geschehen so selten, daß ein Molekül von einem Zusammenstoße bis zum nächsten oftmals alle möglichen Bewegungsphasen durchläuft. Wir können dann Δt so groß wählen, daß während Δt jedes Molekül öfter alle möglichen Bewegungsphasen durchläuft, aber doch wieder so klein, daß während Δt nur wenige Zusammenstöße stattfinden, daß sich also f nur sehr wenig verändert. Betrachten wir irgendeines der Moleküle, deren Bewegungsart zwischen den Grenzen (B) liegt; wir wollen es kurz das Molekül (B) nennen. Wir nahmen an, daß es während der Zeit Δt alle möglichen Phasen oftmals durchläuft; daraus läßt sich beweisen, daß sich die Summe aller jener Zeitmomente, während welcher es im Verlaufe der Zeit Δt die Phase (D) hat, zur ganzen Zeit Δt wie $s\,\mathrm{d}x$ zu $\int s\,\mathrm{d}x$ verhält, daß also die Summe aller dieser Zeitmomente

$$\tau = \Delta t \frac{s\,\mathrm{d}x}{\int s\,\mathrm{d}x} \tag{48}$$

ist, wobei s durch folgende Gleichung gegeben ist:

$$\frac{1}{s} = \Sigma \pm \frac{\partial a_1}{\partial \xi_1} \frac{\partial a_2}{\partial \eta_1} \cdots \frac{\partial a_\varrho}{\partial w_r}.$$

Die Integration ist über alle möglichen x, also über alle möglichen Phasen zu erstrecken. Das Produkt $s\,\mathrm{d}x$ ist immer mit positiven Zeichen zu nehmen.

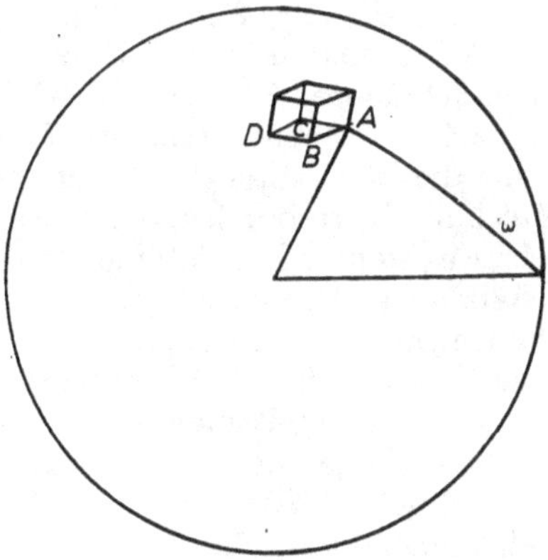

Abb. 2.4

In der Funktionaldeterminante kommen die Differentialquotienten nach allen Variabeln $\xi_1, \eta_1, \ldots, \zeta_{r-1}, u_1, v_1, \ldots, w_r$ bis auf x vor; sie kann also als Funktion von x und den Integrationskonstanten a ausgedrückt werden. Der eben ausgesprochene Satz läßt sich ganz ähnlich wie Jacobis Prinzip des letzten Multiplikators beweisen; da ich jedoch den Beweis bereits in der Abhandlung: „Einige allgemeine Sätze über Wärmegleichgewicht" (Sitz.-Ber. Bd. **63**)[1]) geführt habe (siehe daselbst die Anmerkung

[1]) L. Boltzmann: Sitz.-Ber. Akad. Wiss. Wien **63** (1871) 679.

auf S. 15)[1]), so will ich ihn hier nicht noch einmal wiederholen. Ich habe daselbst gezeigt, daß sich die Sache nicht verändert, wenn zur Bestimmung der Phase eine Variable nicht ausreicht. Die Summe aller Wege, welche während der ganzen oben mit τ bezeichneten Zeit der Schwerpunkt des Moleküls (B) relativ gegen den Schwerpunkt eines Moleküls von der Beschaffenheit (C) zurücklegt, ist gleich $\gamma\tau$, wobei γ die relative Geschwindigkeit der Schwerpunkte beider Moleküle ist. Beschreiben wir nun um den Schwerpunkt des Moleküls (B) eine Kugel vom Radius l, so bildet der Inbegriff aller Punkte dieser Kugel, für welche die Winkel ϑ und ω zwischen den Grenzen F liegen, ein unendlich kleines Rechteck $ABCD$ (siehe vorstehende Abb. 2.4) vom Flächeninhalte $l^2 \sin\vartheta\, \mathrm{s}\vartheta\, \mathrm{d}\omega$. Denken wir uns dieses Rechteck fest mit dem Schwerpunkte des Moleküls (B) verbunden, so ist also die Summe der Wege, welche es während τ relativ gegen die Moleküle von der Beschaffenheit (C) zurücklegt, ebenfalls $\gamma\tau$. Alle diese Wege bilden mit Vernachlässigung von Unendlichkleinem gleiche Winkel mit den Koordinatenachsen; sie bilden daher auch denselben Winkel (ε) mit der Ebene des Rechtecks $ABCD$, da ja die Geschwindigkeiten sämtlicher Atome des Moleküls (B) durch die Bedingungen (B) und (D) zwischen unendlich nahe Grenzen eingeschlossen sind. Das ganze Volumen, welches daher unser Rechteck während der Summe aller Zeitmomente τ durchwandern würde, wenn es sich bloß mit seiner relativen Geschwindigkeit gegen die Moleküle von der Beschaffenheit (C) bewegte, ist

$$V = l^2 \sin\vartheta\, \mathrm{d}\vartheta\, \mathrm{d}\omega \cdot \sin\varepsilon \cdot \gamma\tau, \tag{49}$$

und es ist leicht einzusehen, daß alle Moleküle, welche sich innerhalb dieses Volumens befinden, mit dem Moleküle (B) so zusammenstoßen, daß dabei die Bedingungen (F) erfüllt sind. Es fragt sich daher nur noch, wie viele

---

[1]) Fußnote [1]) in L. BOLTZMANN: Sitz.-Ber. Akad. Wiss. Wien 63 (1871) 679.

Moleküle von der Bewegungsart (C) und der Phase (E) in diesem Volumen liegen werden. Wir wissen, daß in der Volumeinheit $f(t, a_1', a_2', \ldots)\, \mathrm{d}a_1'\, \mathrm{d}a_2' \ldots$ Moleküle von der Bewegungsart (C), daher, weil die Verteilung der Bewegungsarten eine gleichförmige ist, $V f(t, a_1', a_2', \ldots)$ $\mathrm{d}a_1'\, \mathrm{d}a_2' \ldots$ im Volumen V liegen. Alle diese Moleküle werden jedoch nicht die Phase (E) haben. Vielmehr wird sich die Zahl derjenigen, welche diese Phase haben, zu ihrer Gesamtzahl verhalten wie die Zeit, während welcher ein Molekül die Phase (E) besitzt, zur Zeit, während welcher es alle möglichen Phasen durchläuft, also entsprechend der Gleichung (48) wie $s'\, \mathrm{d}x'$ zu $\int s'\, \mathrm{d}x'$; wobei

$$\frac{1}{s'} = \Sigma \pm \frac{\partial a_1'}{\partial \xi_1'} \frac{\partial a_2'}{\partial \eta_1'} \cdots$$

ist. Diese Zahl ist also

$$\nu = V f(t, a_1', a_2' \ldots)\, \mathrm{d}a_1'\, \mathrm{d}a_2' \ldots \frac{s'\, \mathrm{d}x'}{\int s'\, \mathrm{d}x'}. \tag{50}$$

Hierbei wurde vorausgesetzt, daß unter den Molekülen von der Beschaffenheit (C) die verschiedenen Phasen während der Zeit τ gerade so verteilt sind wie während der Zeit Δt, daß also nicht immer die Phase (D) gerade mit der Phase (E) koinzidiert oder ebensowenig die Phase (E) niemals oder besonders selten mit der (D) gleichzeitig stattfindet. Wenn die Schwingungsdauer der Moleküle von der Beschaffenheit (C) nicht kommensurabel ist mit der der Moleküle von der Beschaffenheit (B), so ist dies selbstverständlich. Wären jedoch diese beiden Schwingungsdauern für alle oder eine endliche Zahl von Molekülpaaren kommensurabel, so müßte dies als eine Eigenschaft der zu Anfang hergestellten Zustandsverteilung vorausgesetzt werden, welche sich dann für alle folgenden Zeiten erhalten würde. Der Ausdruck (50) gibt uns die Zahl der Moleküle im Volumen V, für welche die Bedingungen (C) und (E) erfüllt sind, und wir wissen, daß alle diese und nur diese während Δt mit dem betrachteten

Moleküle von der Beschaffenheit (B), das wir immer das Molekül (B) nannten, so zusammenstoßen, daß dabei die Bedingungen (C), (D), (E) und (F) erfüllt sind. Nun sind aber $f(t,a_1,a_2,\ldots)\,\mathrm{d}a_1\,\mathrm{d}a_2\ldots$ Moleküle von der Beschaffenheit (B) in der Volumeinheit; multiplizieren wir daher noch mit dieser Zahl, so erhalten wir $\mathrm{d}n = \nu f(t,a_1,a_2,\ldots)\,\mathrm{d}a_1\,\mathrm{d}a_2\ldots$ für die Zahl der Molekülpaare, welche in der Volumeinheit während der Zeit Δt so zusammenstoßen, daß alle fünf Bedingungen (B), (C), (D), (E) und (F) erfüllt sind, also für die Zahl der Zusammenstöße von der Gattung (G) während dieser Zeit. Unter Berücksichtigung der Gleichungen (48), (49) und (50) erhalten wir für diese Zahl den Wert:

$$\mathrm{d}n = \frac{f(t,a_1,a_2,\ldots)\,f(t,a_1',a_2',\ldots)}{\int s\,\mathrm{d}x \int s'\,\mathrm{d}x'}\,l^2\gamma\,\sin\vartheta\,\sin\varepsilon\,\mathrm{d}\vartheta\,\mathrm{d}\omega\,\Delta t$$
$$\times\, s\,\mathrm{d}x\,\mathrm{d}a_1\,\mathrm{d}a_2\ldots s'\,\mathrm{d}x'\,\mathrm{d}a_1'\,\mathrm{d}a_2'\ldots \tag{51}$$

Wenn die Werte der Größen

$$a_1,a_2,\ldots,a_1',a_2',\ldots,x,x',\vartheta,\omega \tag{J}$$

im Momente des Beginnes des Zusammenstoßes gegeben sind, so ist damit die Natur des Zusammenstoßes vollkommen charakterisiert; es können also die Werte derselben Größen im Momente des Endes jenes Zusammenstoßes berechnet werden. Es sollen diese Werte im Momente des Endes mit den entsprechenden großen Buchstaben bezeichnet werden. Es können also dann die Größen

$$A_1, A_2,\ldots, A_1', A_2',\ldots, X, X', \Theta, \mho \tag{K}$$

als Funktionen der Variabeln (J) ausgedrückt werden. Ich will den Inbegriff der Bedingungen (B), (C), (D), (E) und (F) kurz als die Bedingungen (G) bezeichnen. Alle Zusammenstöße, für welche die Werte der Variabeln im Momente ihres Beginnes den Bedingungen (G) genügten, verlaufen in sehr ähnlicher Weise. Für dieselben werden daher auch im Momente des Endes die Werte der Variabeln zwischen gewissen unendlich nahen Grenzen liegen. Wir wollen annehmen, für alle diese und nur diese Zusammenstöße sollen die Variabeln im Momente des Endes zwischen

$$\left.\begin{array}{l} A_1 \text{ und } A_1 + \mathrm{d}A_1,\ A_2 \text{ und } A_2 + \mathrm{d}A_2, \ldots, \\ A_1' \text{ und } A_1' + \mathrm{d}A_1', \\ A_2' \text{ und } A_1' + \mathrm{d}A_2', \ldots, X \text{ und } X + \mathrm{d}X, \\ X' \text{ und } X' + \mathrm{d}X', \\ \Theta \text{ und } \Theta + \mathrm{d}\Theta,\ \Omega \text{ und } \Omega + \mathrm{d}\Omega \end{array}\right\} \quad \text{(H)}$$

liegen.

Da die Größen (K) Funktionen der Variabeln (J) sind, so können wir im Ausdrucke (51) statt einiger Differentiale der Größen (J) auch Differentiale der Größen (K) einführen; wir wollen z. B. statt der vier Differentiale $\mathrm{d}x$, $\mathrm{d}x'$, $\mathrm{d}\vartheta$ und $\mathrm{d}\omega$ die Differentiale von A_1, A_2, A_1' und A_2' einführen, wobei ich übrigens bemerke, daß die vier Größen A_1, A_2, A_1', A_2' nur beispielsweise genommen wurden; wir könnten an ihre Stelle ebensogut vier andere der Größen (K) setzen. Wir erhalten dann

$$\mathrm{d}n = \frac{f(a_1, a_2, \ldots)\, f(a_1', a_2', \ldots)}{\int s\, \mathrm{d}x \int s'\, \mathrm{d}x'}\, s s'\, s_1 l^2\, \gamma \sin\vartheta \sin\varepsilon\, \Delta t$$

$$\times\, \mathrm{d}a_1 \mathrm{d}a_2 \cdots \mathrm{d}a_\varrho\, \mathrm{d}a_1' \ldots \mathrm{d}a_\varrho'\, \mathrm{d}A_1\, \mathrm{d}A_2\, \mathrm{d}A_3\, \mathrm{d}A_4, \qquad (52)$$

wobei

$$\frac{1}{s'} = \Sigma \pm \frac{\partial A_1}{\partial x} \frac{\partial A_2}{\partial x'} \frac{\partial A_1'}{\partial \vartheta} \frac{\partial A_2'}{\partial \omega}$$

ist.

Dies ist die Zahl der Zusammenstöße, welche in der Volumeinheit während Δt so geschehen, daß vor denselben die Größen $\varphi_1, \varphi_2, \ldots, \varphi'_\varrho$ zwischen den Grenzen (B) und (C) und außerdem nach denselben A_1, A_2, A'_1 und A'_2 zwischen

$$A_1 \text{ und } A_1 + \mathrm{d}A_1, \ldots, \quad A'_2 \text{ und } A'_2 + \mathrm{d}A'_2$$

liegen. Lassen wir in diesem Ausdrucke $a_1, a_2, \ldots, a_\varrho$ konstant und integrieren bezüglich $a'_1, a'_2, \ldots, a'_\varrho$, A_1, A_2, A'_1 und A'_2 über alle möglichen Werte dieser Größen, so erhalten wir alle Zusammenstöße, welche in der Volumeinheit während Δt so geschehen, daß vor denselben die a für eines der zusammenstoßenden Moleküle zwischen den Grenzen (B) lagen, ohne daß hierzu noch irgendeine andere Bedingung hinzukäme. Diese Zahl ist also:

$$\mathrm{d}n' = \mathrm{d}a_1\,\mathrm{d}a_2 \cdots \mathrm{d}a_\varrho\,\Delta t$$

$$\times \iint \cdots \frac{f(t,a_1,a_2\ldots)\,f(t,a'_1,a'_2\ldots)}{\int s\,\mathrm{d}x \int s'\,\mathrm{d}x}\, s\,s'\,s_1 l^2 \gamma$$

$$\times \sin\vartheta \sin\varepsilon\,\mathrm{d}a'_1\,\mathrm{d}a'_2 \cdots \mathrm{d}A'_1\,\mathrm{d}A'_2. \qquad (53)$$

Durch jeden dieser Zusammenstöße wird die Zahl der Moleküle in der Volumeinheit, für welche die a zwischen den Grenzen (B) liegen, also die Zahl $f(t,a_1,a_2,\ldots)\mathrm{d}a_1 \times \mathrm{d}a_2 \ldots \mathrm{d}a_\varrho$ um Eins vermindert; es ist also die Zahl $\mathrm{d}n'$ von $f(t,a_1,a_2,\ldots)\mathrm{d}a_1\,\mathrm{d}a_2 \ldots$ zu subtrahieren: dann bleibt die Zahl der Moleküle übrig, für welche während Δt die Größen a nicht aufgehört haben, zwischen den Grenzen (B) zu liegen. Hierzu muß noch die Zahl der Zusammenstöße addiert werden, welche so geschehen, daß nicht vor, wohl aber nach denselben die Größen a zwischen den Grenzen (B) liegen. Sie heiße $\mathrm{d}N'$. Dann ist also

$$f(t,a_1,a_2,\ldots)\mathrm{d}a_1\,\mathrm{d}a_2 \cdots \mathrm{d}a_\varrho - \mathrm{d}n' + \mathrm{d}N'$$

die Zahl der Moleküle in der Volumeinheit, für welche zur Zeit $t + \Delta t$ die a zwischen den Grenzen (B) liegen. Es ist also

$$f(t, a_1, a_2 \ldots) \mathrm{d}a_1 \, \mathrm{d}a_2 \cdots \mathrm{d}a_\varrho - \mathrm{d}n' + \mathrm{d}N'$$
$$= f(t + \Delta t, a_1, a_2, \ldots) \mathrm{d}a_1 \, \mathrm{d}a_2 \cdots \mathrm{d}a_\varrho . \qquad (54)$$

Die Zahl $\mathrm{d}N'$ kann in folgender Weise gefunden werden. Für die Anzahl der Zusammenstöße, welche in der Volumeinheit während Δt so geschehen, daß bei Beginn derselben die Bedingungen (G) erfüllt sind, fanden wir oben den Ausdruck (51). Für alle diese erfüllen die Variabeln im Momente des Endes die Bedingungen (H). Wir brauchen in diesem Ausdrucke bloß die kleinen Buchstaben mit den großen zu vertauschen, um die Zahl der Zusammenstöße zu finden, für welche die Werte der Variabeln im Momente des Beginnes Bedingungen erfüllen, die sonst ganz identisch mit den Bedingungen (H) sind, nur daß die Plätze der Schwerpunkte beider Moleküle vertauscht erscheinen, deren Verbindungslinie also gleiche Richtung, aber den entgegengesetzten Sinn hat. Letztere Zahl ist also

$$\mathrm{d}N = \frac{f(t, A_1, A_2, \ldots) \, f(t, A_1', A_2', \ldots)}{\int S \, \mathrm{d}X \int S' \, \mathrm{d}X'} S S' \, l^2 \, \Gamma \sin \Theta \sin E$$
$$\times \mathrm{d}\Theta \, \mathrm{d}\Omega \, \Delta t \, \mathrm{d}X \, \mathrm{d}A_1 \, \mathrm{d}A_2 \cdots \mathrm{d}A_\varrho \, \mathrm{d}X' \, \mathrm{d}A_1' \, \mathrm{d}A_2' \ldots \mathrm{d}A_\varrho, \qquad (55)$$

wobei S, S', E, … aus s, s', ε, … gebildet werden, indem man darin die Variabeln (J) mit den Variabeln (K) vertauscht. Für alle diese Zusammenstöße aber werden umgekehrt die Werte der Variabeln im Momente des Endes zwischen den Grenzen (G) liegen. Denn es ist klar, daß ein Zusammenstoß, für den im Momente des Beginnes die Bedingungen (G) erfüllt sind, gerade umgekehrt verläuft wie einer, bei dem im Momente des Beginnes jene mit (H) analogen Bedingungen erfüllt sind. Während also für den ersteren Zusammenstoß im Momente des Endes die Bedingungen (H) erfüllt sind, so sind für den letzteren umgekehrt im Momente des Endes ähnliche wie die Bedingungen (G) erfüllt. Die Formel (55) gibt uns also die Zahl der Zusammenstöße, welche in der Volumeinheit während Δt so geschehen, daß im Momente des Endes derselben die Werte der Variabeln den Bedingungen (G) genügen. Wir wollen zunächst wieder statt der Differentiale von X, X', Θ und Ω die von a_1, a_2, a_1', a_2' einführen, so erhalten wir

$$\mathrm{d}N = \frac{f(t, A_1, A_2, \ldots)\, f(t, A_1', A_2', \ldots)}{\int S\,\mathrm{d}X \int S'\,\mathrm{d}X'} S S' S_1 l^2 \Gamma \sin\Theta \sin E$$
$$\times \Delta t\, \mathrm{d}A_1\, \mathrm{d}A_2 \cdots \mathrm{d}A_\varrho\, \mathrm{d}A_1' \cdots \mathrm{d}A_\varrho'\, \mathrm{d}a_1\, \mathrm{d}a_2\, \mathrm{d}a_1'\, \mathrm{d}a_2'.$$

In dieser Formel ist

$$\frac{1}{S_1} = \Sigma \pm \frac{\partial a_1}{\partial X} \frac{\partial a_2}{\partial X'} \frac{\partial a_1'}{\partial \Theta} \frac{\partial a_1'}{\partial \Omega},$$

wobei man sich bei Bildung der partiellen Differentialquotienten in der Funktionaldeterminante die a als Funktionen der als independent zu denkenden Größen (G) ausgedrückt denken muß. Führen wir außerdem noch statt der Differentiale von $A_3, A_4, \ldots, A_\varrho, A_3', \ldots A_\varrho'$ die von $a_3, a_4, \ldots, a_\varrho, a_3', \ldots, a_\varrho'$ ein, so erhalten wir:

$$\mathrm{d}N = \frac{f(t, A_1, A_2 \ldots)\, f(t, A_1', A_2' \ldots)}{\int S\,\mathrm{d}X \int S'\,\mathrm{d}X'} S S' S_1 \sigma l^2 \Gamma \sin\Theta \sin E$$
$$\times \Delta t\, \mathrm{d}a_1\, \mathrm{d}a_2 \cdots \mathrm{d}a_\varrho'\, \mathrm{d}A_1\, \mathrm{d}A_2\, \mathrm{d}A_1'\, \mathrm{d}A_2', \qquad (56)$$

wobei

$$\sigma = \Sigma \pm \frac{\partial A_3}{\partial a_3} \frac{\partial A_4}{\partial a_4} \cdots \frac{\partial A_\varrho'}{\partial a_\varrho'},$$

in welcher Funktionaldeterminante $A_3, A_4, \ldots, A_\varrho'$ als Funktionen der als independent zu betrachtenden Variabeln $a_1, a_2, \ldots, a_\varrho', A_1, A_2, A_1', A_2'$ anzusehen sind. In dem Ausdrucke (56) wollen wir uns alle Größen als Funktionen von

$$a_1, a_2, \ldots, a_\varrho, a'_1, \ldots, a'_\varrho, \; A_1, A_2, A'_1, A'_2$$

ausgedrückt denken. Ferner betrachten wir $a_1, a_2, \ldots, a_\varrho$ als konstant und integrieren bezüglich $a'_1, a'_2, \ldots, A'_2$ über alle möglichen Werte dieser Größen. Dadurch erhalten wir die Anzahl der Zusammenstöße, nach denen für eines der stoßenden Moleküle die Größen a zwischen den Grenzen (B) liegen, während sonst alles beliebig ist; also genau die mit $\mathrm{d}N'$ bezeichnete Größe. Es ist also

$$\mathrm{d}N' = \mathrm{d}a_1\,\mathrm{d}a_2 \ldots \mathrm{d}a_\varrho\,\Delta t$$

$$\times \int\int \ldots \frac{f(t, A_1 \ldots)\, f(t, A'_1 \ldots)}{\int S\,\mathrm{d}X \int S'\,\mathrm{d}X'} S S' S_1 \sigma l^2 \Gamma \sin\Theta \sin E$$

$$\times\, \mathrm{d}a'_1\,\mathrm{d}a'_2 \cdots \mathrm{d}a'_\varrho\,\mathrm{d}A_1\,\mathrm{d}A_2\,\mathrm{d}A'_1\,\mathrm{d}A'_1 . \qquad (57)$$

Wir wollen nun die rechte Seite der Gleichung (54) nach Potenzen von Δt entwickeln und bei der ersten Potenz stehen bleiben, was für sehr kleine Δt gestattet ist. Sie geht dann über in

$$\frac{\Delta f(t, a_1, a_2 \ldots)}{\partial t} \mathrm{d}a_1\,\mathrm{d}a_2 \cdots \mathrm{d}a_\varrho\; \Delta t = -\mathrm{d}n' + \mathrm{d}N' . \qquad (58)$$

Bevor ich hier die Werte von $\mathrm{d}n'$ und $\mathrm{d}N'$ substituiere, will ich noch an eine Relation erinnern, welche ich bereits in meiner Abhandlung „Über das Wärmegleichgewicht mehratomiger Gasmoleküle“ (Sitz.-Ber. Wiener Akad., Bd. **63**)[1]) bewiesen habe. Die in jener Abhandlung entwickelte Gleichung (19) lautet nämlich nach Einführung unserer Bezeichnungsweise:

$$\gamma \sin\vartheta \sin\varepsilon\,\mathrm{d}\xi_1\,\mathrm{d}\eta_1 \cdots \mathrm{d}\zeta_{r-1}\,\mathrm{d}u_1\,\mathrm{d}v_1 \cdots \mathrm{d}w_r\,\mathrm{d}\vartheta\,\mathrm{d}\omega$$

$$= \Gamma \sin\Theta \sin E\,\mathrm{d}\Xi_1\,\mathrm{d}H_1 \ldots \mathrm{d}\Omega ,$$

[1]) L. Boltzmann: Sitz.-Ber. Akad. Wiss. Wien **63** (1871) 379.

wenn $\Xi_1, H_1, \ldots$ die Werte von $\xi_1, \eta_1, \ldots$ im Momente des Endes des Zusammenstoßes bezeichnen. Führen wir in diese Gleichung zunächst $a_1, a_2, \ldots, a'_\varrho, x, x'$ statt $\xi_1, \eta_1, \ldots, w_r$ ein, so geht sie über in

$$ss'\,\gamma \sin\vartheta \sin\varepsilon \,\mathrm{d}a_1\,\mathrm{d}a_2 \cdots \mathrm{d}a'_\varrho\,\mathrm{d}x\,\mathrm{d}x'\,\mathrm{d}\vartheta\,\mathrm{d}\omega$$

$$= SS'\,\Gamma \sin\Theta \sin E\,\mathrm{d}A_1\,\mathrm{d}A_2 \cdots \mathrm{d}A'_\varrho\,\mathrm{d}X\,\mathrm{d}X'\,\mathrm{d}\Theta\,\mathrm{d}\Omega,$$

wobei s und S dieselben Bedeutungen wie früher haben. Führen wir ferner links $\mathrm{d}A_1, \mathrm{d}A_2, \mathrm{d}A'_1, \mathrm{d}A'_2$ statt $\mathrm{d}x, \mathrm{d}x', \mathrm{d}\vartheta, \mathrm{d}\omega$ ein und ähnlich rechts, so erhalten wir

$$ss'\,s_1\,\gamma \sin\vartheta \sin\varepsilon\,\mathrm{d}a_1\,\mathrm{d}a_2 \cdots \mathrm{d}a'_\varrho\,\mathrm{d}A_1\,\mathrm{d}A_2\,\mathrm{d}A'_1\,\mathrm{d}A'_2$$

$$= SS'\,S_1\;\Gamma \sin\Theta \sin E\,\mathrm{d}A_1\,\mathrm{d}A_2 \cdots \mathrm{d}A'_\varrho\,\mathrm{d}a_1\,\mathrm{d}a_2\,\mathrm{d}a'_1\,\mathrm{d}a'_2.$$

Führen wir auf der rechten Seite dieser Gleichung statt der Differentiale von $A_3, A_4, \ldots, A_\varrho, A'_3, \ldots, A'_\varrho$ wieder die von $a_3, a_4, \ldots, a_\varrho, a'_3, \ldots, a'_\varrho$ ein, so können wir durch alle Differentiale wegdividieren, und es bleibt uns nur noch:

$$ss'\,s_1\,\gamma \sin\vartheta \sin\varepsilon = SS'\,S_1\,\Gamma\,\sigma \sin\Theta \sin E \ldots \quad (59)$$

Nun wollen wir die Werte (53) und (57) für $\mathrm{d}n'$ und $\mathrm{d}N'$ in die Gleichung (58) substituieren. Dividieren wir dabei durch $\mathrm{d}a_1\,\mathrm{d}a_2 \ldots \mathrm{d}a_\varrho\,\Delta t$ weg, ziehen die beiden Integrale rechts in ein einziges zusammen und beachten endlich noch die Gleichung (59), so ergibt sich

$$\frac{\partial f(t, a_1, a_2, \ldots, a_\varrho)}{\partial t} = \iint \cdots \left[\frac{f(t, A_1, A_2, \ldots)\,f(t, A'_1, A'_2, \ldots)}{\int S\,\mathrm{d}X \int S'\,\mathrm{d}X'}\right.$$

$$\left. - \frac{f(t, a_1, a_2, \ldots)\,f(t, a'_1, a'_2, \ldots)}{\int s\,\mathrm{d}x \int s'\,\mathrm{d}x'}\right]$$

$$\times\, ss'\,s_1\,l^2\,\gamma \sin\vartheta \sin\varepsilon\,\mathrm{d}a'_1\,\mathrm{d}a'_2 \cdots \mathrm{d}a'_\varrho\,\mathrm{d}A_1\,\mathrm{d}A_2\,\mathrm{d}A'_1\,\mathrm{d}A'_2, \quad (60)$$

und dies ist als die Grundgleichung anzusehen, welche die

Veränderung der Funktion $f(t, a_1, a_2, \ldots)$ mit wachsender Zeit bestimmt. Alle Größen hat man sich hier als Funktionen der $2\varrho + 4$ den Zusammenstoß (außer seiner absoluten Lage im Raume) vollkommen bestimmenden Größen $a_1, a_2, \ldots, a_\varrho, \ldots, a'_1, \ldots, a'_\varrho$ A_1, A_2, A'_1, A'_2 ausgedrückt zu denken. $\int S \, \mathrm{d}X$ ist die Größe, welche man erhält, wenn man $\int s \, \mathrm{d}x$ als Funktion dieser $2\varrho + 4$ Variabeln ausdrückt; dann die kleinen und großen Buchstaben vertauscht, und schließlich wieder die $A_3, A_4, \ldots$ als Funktionen der $2\varrho + 4$ Variabeln ausdrückt, ebenso $\int S \, \mathrm{d}X'$. Man sieht sofort, daß diese Veränderung gleich Null ist, sobald der Ausdruck in der eckigen Klammer für alle Werte der Variabeln verschwindet; denn dann verschwindet notwendig auch das Integral, und dies ist nichts anderes, als was ich schon in der bereits zitierten Abhandlung über das Wärmegleichgewicht zwischen mehratomigen Gasmolekülen in einer etwas anderen Form gefunden. Allein hiermit ist noch nicht bewiesen, daß das Integral der linken Seite der Formel (60) nur verschwinden kann, wenn der Ausdruck unter dem Integralzeichen für alle Werte der Variabeln verschwindet. Es könnte vielmehr das Integral auch verschwinden, wenn der Ausdruck unter dem Integralzeichen bald positiv, bald negativ würde. Um diesen letzteren Beweis zu liefern, verfahren wir ganz in derselben Weise, wie wir dies früher in der Theorie des Verhaltens einatomiger Gasmoleküle taten. Da die Funktionaldeterminante s nur eine Funktion von $x, a_1, a_2, \ldots, a_\varrho$ ist und die Grenzen des Integrals $\int s \, \mathrm{d}x$ nur von den a abhängen, so folgt, daß letzteres Integral eine Funktion von $a_1, a_2, \ldots, a_\varrho$ ist. Es ist daher $f(t, a_1, a_2, \ldots) / \int s \, \mathrm{d}x$ eine Funktion von $t, a_1, a_2, \ldots, a_\varrho$, und wir wollen setzen:

$$\frac{f(t, a_1, a_2, \ldots, a_\varrho)}{\int s \, \mathrm{d}x} = \varphi(t, a_1, a_2, \ldots a_\varrho). \tag{61}$$

Ferner werde zur Abkürzung

$$s s' \, s_1 \, l^2 \gamma \sin \vartheta \sin \varepsilon = p$$

gesetzt. Dann können wir die Gleichung (13) etwas kürzer so schreiben:

$$\frac{\partial \varphi(t, a_1, a_2, \ldots)}{\partial t} \int s \, \mathrm{d}x = \int\int \cdots [\varphi(t, A_1, A_2, \ldots)$$

$$\times \varphi(t, A_1', A_2', \ldots) - \varphi(t, a_1, a_2, \ldots) \varphi(t, a_1', a_2', \ldots)]$$

$$\times p \, \mathrm{d}a_1', \mathrm{d}a_2' \cdots \mathrm{d}a_\varrho' \, \mathrm{d}A_1 \, \mathrm{d}A_2 \, \mathrm{d}A_1' \, \mathrm{d}A_2'. \qquad (62)$$

Die Größe p besitzt zwei Eigenschaften, die wir später benützen werden. Erstlich, sie ist symmetrisch bezüglich der Variabeln $a_1, a_2, \ldots, a_\varrho, A_1, A_2$ und $a_1', a_2', \ldots, a_\varrho'$, A_1', A_2', d. h., sie ändert ihren Wert nicht, wenn man gleichzeitig a_1' mit a_1 und umgekehrt; a_2' mit a_2 und umgekehrt usw. vertauscht. Denn hierdurch schreibt man bloß dem zweiten der zusammenstoßenden Moleküle den Zustand zu, den vor der Vertauschung das erste hatte, und umgekehrt, und es ist klar, daß sich hierdurch relative Geschwindigkeit usw. beider Moleküle nicht ändert. Daß aber das Produkt ss' und die Größe s_1 ebenfalls in dieser Weise symmetrisch sind, lehrt der bloße Anblick der Ausdrücke für diese Größen. Zweitens, p ist notwendig positiv; denn die durch die Formel (52) dargestellte Zahl $\mathrm{d}n$ kann nicht anders als positiv sein; dieselbe enthält aber nebst p lauter positive Faktoren (die Differentiale setzen wir ebenfalls durchweg positiv voraus), folglich muß p ebenfalls positiv sein. Setzen wir jetzt

$$E = \int\int \cdots \varphi(t, a_1, a_2, \ldots) \int s \, \mathrm{d}x \log \varphi(t, a_1, a_2, \ldots)$$

$$\times \mathrm{d}a_1 \, \mathrm{d}a_2 \cdots \mathrm{d}a_\varrho, \qquad (63)$$

wobei log wieder den natürlichen Logarithmus bezeichnet und die Integrationen über alle möglichen Werte der a zu erstrecken sind, so daß also E nur mehr eine Funktion der Zeit ist, und suchen den Differentialquotienten von E nach der Zeit t. Da die Grenzen der Integrale, durch welche E bestimmt ist, t nicht enthalten, so finden wir $\mathrm{d}E/\mathrm{d}t$, indem wir unter dem Integralzeichen nach t differentiieren, und zwar bloß insofern die Größen unter dem Integralzeichen t explizit enthalten, denn die a sind nichts anderes als die Variabeln, nach denen integriert werden soll. Wir wissen, daß $\int s\,\mathrm{d}x$ die Zeit auch nicht enthält; dieselbe ist also nur in $\varphi(t, a_1, a_2, \ldots)$ enthalten. Berücksichtigen wir noch, daß

$$\iint \cdots \varphi(t, a_1, a_2, \ldots) \cdot \int s\,\mathrm{d}x \cdot \mathrm{d}a_1\,\mathrm{d}a_2 \cdots \mathrm{d}a_\varrho$$

die Gesamtzahl der Moleküle in der Volumeinheit, also sein Differentialquotient nach t gleich Null ist, so erhalten wir

$$\frac{dE}{\mathrm{d}t} = \iint \cdots \frac{\partial \varphi(t, a_1, a_2, \ldots)}{\partial t} \log \varphi(t, a_1, a_2, \ldots)$$
$$\times \int s\,\mathrm{d}x \cdot \mathrm{d}a_1\,\mathrm{d}a_2 \cdots \mathrm{d}a_\varrho .$$

Substituieren wir hier für $\partial \varphi(t, a_1, a_2, \ldots)/\partial t$ seinen Wert aus Gleichung (62) und setzen kürzehalber

$$\varphi(t, a_1, a_2, \ldots) = \varphi; \quad \varphi(t, a_1', a_2', \ldots) = \varphi';$$
$$\varphi(t, A_1, A_2, \ldots) = \Phi; \quad \varphi(t, A_1', A_2', \ldots) = \Phi',$$

so ergibt sich

$$\frac{\mathrm{d}E}{\mathrm{d}t} = \iiint \cdots \log \varphi \cdot [\Phi\Phi' - \varphi\varphi']\, p\, \mathrm{d}a_1\,\mathrm{d}a_2 \cdots \mathrm{d}a_\varrho$$
$$\times\, \mathrm{d}a_1' \ldots \mathrm{d}a_\varrho'\,\mathrm{d}A_1\,\mathrm{d}A_2\,\mathrm{d}A_1'\,\mathrm{d}A_2'. \tag{64}$$

In dem bestimmten Integrale, welches die rechte Seite der Gleichung (64) bildet, können wir wieder die Variabeln, nach denen zu integrieren ist, bezeichnen, wie wir wollen. Wir können also z. B. $a_1, a_2, \ldots, A_2$ mit $a_1', a_2', \ldots, A_2'$ und umgekehrt vertauschen. Dadurch ändert sich weder p noch die Größe in der eckigen Klammer, nur $\log \varphi$ verwandelt sich in $\log \varphi'$, und wir erhalten also, wenn wir zum Schlusse auch noch die Integrationsordnung umkehren, so daß wieder in der alten Reihenfolge integriert wird:

$$\frac{dE}{dt} = \int\int \cdots \log \varphi' [\Phi\Phi' - \varphi\varphi'] \, p \, da_1 \, da_2 \ldots da'_\varrho \times dA_1 \, dA_2 \, dA'_1 \, dA'_2. \tag{65}$$

Nun wollen wir diejenigen a, welche in Formel (64) mit den kleinen lateinischen Buchstaben bezeichnet wurden, mit den großen und umgekehrt bezeichnen, so erhalten wir:

$$\frac{dE}{dt} = \int\int \cdots \log \Phi [\varphi\varphi' - \Phi\Phi'] P \, dA_1 \, dA_2 \ldots dA'_\varrho \times da_1 \, da_2 \, da'_1 \, da'_2 \tag{66}$$

wobei $P = SS' S_1 l^2 \Gamma \sin \Theta \sin E$ ist. Man erhält also P, indem man p als Funktion der $2\varrho + 4$ Größen $a_1, a_2, \ldots, a'_\varrho, A_1, \ldots, A'_2$ ausdrückt und dann die großen und kleinen Buchstaben vertauscht. Nun wissen wir aber, daß $A_3, A_4, \ldots, A_\varrho, A'_3, \ldots, A'_\varrho$ als Funktionen von $a_1, a_2, \ldots, a'_\varrho, A_1, A_2, A'_1$ und A'_2 ausgedrückt werden können. Wir können also in der Formel (66) statt der Differentiale von $A_3, A_4, \ldots, A_\varrho, A'_3, A_4{}', \ldots, A'_\varrho$ wieder die von $a_3, a_4, \ldots, a_\varrho, a'_3, \ldots, a'_\varrho$ einführen, was natürlich wieder bloß eine rein formelle Veränderung ist. Wir können ja unter dem Integralzeichen statt der Variabeln, nach denen die Integration zu geschehen hat, beliebige andere Funktionen derselben einführen, folglich auch, wenn wir wollen, diejenigen, welche uns früher $a_3, a_4, \ldots$ durch $A_3, A_4, \ldots$ ausdrückten. Dadurch geht die Gleichung (66) über in

$$\frac{dE}{dt} = \int\int \cdots \log \Phi [\varphi\varphi' - \Phi\Phi'] P \sigma \, da_1 \, da_2 \ldots da'_\varrho \times dA_1 \, dA_2 \, dA'_1 \, dA'_2$$

oder, wegen der Gleichung (59), in

$$\frac{dE}{dt} = \int\int \ldots \log \Phi [\varphi\varphi' - \Phi\Phi'] \, p \, da_1 \, da_2 \ldots d \, a'_\varrho \times dA_1 \, dA_2 \, dA'_1 \, dA'_2. \tag{67}$$

Die Integrationen sind in allen diesen Formeln über alle möglichen Werte der Variabeln zu erstrecken. Vertauschen wir hier endlich wieder $a_1, a_2, \ldots, A_2$ mit $a'_1, a'_2, \ldots, A'_2$, so ergibt sich

$$\frac{\mathrm{d}E}{\mathrm{d}t} = \int\int \cdots \log \Phi' \cdot [\varphi\varphi' - \Phi\Phi'] p \, \mathrm{d}a_1 \, \mathrm{d}a_2 \ldots \mathrm{d}a'_\varrho \times \mathrm{d}A_1 \, \mathrm{d}A_2 \, \mathrm{d}A'_1 \, \mathrm{d}A'_2. \tag{68}$$

Addieren wir nun die Gleichungen (64), (65), (67) und (68) und dividieren durch 4, so bekommen wir

$$\frac{\mathrm{d}E}{\mathrm{d}t} = \frac{1}{4} \int\int \cdots \log\left(\frac{\varphi\varphi'}{\Phi\Phi'}\right) \times [\Phi\Phi' - \varphi\varphi'] \, p \, \mathrm{d}a_1 \, \mathrm{d}a_2 \cdots \mathrm{d}A'_2 .$$

Da nun p immer positiv ist, so folgt aus diesem Ausdrucke sofort wieder, daß $\mathrm{d}E/\mathrm{d}t$ niemals positiv sein kann, also E selbst nur abnehmen oder konstant bleiben kann. Letzteres kann nur der Fall sein, wenn der Ausdruck in der eckigen Klammer, also

$$\varphi(t, a_1, a_2, \ldots, a_\varrho) \, \varphi(t, a'_1, a'_2, \ldots, a'_\varrho) - \varphi(t, A_1, A_2, \ldots, A_\varrho) \, \varphi(t, A'_1, A'_2, \ldots, A'_\varrho), \tag{69}$$

für alle Werte der Variabeln verschwindet. Es kann daher die Zustandsverteilung nicht periodisch zwischen gewissen Grenzen hin und her schwanken, und für die Grenze, der sie sich mit wachsender Zeit nähert, muß der Ausdruck (69) allgemein verschwinden.

Die Bedeutung der eben vorgenommenen Transformation der Gleichung (64) kann wie im Falle einatomiger Gasmoleküle durch Zerlegung des Integrals in eine Summe veranschaulicht werden. Setzen wir etwa

$$a_1 = b_1 \varepsilon, \quad a_2 = b_2 \varepsilon, \ldots, a'_\varrho = b'_\varrho \varepsilon, \quad A_1 = B_1 \varepsilon, \ldots,$$

wobei ε eine beliebige sehr kleine Größe, die b aber ganze

Zahlen sind; ferner

$$\varphi(t, a_1, a_2, \ldots) = w_{b_1 b_2 \ldots}, \quad \int s \, \mathrm{d}x = v_{b_1 b_2 \ldots},$$

$$\varepsilon^{\varrho+4} p = D^{b_1 b_2 \ldots b_1' b_2' \ldots}_{B_1 B_2 \ldots B_1' B_2' \ldots}.$$

Da D von allen Variabeln abhängt, so müssen ihm $2\varrho + 4$ Indizes gegeben werden; die übrigen Indizes wurden ihm der Symmetrie wegen beigefügt. Die v sind Konstanten, deren Wert im allgemeinen von den Indizes abhängt; die w sind Funktionen der Zeit. Das System der gewöhnlichen Differentialgleichungen, welche dann an die Stelle der Gleichung (64) treten, ist dann folgendes:

$$v_{b_1 b_2 \ldots} \frac{\mathrm{d} w_{b_1 b_2 \ldots}}{\mathrm{d}t} = \sum D^{b_1 b_2 \ldots b_1' b_2' \ldots}_{B_1 B_2 \ldots B_1' B_2' \ldots}$$

$$\times \left[w_{B_1 B_2 \ldots} w_{B_1' B_2' \ldots} - w_{b_1 b_2 \ldots} w_{b_1' b_2' \ldots} \right].$$

Die Summation ist über alle möglichen Werte der $b_1', b_2', \ldots, B_1, B_2, \ldots$ zu erstrecken. In der Gleichung (70) selbst können $b_1, b_2, \ldots, b_\varrho$ die verschiedensten Werte haben; sie repräsentiert uns daher ein System vieler Differentialgleichungen. Die Gleichung (59) lautet in unserer gegenwärtigen Bezeichnungsweise

$$D^{b_1 b_2 \ldots b_1' b_2' \ldots}_{B_1 B_2 \ldots B_1' B_2' \ldots} = D^{b_1' b_2' \ldots b_1 b_2 \ldots}_{B_1' B_2' \ldots B_1 B_2 \ldots} = D^{B_1 B_2 \ldots B_1' B_2' \ldots}_{b_1 b_2 \ldots b_1' b_2 \ldots},$$

und man findet aus derselben und dem Gleichungssystem (70) leicht, daß der Differentialquotient von

$$\sum v_{b_1 b_2 \ldots} w_{b_1 b_2 \ldots} \log w_{b_1 b_2 \ldots}$$

niemals positiv sein kann. Die Summation in diesem letzten Ausdrucke ist über alle möglichen Werte von $b_1, b_2, \ldots, b_\varrho'$ zu erstrecken. Diese Größe nimmt also beständig ab, bis

$$w_{b_1 b_2 \ldots} w_{b_1' b_2' \ldots} = w_{B_1 B_2 \ldots} w_{B_1' B_2' \ldots}$$

ist für alle möglichen Werte von $b_1, b_2, \ldots b'_\varrho$ und für alle mit diesen vereinbaren Werte von B_1, B_2, B'_1, B'_2. Denn D kann für keine Gruppe von Indizes, der mögliche Zustände der Moleküle entsprechen, gleich Null werden. Es müßte ja sonst ein Zusammenstoß die Wahrscheinlichkeit Null haben. Die durch die Gleichung (63) gegebene Größe E können wir noch etwas anders schreiben. Wir sahen, daß

$$f(t, a_1, a_2, \ldots) \mathrm{d}a_1 \, \mathrm{d}a_2 \cdots \mathrm{d}a_\varrho \frac{s \, \mathrm{d}x}{\int s \, \mathrm{d}x}$$

$$= \varphi(t, a_1, a_2, \ldots a_\varrho) \mathrm{d}a_1 \, \mathrm{d}a_2 \cdots \mathrm{d}a_\varrho \cdot s \, \mathrm{d}x$$

zur Zeit t die Zahl der Moleküle in der Volumeinheit ist, für welche die Bedingungen (B) und (D) erfüllt sind. Führen wir statt der Differentiale von $a_1, a_2, \ldots, a_\varrho$ die von $\xi_1, \eta_1, \ldots, \zeta_{r-1}, u_1, v_1, \ldots, w_r$ ein, so geht dieser Ausdruck über in

$$\varphi(t, a_1, a_2, \ldots, a_\varrho) \, \mathrm{d}\xi_1 \, \mathrm{d}\eta_1 \cdots \mathrm{d}\zeta_{r-1} \, \mathrm{d}u_1 \cdots \mathrm{d}w_r .$$

Denken wir uns jetzt wieder $a_1, a_2, \ldots, a_\varrho$ durch $\xi_1, \eta_1, \ldots, w_r$ ausgedrückt, so wird φ eine Funktion der letzten Variabeln. Es gehe $\varphi(t, a_1, a_2, \ldots, a_\varrho)$ in $F(t, \xi_1, \eta_1, \ldots, w_r)$ über, so daß also

$$F \, \mathrm{d}\xi_1 \, \mathrm{d}\eta_1 \cdots \mathrm{d}\zeta_{r-1} \, \mathrm{d}u_1 \cdots \mathrm{d}w_r$$

die Zahl der Moleküle in der Volumeinheit ist, für welche ξ_1 zwischen ξ_1 und $\xi_1 + \mathrm{d}\xi, \ldots, w_r$ zwischen w_r und $w_r + \mathrm{d}w_r$ liegt. Den Ausdruck für E können wir dann schreiben

$$E = \int\int \cdots F \log F s \, \mathrm{d}x \, \mathrm{d}a_1 \, \mathrm{d}a_2 \cdots \mathrm{d}a_\varrho$$

oder, wenn wir auch die Differentiale von $\xi_1, \eta_1, \ldots, w_r$ einführen,

$$E = \int\int \cdots F \log F \, \mathrm{d}\xi_1 \, \mathrm{d}\eta_1 \cdots \mathrm{d}\zeta_{r-1} \, \mathrm{d}u_1 \cdots \mathrm{d}w_r . \quad (71)$$

Ich bemerke noch, daß die Rechnung in derselben Weise geführt werden kann, wenn im Raume R mehrere Gattungen von Molekülen vorhanden sind. Bezeichnen wir die entsprechenden Größen für die zweite Gattung von Molekülen durch Beifügung eines Sternes usw., so kann dann die Größe

$$E = \int\int \cdots F \log F \, d\xi_1 \, d\eta_1 \ldots dw_r$$
$$+ \int\int \cdots F^* \log F^* \, d\xi_1^* d\eta_1^* \ldots dw_r^* + \ldots$$

niemals zunehmen.

V. Die Moleküle machen von einem Zusammenstoße bis zum nächsten nicht sehr viele Schwingungen

Im vorigen Abschnitte machte ich die Annahme, daß jedes Molekül von einem Zusammenstoße bis zum nächsten sehr viele Schwingungen macht. Es läßt sich jedoch auch, wenn dies nicht der Fall ist, mit Leichtigkeit beweisen, daß die durch die Gleichung (71) definierte Größe E nicht zunehmen kann. Es ist hier bequemer, wenn wir die Zahl der Moleküle in der Volumeinheit, für welche zur Zeit t die Variabeln $\xi_1, \eta_1, \ldots, w_r$ zwischen den Grenzen

$$\xi_1 \quad \text{und} \quad \xi_1 + d\xi_1, \ldots, w_r \quad \text{und} \quad w_r + dw_r \qquad \text{(L)}$$

liegen, mit $f(t, \xi_1, \eta_1, \ldots, w_r) \, d\xi_1 \, d\eta_1 \cdots dw_r$ bezeichnen; f sei also jetzt dieselbe Funktion, welche im vorigen Abschnitte F hieß. Es kann zunächst bewiesen werden, daß die Größe E durch die innere Bewegung der Atome in den Molekülen nicht verändert wird, daß sie also konstant bliebe, wenn die Moleküle nicht untereinander zusammenstießen. Es wären dann die Variabeln $\xi_1, \eta_1, \ldots, w_r$ durch die Differentialgleichungen bestimmt, welche wir die Bewegungsgleichungen eines Moleküls genannt haben. Infolge dieser Gleichungen sollen zur Zeit $t + \mathrm{d}t$ die Variabeln für diese und nur diese Moleküle, für die sie zur Zeit t zwischen den Grenzen (L) lagen, zwischen folgenden Grenzen liegen:

$$\xi_1' \text{ und } \xi_1' + \mathrm{d}\xi_1', \ldots, w_r' \text{ und } w_r' + \mathrm{d}w_r'. \qquad \text{(M)}$$

Ich habe bereits in der Abhandlung über das Wärmegleichgewicht zwischen mehratomigen Gasmolekülen[1]) gezeigt, daß man dann hat

$$\mathrm{d}\xi_1' \, \mathrm{d}\eta_1' \cdots \mathrm{d}w_r' = \mathrm{d}\xi_1 \, \mathrm{d}\eta_1 \cdots \mathrm{d}w_r.$$ [2])

Fänden keine Zusammenstöße statt, so lägen zur Zeit $t + \delta t$ genau für jene Moleküle die Variabeln zwischen den Grenzen (M), für welche sie zur Zeit t zwischen den Grenzen (L) lagen. Die Zahl der ersteren und letzteren Moleküle wäre daher gleich, weil beides ganz dieselben Moleküle wären. Nun ist aber die Zahl der Moleküle in der Volumeinheit, für welche zur Zeit $t + \delta t$ die Variabeln zwischen den Grenzen (M) liegen,

$$f(t + \delta t, \xi_1', \ldots, w_r') \, \mathrm{d}\xi_1' \cdots \mathrm{d}w_r';$$

die Zahl der Moleküle in der Volumeinheit aber, für welche zur Zeit t die Variabeln zwischen den Grenzen (L) liegen, ist

$$f(t, \xi_1, \ldots, w_r) \, \mathrm{d}\xi_1 \cdots \mathrm{d}w_r.$$

Es wäre also

$$f(t + \delta t, \xi_1', \ldots, w_r') \, \mathrm{d}\xi_1' \cdots \mathrm{d}w_r'$$
$$= f(t, \xi_1, \ldots, w_r) \, \mathrm{d}\xi_1 \ldots \mathrm{d}w_r.$$

(Wir setzen hier wieder voraus, daß die Zustandsvertei-

[1]) [L. Boltzmann: Sitz.-Ber. Akad. Wiss. Wien **63** (1871) 397.]

[2]) Wenn man mit endlichen Größen rechnen will, lautet diese Gleichung

$$\lim \frac{\mathrm{d}\xi_1' \, \mathrm{d}\eta_1' \cdots \mathrm{d}w_r'}{\delta t \, \mathrm{d}\xi_1 \, \mathrm{d}\eta_1 \cdots \mathrm{d}w_r} = 1.$$

lung eine gleichförmige an allen Stellen des Gases sei.) Mit Rücksicht auf die Gleichung (72) erhalten wir

$$f(t+\delta t, \xi_1', \ldots, w_r') = f(t, \xi_1, \ldots, w_r),$$

also auch

$$f' \log f' \,\mathrm{d}\xi_1' \,\mathrm{d}\eta_1' \cdots \mathrm{d}w_r' = f \log f \,\mathrm{d}\xi_1 \cdots \mathrm{d}w_r, \qquad (73)$$

wenn wir f für $f(t, \xi_1, \ldots, w_r)$; f' für $f(t+\delta t, \xi_1', \ldots, w_r')$ schreiben. Da die Gleichung (73) für jedes System von Differentialen besteht, so erhalten wir auch gleiche Ausdrücke, wenn wir beiderseits über alle möglichen Werte der Variabeln integrieren. Es ist also

$$\int\int \cdots f' \log f' \,\mathrm{d}\xi_1' \cdots \mathrm{d}w_r' = \int\int \cdots f \log f \,\mathrm{d}\xi_1 \cdots \mathrm{d}w_r,$$

wobei beiderseits über alle möglichen Werte der Variabeln zu integrieren ist, weshalb es gleichgültig ist, wie die Integrationsvariabeln bezeichnet werden. Man könnte daher auch schreiben:

$$\int\int \cdots f(t+\delta t, \xi_1, \ldots, w_r) \log f(t+\delta t, \xi_1, \ldots, w_r) \,\mathrm{d}\xi_1 \cdots \mathrm{d}w_r$$
$$= \int\int \cdots f \log f \,\mathrm{d}\xi_1 \cdots \mathrm{d}w_r.$$

Hier ist die Größe rechts der Wert des E zur Zeit $t+\delta t$, die links der Wert des E zur Zeit t. Beide sind also gleich. Die Größe E würde also ihren Wert gar nicht ändern, wenn sich die Atome der Moleküle ihren Bewegungsgleichungen gemäß bewegten, ohne daß die Moleküle untereinander zusammenstießen. Es handelt sich noch darum, zu finden, um wieviel sich die Größe E infolge der Zusammenstöße verändert. Wenn dann δt sehr klein genommen wird, so ist die Gesamtveränderung der Größe E die Summe der Einzelveränderungen. Bezeichnen wir den Zuwachs, welchen E durch die Zusammenstöße erfährt, mit δE, so ist zunächst

$$\delta E = \int\int \cdots \log f \,\delta f \,\mathrm{d}\xi_1 \cdots \mathrm{d}w_r, \qquad (74)$$

wobei δf der Zuwachs ist, den f während der Zeit δt durch die Zusammenstöße erfährt, so daß die Zahl (δN) der Moleküle, welche während der Zeit δt in der Volumeinheit den Zustand (L) durch die Zusammenstöße gewinnen, um $\delta f \, d\xi_1 \, d\eta_1 \cdots dw_r$ größer ist als die Zahl (δn) der Moleküle, welche während derselben Zeit durch die Zusammenstöße diesen Zustand verlieren, daß also

$$\delta N - \delta n = \delta f \, d\xi_1 \, d\eta_1 \cdots dw_r \tag{75}$$

ist. Ein Molekül hat den Zustand (L), ist dabei ein abgekürzter Ausdruck statt des längeren: Die den Zustand bestimmenden Variabeln $\xi_1, \eta_1, \ldots, w_r$ liegen für dieses Molekül zwischen den Grenzen (L). Ich nehme wieder an, der Zusammenstoß zweier Moleküle beginne, wenn die Schwerpunkte derselben in die Distanz l gelangen. Der Winkel zwischen der Verbindungslinie beider Schwerpunkte und der x-Achse heiße wieder ϑ, der zwischen der xy-Ebene und einer parallel jener Verbindungslinie durch die x-Achse gelegten Ebene ω. Dann ist die Zahl der Zusammenstöße in der Volumeinheit während der Zeit δt, für welche im Momente des Beginnes die Variabeln ϑ und ω

$$\text{zwischen } \vartheta \text{ und } \vartheta + d\vartheta, \ \omega \text{ und } \omega + d\omega, \tag{N}$$

ferner die Variabeln $\xi_1, \eta_1, \ldots, w_r$ für das eine stoßende Molekül zwischen den Grenzen (L), für das andere aber zwischen irgendwelchen anderen Grenzen, z. B

$$\xi_1' \text{ und } \xi_1' + d\xi_1', \ldots, w_r' \text{ und } w_r' + dw_r \tag{P}$$

liegen,

$$f \, d\xi_1 \cdots dw_r f' \, d\xi_1' \cdots dw_r' \, g l^2 \sin\vartheta \, d\vartheta \, d\omega \, \delta t,$$

wobei g die relative Geschwindigkeit der Schwerpunkte der Moleküle ist. Für alle diese und nur diese Moleküle sollen im Momente des Endes des Stoßes ϑ und ω zwischen den Grenzen

$$\Theta \text{ und } \Theta + \mathrm{d}\Theta, \ \Omega \text{ und } \Omega + \mathrm{d}\Omega, \qquad (\mathrm{N}^*)$$

ferner die Variabeln $\xi_1, \eta_1, \ldots, w$ für das erste Molekül zwischen den Grenzen

$$\Xi_1 \text{ und } \Xi_1 + \mathrm{d}\Xi_1, \ldots, W_r \text{ und } W_r + \mathrm{d}W_r, \qquad (\mathrm{L}^*)$$

für das andere aber zwischen den Grenzen

$$\Xi_1' \text{ und } \Xi_1' + \mathrm{d}\Xi_1', \ldots, W_r' \text{ und } W_r' + \mathrm{d}W_1' \qquad (\mathrm{P}^*)$$

liegen. Durch jeden dieser Zusammenstöße verliert ein Molekül den Zustand (L). Im ganzen verlieren daher in der Volumeinheit während der Zeit δt

$$\delta n = f\, \mathrm{d}\xi_1 \cdots \mathrm{d}w_r\, \delta t \iint \ldots f'\, \mathrm{d}\xi_1' \cdots \mathrm{d}w_r'\, g l^2 \times \sin\vartheta\, \mathrm{d}\vartheta\, \mathrm{d}\omega$$

Moleküle den Zustand (L), wobei wieder die Integrationen über alle möglichen Werte der Differentiale zu erstrecken sind. Die Anzahl der Zusammenstöße, welche während der Zeit δt in der Volumeinheit so geschehen, daß im Momente ihres Beginnes die Variabeln zwischen den Grenzen (L*), (N*) und (P*) liegen, ist

$$\delta \nu = F\, \mathrm{d}\Xi_1 \cdots \mathrm{d}W_r F'\, \mathrm{d}\Xi_1' \ldots \mathrm{d}W_r'\, G l^2 \times \sin\Theta\, \mathrm{d}\Theta\, \mathrm{d}\Omega\, \delta t. \qquad (76)$$

Für alle diese Zusammenstöße liegen die Variabeln im Momente des Endes zwischen den Grenzen (L), (N) und (P), weil diese Zusammenstöße gerade umgekehrt wie die früher betrachteten verlaufen.[1]) Da die Variabeln

$$\Xi_1, \ldots, W_r, \ \Xi_1', \ldots, W_r', \ \Theta, \ \Omega \qquad (\mathrm{R})$$

[1]) Natürlich sind beim Vergleich des Endzustandes eines Zusammenstoßes mit dem Anfangszustande eines anderen die Plätze der Schwerpunkte beider Moleküle zu vertauschen, weil sich dieselben zu Anfang gegeneinander, zu Ende aber voneinander bewegen.

Funktionen von

$$\xi_1, \ldots, w_r, \xi_1', \ldots, w_r', \vartheta, \omega \tag{Q}$$

sind, so kann man in den Ausdruck (76) statt der ersteren auch die letzteren Variabeln einführen. Es wird dann

$$G \sin \Theta \, d\Xi_1 \cdots dW_r' \, d\Theta \, d\Omega = g \sin \vartheta \, d\xi_1 \ldots dw_r' \, d\vartheta \, d\omega,$$

wie aus dem allgemeinen Theoreme folgt, das ich im zweiten Abschnitte meiner Abhandlung „Über das Wärmegleichgewicht zwischen mehratomigen Gasmolekülen" bewiesen habe. Infolgedessen wird

$$\delta\nu = F F' \, d\xi_1 \cdots dw_r' \sin \vartheta g l^2 \, d\vartheta \, d\omega \, \delta t. \tag{77}$$

Im obigen wurde F, F', f' für $f(t, \Xi_1, \ldots, W_r)$, $f(t, \Xi_1' \ldots, W_1')$, $f(t_1', \xi', \ldots, w_r')$ geschrieben. G ist die Größe, die man erhält, wenn man in g die Variabeln (Q) mit den Variabeln (R) vertauscht. Im Ausdrucke (77) hat man sich überall die Variabeln (R) als Funktionen der Variabeln (Q) ausgedrückt zu denken. Integrieren wir denselben bezüglich $\xi_1', \ldots, w_r', \vartheta, \omega$ über alle möglichen Werte, so erhalten wir die Zahl aller Moleküle, welche in der Volumeinheit während der Zeiteinheit durch die Zusammenstöße den Zustand (L) gewinnen, also die Zahl, die schon früher mit δN bezeichnet wurde. Es ist also

$$\delta N = d\xi_1 \cdots dw_r \, \delta t \int\int \cdots F F' g l^2 \sin \vartheta \, d\xi_1' \cdots dw_r' \, d\vartheta \, d\omega.$$

Setzen wir diese Werte für δn und δN in die Gleichung (75) ein, so erhalten wir

$$\delta f = \delta t \int\int \cdots (F F' - f f') \, g l^2 \sin \vartheta \, d\xi_1' \cdots dw_r' \, d\vartheta \, d\omega$$

und, wenn wir dies in die Gleichung (74) substituieren,

$$\delta E = \delta t \int\int \cdots \log f (F F' - f f') \times g l^2 \sin \vartheta \, d\xi_1 \cdots dw_r' \, d\xi_1' \cdots dw_r' \, d\vartheta \, d\omega.$$

Die Verwechselung des ersten und zweiten der zusammenstoßenden Moleküle liefert wie früher

$$\delta E = \delta t \iint \cdots \log f' (F F' - f f') g l^2 \sin \vartheta$$
$$\times \, d\xi_1 \ldots dw_r \, d\xi_1' \cdots dw_r' \, d\vartheta \, d\omega .$$

Führen wir in den beiden letzten Gleichungen statt der Integrationsvariabeln (Q) die Variabeln (R) ein, was immer möglich ist, da man in einem bestimmten Integrale statt der Integrationsvariabeln beliebige Funktionen derselben einführen kann, und vertauschen dann die großen und kleinen Buchstaben, was wieder erlaubt ist, da man in einem bestimmten Integrale die Variabeln bezeichnen kann, wie man will, so erhält man die beiden Gleichungen

$$\delta E = - \delta t \iint \cdots \log F \, (F F' - f f') g l^2 \sin \vartheta$$
$$\times \, d\xi_1 \cdots dw_r' \, d\vartheta \, dw,$$
$$\delta E = - \delta t \iint \cdots \log F' (F F' - f f') g l^2 \sin \vartheta$$
$$\times \, d\xi_1 \cdots dw_r \, d\vartheta \, d\omega .$$

(Dabei ist zu berücksichtigen, daß die Variabeln (R) dieselben Funktionen der (Q) wie umgekehrt die (Q) von den (R) sind.) Die Addition aller dieser vier Gleichungen aber liefert

$$\delta E = \frac{1}{4} \delta t \iint \cdots \log \left(\frac{f f'}{F F'} \right) (F F' - f f') g l^2 \sin \vartheta$$
$$\times \, d\xi_1 \cdots dw_r \, d\vartheta \, d\omega ,$$

woraus wieder ersichtlich ist, daß die Größe E durch die Zusammenstöße nur abnehmen kann, und da sie durch die Bewegung der Atome in den Molekülen nicht verändert wird, so folgt, daß sie auch im ganzen nur abnehmen kann.

Wenn die Zustandsverteilung zu Anfang der Zeit keine gleichförmige war, so enthält die Funktion f auch die

Koordinaten x, y, z derjenigen Stelle des Gases, für welche sie die Geschwindigkeitsverteilung darstellt. Alsdann tritt an die Stelle von E ein etwas allgemeinerer Ausdruck. Wenn

$$f(t, x, y, z, \xi_1, \eta_1, \ldots, w_r)\, \mathrm{d}x\, \mathrm{d}y\, \mathrm{d}z\, \mathrm{d}\xi_1 \cdots \mathrm{d}w_r$$

die Zahl der Moleküle ist, welche sich zur Zeit t im Volumelemente $\mathrm{d}x\, \mathrm{d}y\, \mathrm{d}z$ mit den Koordinaten x, y, z befinden und für welche die den Zustand bestimmenden Variabeln zwischen den Grenzen (L) liegen, so kann die Größe

$$E = \int\int \cdots f \log f \cdot \mathrm{d}x\, \mathrm{d}y\, \mathrm{d}z\, \mathrm{d}\xi_1 \cdots \mathrm{d}w_r \tag{78}$$

nicht zunehmen. Um hierfür den Beweis zu liefern, wollen wir das Problem noch etwas allgemeiner auffassen. Gesetzt, wir hätten sehr viele Systeme materieller Punkte (Moleküle). Jedes derselben bestehe aus r materiellen Punkten $m_1, m_2, \ldots, m_r$ (die m sollen zugleich die Massen derselben sein). Die Masse m_1 sei für alle Systeme gleich; ebenso die Masse m_2 usw. x_1, y_1, z_1 seien die Koordinaten, u_1, v_1, w_1 die Geschwindigkeitskomponenten von m_1. Analoge Bedeutung haben $x_2, y_2, \ldots$; und zwar ist es gleichgültig, ob der Koordinatenanfangspunkt für die verschiedenen Systeme derselbe oder verschieden ist. Die Kräfte, welche auf irgendeinen der materiellen Punkte wirken, seien solche Funktionen der Koordinaten $x_1, y_1, z_1, x_2, \ldots, z_r$, daß eine Kraftfunktion existiert, und zwar sei diese Kraftfunktion für alle Systeme dieselbe Funktion von $x_1, y_1, \ldots, z_r$. Bezeichnen wir dann wieder mit $f(t, x_1, y_1, z_1, \ldots, w_r)\, \mathrm{d}x_1\, \mathrm{d}y_1 \cdots \mathrm{d}w_r$ die Anzahl der Systeme, für welche die Variabeln $x_1, y_1, z_1, x_2, \ldots, z_r, u_1, \ldots, w_r$ zwischen den Grenzen

$$x_1 \text{ und } x_1 + \mathrm{d}x_1, \ldots, w_r \text{ und } w_r + \mathrm{d}w_r \tag{S}$$

liegen, und setzen

$$E = \int\int \cdots f \log f\, \mathrm{d}x_1\, \mathrm{d}y_1 \cdots \mathrm{d}w_r, \tag{79}$$

so kann genau wie früher bewiesen werden, daß sich die Größe E durch die Bewegung der materiellen Punkte der Systeme nicht ändert, solange zwischen denselben nur die inneren Kräfte des betreffenden Systems tätig sind. Es soll nun auch zwischen den materiellen Punkten verschiedener Systeme Wechselwirkung stattfinden, und zwar soll die zwischen je zwei Punkten tätige Kraft Funktion ihrer Entfernung sein und in der Richtung ihrer Verbindungslinie wirken. Die Bedingungen, wann die Wechselwirkung zweier verschiedener Systeme beginnt, sollen so sein, daß niemals (oder doch nur höchst selten) drei Systeme gleichzeitig in Wechselwirkung kommen. Sonst aber können sie beliebig sein. (Es kann, um ein Beispiel zu geben, die Wechselwirkung zweier Systeme eintreten, so oft ein materieller Punkt des einen irgendeinem des anderen ungewöhnlich nahe kommt.) Die Anzahl der Paare von Systemen, welche während der Zeit δt so in Wechselwirkung kommen, daß im Momente des Beginnes der Wechselwirkung die den Zustand bestimmenden Variabeln für das eine System zwischen den Grenzen (S), für das andere aber zwischen den Grenzen

$$x_1' \text{ und } x_1' + \mathrm{d}x_1', \ldots, w_r' \text{ und } w_r' + \mathrm{d}w_1'$$

liegen, ist dann wieder

$$f(t, x_1 \cdots w_r)\, f(t, x_1' \cdots w_r')\, \mathrm{d}x_1 \cdots \mathrm{d}w_r\, \mathrm{d}x_1' \cdots \mathrm{d}w_r'\, \delta t \cdot \varphi. \quad (80)$$

φ ist eine Funktion der relativen Lage und der Geschwindigkeiten der Atome beider Systeme. Berücksichtigt man, daß diese Funktion wieder die allgemeine durch die Gleichung (19) meiner Abhandlung „Über das Wärmegleichgewicht mehratomiger Gasmoleküle" ausgedrückte Eigenschaft besitzen muß, so kann man ganz wie früher beweisen, daß die Größe E durch die Wechselwirkung der verschiedenen Systeme nur abnehmen kann. Der Beweis kann auch geführt werden, wenn nicht alle Systeme gleich beschaffen sind, sondern wenn sie zwei oder mehreren Gattungen angehören, aber von jeder

Gattung sehr viele Individuen vorhanden sind. (Man übersieht sofort, daß ein Gemisch von Gasmolekülen mit ungleichförmiger Geschwindigkeitsverteilung nur ein spezieller Fall hiervon ist.) Wenn die Kraftfunktion den Wert gz hat, findet man für einatomige Gasmoleküle

$$f = A\,\mathrm{e}^{-h\left(gz + \frac{mc^2}{2}\right)}.$$

Die bekannten Formeln für das barometrische Höhenmessen sowie alle aerostatischen erweisen sich also ebenfalls als spezielle Fälle der Formeln für das Wärmegleichgewicht.

VI. Auflösung der Gleichung (81) und Berechnung der Entropie

Wir haben bewiesen, daß für mehratomige Gasmoleküle im Falle des Gleichgewichtes der lebendigen Kraft der Ausdruck (69) verschwinden muß, daß also für dasselbe

$$\begin{aligned} &\varphi(a_1, a_2, \ldots)\,\varphi(a_1', a_2', \ldots) \\ &- \varphi(A_1, A_2, \ldots)\varphi(A_1', A_2', \ldots.) = 0 \end{aligned} \tag{81}$$

sein muß für alle möglichen Werte der Variabeln

$$a_1, a_2, \ldots, a_1', a_2', \ldots, A_1, A_2, \ldots, A_1', A_2', \ldots, A_\varrho'. \tag{82}$$

Es handelt sich noch darum, eine Funktion φ zu finden, welche diese Gleichung erfüllt. Es ist klar, daß, wenn λ die gesamte in einem Moleküle enthaltene lebendige Kraft und Arbeit, A und h Konstanten sind, der Wert $\varphi = A\mathrm{e}^{-h\lambda}$ notwendig die Gleichung (81) erfüllt. Es ist dies die Lösung des Problemes, welche ich schon in der Abhandlung „Über das Wärmegleichgewicht mehratomiger Gasmoleküle“ fand. Allein es wäre noch der Beweis zu liefern, daß dies die einzig mögliche Lösung der Gleichung (81) ist. Während dieser Beweis für einatomige Gasmoleküle der allerleichteste Schritt ist, so ist er hier unstreitig der schwierigste, da es hier nicht möglich ist, die verschiedenen Gleichungen, welche die Werte der Variabeln vor und nach dem Stoße miteinander verbinden, wirklich allgemein anzugeben. Doch läßt sich wenigstens für zweiatomige Moleküle unter Voraussetzung einer bestimmten Art der Wechselwirkung der Moleküle während des Zusammenstoßes beweisen, daß es die einzig mögliche Lösung ist. Nehmen wir an, jedes Molekül bestehe aus zwei Atomen. r sei ihre Distanz, $(m/2)\chi'(r)$ die Kraft, mit der sie sich anziehen, wenn das Molekül mit keinem anderen im Zusammenstoße begriffen ist, so daß $(m/2)\chi(r)$ die Kraftfunktion ist. Damit die Formeln nicht zu weitläufig werden, nehme ich an, daß alle Atome gleiche Massen haben (der allgemeinere Fall kann dann sofort in ganz analoger Weise berechnet werden). Die Summe des Wertes der Kraftfunktion und der lebendigen Kraft beider Atome eines Moleküls bleibt von einem Zusammenstoße bis zum nächsten konstant. Bezeichnen wir die Größe, welche man erhält, wenn man diese Summe mit der halben Masse eines Atoms dividiert, mit a, das vierfache Geschwindigkeitsquadrat des Schwerpunktes des Moleküls mit b und den vierfachen Flächenraum, den der vom Schwerpunkte zu einem Atome gezogene Radiusvektor in der Zeiteinheit zurücklegt, mit c, so sind a, b, c die einzigen die Natur der Atombahn bestimmenden Integrationskonstanten. Die übrigen bestimmen bloß deren Lage im Raume. Man kann durch die Verbindungslinie der beiden Moleküle eine Ebene so legen, daß die Geschwindigkeitskomponente w senkrecht zu dieser Ebene für beide Atome gleich ist. Diese Ebene soll die Bahnebene heißen. α sei ihr Winkel mit irgendeiner fixen Ebene, β der Winkel zwischen ihrer Durchschnittslinie mit der fixen Ebene und einer in der fixen Ebene gezogenen fixen Geraden. γ sei der Winkel, welchen diejenige Geschwindigkeitskomponente des Schwerpunktes des Moleküls, welche parallel der Bahnebene ist, δ der Winkel, welchen die Apsidenlinie der Bahnkurve der Atome bei ihrer Bewegung um den Schwerpunkt mit der Durchschnittslinie der Bahnebene und der fixen Ebene einschließen. Das Gas sei nach allen Richtungen gleich beschaffen; von einem Zusammenstoße eines Moleküls bis zum nächsten sollen sehr viele Maxima und Minima der Entfernung seiner Atome (Apsidenstellungen) eintreten. Endlich soll der Winkel zweier sich folgender Apsidenlinien in keinem rationalen Verhältnisse zu π stehen (mit Ausnahme unendlich weniger spezieller Bahnformen). Dann sind a, b, c, w, α, β, δ die im vorigen Abschnitte mit $a_1, a_2, \ldots, a_\varrho$ bezeichneten Integrationskonstanten, r ist gleich 2, $\varrho = 6r - 4 = 8$, die Größe $\varphi(a_1, a_2, \ldots, a_\varrho)\, \mathrm{d}a_1 \ldots \mathrm{d}a_\varrho$ muß dann die Form

$$\varphi(a, b, c, w) \sin\alpha \, \mathrm{d}a \, \mathrm{d}b \, \mathrm{d}c \, \mathrm{d}w \, \mathrm{d}\alpha \, \mathrm{d}\beta \, \mathrm{d}\gamma \, \mathrm{d}\delta$$

haben. Infolge der Gleichberechtigung aller Richtungen im Raume kann φ die Winkel α, β, γ nicht enthalten. Infolge unserer Annahme über die Apsidenlinien sind auch alle Werte des δ gleichberechtigt. Wir wollen jetzt bloß solche Zusammenstöße der Betrachtung unterziehen, bei denen w und die Bahnebene für beide zusammenstoßende Moleküle identisch sind. Die Gleichung (81) muß für alle Zusammenstöße, also auch für diese gelten. Nun wird aber α durch die Zusammenstöße nicht verändert, die Gleichung (81) verwandelt sich daher in

$$\begin{aligned} &\varphi(a, b, c, w) \cdot \varphi(a', b', c', w') \\ &= \varphi(A, B, C, w) \cdot \varphi(A', B', C', w'). \end{aligned} \tag{83}$$

Wir wollen noch eine spezielle Annahme über die Wechselwirkung zweier Moleküle während des Zusammenstoßes machen. Der Stoß zweier Moleküle soll darin bestehen, daß ein Atom des einen Moleküls sich mit einem des anderen wie elastische Kugeln stößt. (Wir bezeichnen die zusammenstoßenden Atome als die ersten der betreffenden Moleküle.) Legen wir jetzt parallel der Verbindungslinie der Zentren der stoßenden Atome im Momente des Stoßes eine fixe x-Achse (jene Verbindungslinie soll in die Bahnebene fallen) und senkrecht darauf, aber parallel der Bahnebene eine fixe y-Achse. Im Momente des Beginnes des Zusammenstoßes seien u, v die Geschwindigkeitskomponenten des ersten Atoms des ersten der beiden stoßenden Moleküle in der Richtung dieser beiden Koordinatenachsen; ξ, η die Koordinaten desselben bezüglich eines Systems, das seinen Ursprung im Schwerpunkte des Moleküls hat und dessen Achsen parallel unseren fixen sind. u_1, v_1 seien die Geschwindigkeitskomponenten des zweiten Atoms des ersten Moleküls. Die Bezeichnung der auf das andere Molekül und auf den Moment des Endes des Zusammenstoßes bezüglichen Größen leiten wir hieraus in der immer gebrauchten Weise ab. Dann ist

$$\left.\begin{aligned} a &= u^2 + v^2 + u_1^2 + v_1^2 + 2w^2 + \chi, \\ b &= (u + u_1)^2 + (v + v_1)^2 + 4w^2, \\ a' &= u'^2 + v'^2 + u_1'^2 + v_1'^2 + 2w'^2 + \chi', \\ b' &= (u' + u_1')^2 + (v' + v_1')^2 + 4w'^2. \end{aligned}\right\} \quad (84)$$

Durch den Zusammenstoß kehren sich bloß die x-Komponenten der Geschwindigkeit der stoßenden Atome um; es ist also $U = u'$, $U' = u$; alle anderen großen Buchstaben haben denselben Wert wie die entsprechenden kleinen. Es ist also

$$\left.\begin{aligned} A &= u'^2 + v^2 + u_1^2 + v_1^2 + 2w^2 + \chi, \\ B &= (u' + u_1)^2 + (v + v_1)^2 + 4w^2, \\ A' &= u^2 + v'^2 + u_1'^2 + v_1'^2 + 2w'^2 + \chi', \\ B' &= (u + u_1')^2 + (v' + v_1')^2 + 4w'^2. \end{aligned}\right\} \quad (85)$$

Wir wollen nun zeigen, daß, wenn beliebige Werte der Größen

$$a, b, c, a', b', c', w, w' \quad (86)$$

gegeben sind, diejenigen von den den Zustand des Systems im Momente des Beginnes des Zusammenstoßes definierenden Größen u, v, ξ, ..., welche hierdurch noch nicht bestimmt sind, immer so gewählt werden können, daß gegebene Werte von

$$A, B, C, A', B', C' \tag{87}$$

nach dem Stoße zum Vorschein kommen, wenn nur die Größen (86) und (87) die einzige Bedingung

$$a + a' = A + A', \tag{88}$$

also die Gleichung der lebendigen Kraft erfüllen, daß also zwischen den Größen (86) und (87) keine andere als diese Gleichung besteht.

Setzen wir zur Abkürzung

$$b - a - B + A = g, \qquad b' - a' - B' + A' = g',$$

so sind g und g' ebenfalls gegebene Größen.

Wir finden

$$g = 2u_1(u - u'), \qquad g' = 2u_1'(u' - u),$$

daraus

$$u' = u - \frac{g}{2u_1}, \qquad u_1' = -\frac{g'}{g}u_1 \tag{89}$$

und folglich

$$\left.\begin{aligned} b - B &= (u + u_1)^2 - \left(u - \frac{g}{2u_1} + u_1\right)^2, \\ b' - B' &= \left(u - \frac{g}{2u_1} - \frac{g'}{g}u_1\right)^2 - \left(u - \frac{g'}{g}u_1\right)^2. \end{aligned}\right\} \tag{90}$$

Aus den beiden letzten Gleichungen folgt

$$b - B + b' - B' = g + g',$$

also die Gleichung der lebendigen Kraft. Diese muß erfüllt sein. Man kann dann u_1 willkürlich wählen. Die andere Gleichung (90) bestimmt u quadratisch, die Gleichungen (89) aber bestimmen u' und u_1'. Die Gleichungen (89) und (90) aber ersetzen vier der Gleichungen (84) und (85) vollkommen. Es bleiben noch die vier anderen übrig. Dazu kommen aber die Gleichungen für die c. Sie lauten:

$$\left.\begin{aligned} c &= \xi(v - v_1) - \eta(u - u_1), \\ c' &= \xi'(v' - v_1') - \eta'(u' - u_1'), \\ C &= \xi(v - v_1) - \eta(u' - u_1), \\ C' &= \xi'(v' - v_1') - \eta'(u - u_1'), \end{aligned}\right\} \quad (91)$$

woraus folgt

$$\eta = \frac{c - C}{u' - u}, \qquad \eta' = -\frac{c' - C'}{u' - u},$$

was wieder zwei der Gleichungen (91) ersetzt und η und η' bestimmt. Es bleiben noch vier der Gleichungen (84) und (85) und zwei der Gleichungen (91) zu erfüllen, also z. B.

$$\left.\begin{aligned} v^2 + v_1^2 &= a - u^2 - u_1^2 - 2w^2 - \chi, \\ (v + v_1)^2 &= b - (u + u_1)^2 - 4w^2, \\ v - v_1 &= \frac{1}{\xi}[c + \eta(u - u_1)]; \end{aligned}\right\} \quad (92)$$

$$\left.\begin{aligned} v'^2 + v_1'^2 &= a' - u'^2 - u_1'^2 - 2w'^2 - \chi', \\ (v' + v_1')^2 &= b' - (u' + u_1')^2 - 4w'^2, \\ v' - v_1' &= \frac{1}{\xi}[c' + \eta(u - u_1)], \end{aligned}\right\} \quad (93)$$

in welchen Gleichungen auch die u und η als gegeben zu betrachten sind, weil wir sie durch gegebene Größen ausdrückten. Eliminiert man aus den Gleichungen (92) die v, so bleibt eine einzige Gleichung für ξ, welche dann auch die v zu bestimmen gestattet; ebenso bestimmt man aus den Gleichungen (93) ξ', v und v_1'. Wenn also nun die Gleichung (88) erfüllt ist, so können wir jede der Variabeln $\xi, \eta, u, v, \ldots$ gesondert durch die gegebenen Größen

$$a, b, c, w, a', b', c', w', A, B, C, A', B', C' \qquad \text{(T)}$$

ausdrücken; zwischen den letzteren kann also nur die Gleichung (88) bestehen. Die Gleichung (85) muß also für alle Werte der Variabeln (T), welche die Gleichung (88) befriedigen, erfüllt sein. Es muß also φ die Form $A\,e^{-h\lambda}$ haben. Daß auch w in φ nicht vorkommen darf, beweist man leicht aus den übrigen Zusammenstößen. Da schon bei den eben betrachteten Zusammenstößen u_1 völlig willkürlich war und bei Betrachtung aller Zusammenstöße natürlich noch mehr willkürliche Größen hineinkommen, so ist es nicht wahrscheinlich, daß für andere Wirkungsgesetze während des Zusammenstoßes andere Lösungen möglich werden. Doch weiß ich vorläufig kein anderes Mittel des Beweises, als daß man jedes Wirkungsgesetz speziell behandelt.

Indem wir als sehr wahrscheinlich annehmen, daß für den Fall des Wärmegleichgewichtes die Funktion φ immer die Form $A\,e^{-h\lambda}$ haben muß, können wir jetzt die Größe E für Körper berechnen, zwischen deren Atomen sich bereits das Wärmegleichgewicht hergestellt hat. Als den allgemein gültigen Wert für E (aus dem nicht gewisse, wegen der speziellen Natur des Problems konstante Größen weggelassen wurden) bezeichneten wir den Wert (79).

Würden wir denselben als Entropie bezeichnen, so hätte dies jedoch den Übelstand, daß die Gesamtentropie zweier Körper durch eine Konstante der Summe der Entropie beider einzelnen verschieden wäre. Wir betrachten daher lieber folgenden, nur durch eine Konstante vom Ausdrucke (79) verschiedenen:

$$E^* = \int\int \cdots f \log\left(\frac{f}{N}\right) \mathrm{d}x_1 \ldots \mathrm{d}w_r.$$

Hierbei ist N die gesamte Zahl der Moleküle des Gases, $f\,\mathrm{d}x_1 \cdots \mathrm{d}w_r$ die Zahl derjenigen, für welche $x_1, y_1, \ldots, w_r$ zwischen den Grenzen

$$x_1 \text{ und } x_1 + \mathrm{d}x_1, \ldots, w_r \text{ und } w_r + \mathrm{d}w_r \qquad \text{(S)}$$

liegen. Setzen wir

$$\mathrm{d}x_1\,\mathrm{d}y_1 \cdots \mathrm{d}z_r = \mathrm{d}\sigma, \quad \mathrm{d}u_1\,\mathrm{d}v_1 \cdots \mathrm{d}w_r = \mathrm{d}s, \quad \frac{f}{N} = f^*,$$

so hat f* auch eine einfache Bedeutung. Es ist $f^*\,\mathrm{d}s\,\mathrm{d}\sigma$ die Wahrscheinlichkeit, daß ein Molekül den Zustand (S) hat (die Zeit, während der es ihn hat, dividiert durch die ganze Zeit, während der es sich bewegte).

Es wird dann

$$E^* = N \int\int f^* \log f^*\,\mathrm{d}s\,\mathrm{d}\sigma. \qquad (94)$$

Für einatomige Gase ist, wenn N die Gesamtzahl der Moleküle des Gases, V der von ihnen eingenommene Raum, m die Masse, T die mittlere lebendige Kraft eines Atoms ist,

$$f^* = \frac{1}{V\left(\frac{4\pi T}{3m}\right)^{3/2}}\, e^{\frac{3m}{4T}(u^2+v^2+w^2)},$$

daher

$$\begin{aligned} E^* &= N \int\int \cdots f^* \log f^*\,\mathrm{d}x\,\mathrm{d}y\,\mathrm{d}z\,\mathrm{d}u\,\mathrm{d}v\,\mathrm{d}w \\ &= -N \log\left[V\left(\frac{4\pi T}{3m}\right)^{3/2}\right] - \frac{3}{2}N, \end{aligned}$$

was, da m und N konstant sind, bis auf einen konstanten Faktor und Addenden mit dem Ausdrucke für die

Entropie einatomiger Gase übereinstimmt. Für Gase mit r-atomigen Molekülen ist

$$f^* = A\,\mathrm{e}^{-h\left(\chi + \Sigma \frac{mc^2}{2}\right)},$$

wobei χ die Kraftfunktion, $\Sigma(mc^2/2)$ die gesamte lebendige Kraft eines Moleküls ist. Dabei ist wegen $\int\int f^*\,ds\,\mathrm{d}\sigma = 1$

$$T = \frac{3}{2h}, \qquad A = \frac{1}{\left(\frac{2\pi}{mh}\right)^{3r/2} \int \mathrm{e}^{-h\chi} \mathrm{d}\sigma}.$$

Man findet also

$$E^* = N \log A - hN \frac{\int \chi\,\mathrm{e}^{-h\chi}\,\mathrm{d}\sigma}{\int \mathrm{e}^{-h\chi}\,\mathrm{d}\sigma} - \frac{3}{2} rN. \tag{95}$$

Um die Beziehung der Größe E^* zum zweiten Hauptsatze in der Form $\int(\mathrm{d}Q/T) < 0$ zu erkennen, wollen wir uns unter einem System von r materiellen Punkten, wie wir es bis jetzt betrachteten, nicht ein Gasmolekül, sondern einen ganzen Körper vorstellen. (Wir wollen ihn das System A nennen.) Mit ihm sei während einer gewissen Zeit ein zweites System (B) materieller Punkte, also ein zweiter Körper in Wechselwirkung. Die beiden Körper können von gleicher oder verschiedener Beschaffenheit sein. Theoretisch wird der Effekt der Wechselwirkung nicht bloß von der Art und Weise der Einwirkung, sondern auch von den Phasen abhängen, in denen sich beide Körper im Momente des Beginnes der Wechselwirkung befinden. Hiervon ist nun erfahrungsmäßig nichts zu merken, was zweifellos daher rührt, daß der Effekt der Phase durch die große Anzahl der in Wechselwirkung tretenden Moleküle kompensiert wird. (Eine ähnliche Ansicht hat bereits CLAUSIUS[1]) unlängst ausgesprochen.) Um den Effekt der Phase zu eliminieren,

[1]) [R. CLAUSIUS: Ann. Phys. 142 (1871) 433.]

wollen wir statt eines Systems (A) sehr viele (N), gleichbeschaffene, aber in verschiedenen Phasen befindliche, betrachten, die übrigens untereinander in gar keiner Wechselwirkung stehen sollen. $f(t, x_1, \ldots, w_r)\, ds\, d\sigma$ sei wieder die Zahl der Systeme mit dem Zustande S, und wir setzen $f/N = f^*$. Auch von der Gattung (B) seien sehr viele Systeme vorhanden. Eine der Funktion f analoge Bedeutung für dieselben habe die Funktion $f'(t, x_1', \ldots, w_r')$. Die Funktionen f^* und f' können auch diskontinuierlich sein, so daß sie nur, wenn die Variabeln sehr nahe gewissen durch eine oder mehrere Gleichungen verbundenen Werten liegen, groß, sonst aber verschwindend sind. Als diese Gleichungen können diejenigen gewählt werden, die den äußeren sichtbaren Bewegungszustand des Körpers und die in ihm enthaltene lebendige Kraft charakterisieren, wobei zu beachten ist, daß lebendige Kraft sichtbarer Bewegung in ihrer Verteilung an die Atome so weit von der schließlich sich bildenden stationären Verteilung abweicht, daß sie Unendliches in E^* liefert, weshalb sie auch beim zweiten Hauptsatze als Wärme von unendlicher Temperatur zählt. Auf jedes der Systeme (A) soll eines der Systeme (B) wirken, und zwar soll der Beginn der Wechselwirkung mit den verschiedensten Phasen zusammenfallen. Alle Effekte, welche nicht von der Phase abhängen, müssen dann gerade so ausfallen, als ob nur ein System (A) auf ein System (B) in einer beliebigen Phase wirkte, und wir wissen, daß die Wärmeerscheinungen in der Tat nicht von der Phase abhängen. Die Funktion f kann dabei, sofern sie nicht durch die gesamte lebendige Kraft oder sichtbare Bewegung der Körper bedingt ist, beliebig gewählt werden. Die Wahrscheinlichkeit, daß ein System (A) mit dem Zustande (S) mit einem Systeme (B), dessen Zustand durch ganz analoge Bedingungen gegeben ist, in Wechselwirkung tritt, ist wieder durch einen der Formel (52) ganz analogen Ausdruck gegeben, woraus wie früher bewiesen werden kann, daß die Größe E^* nur abnehmen kann. Nach lange fortgesetzter Wechselwirkung (für das Temperaturgleichgewicht) erlangt E^* sein Minimum, was eintritt, wenn allgemein $ff' = FF'$ ist. Wenn der Körper ruht, so ist die Lösung dieser Gleichung

$$f^* = A\,\mathrm{e}^{-h\left(\chi + \Sigma \frac{mc^2}{2}\right)},$$

wobei $f^*\,\mathrm{d}s\,\mathrm{d}\sigma$ die Wahrscheinlichkeit ist, daß ein System (A) den Zustand (S) hat. Die der Entropie aller N Systeme (A) proportionale Größe E ist wieder durch die Gleichung (95) gegeben. Die Entropie eines einzigen Systems (A) ist daher dem N-ten Teil davon, also der Größe

$$E^* = \int\int f^* \log f^*\,\mathrm{d}s\,\mathrm{d}\sigma = \log A - h\frac{\int \chi\,\mathrm{e}^{-h\chi}\,\mathrm{d}\sigma}{\int \mathrm{e}^{-h\chi}\,\mathrm{d}\sigma} - \frac{3r}{2} \tag{96}$$

proportional, was bis auf einen konstanten Faktor und Addenden mit dem von mir schon in der Abhandlung „Analytischer Beweis des zweiten Hauptsatzes aus den Sätzen über Wärmegleichgewicht" (s. dort Gleichung (18)) gefundenen Ausdrucke übereinstimmt.[1])

[1]) L. Boltzmann: Sitz.-Ber. Akad. Wiss. Wien **63** (1871) 712, Gl. (18).

3. Die kinetische Theorie der Energiedissipation*)

von

William Thomson

Zusammenfassung

Die Bewegungsgleichungen in der abstrakten Dynamik sind vollständig reversibel; eine beliebige Lösung dieser Gleichungen bleibt gültig, wenn man die Zeitvariable t durch $-t$ ersetzt. Physikalische Prozesse andererseits, wie beispielsweise die Reibung von festen Körpern, Wärmeleitung und Diffusion, sind irreversibel. Trotzdem ist das Prinzip der Energiedissipation mit einer molekularen Theorie verträglich, in der jedes Teilchen den Gesetzen der abstrakten Dynamik unterliegt.

Energiedisspation, wie sie etwa eine Folge der Wärmeleitung in einem Gas ist, könnte durch eine geeignete Anordnung Maxwellscher Dämonen, die in Einklang mit der Energie- und Impulserhaltung tätig sind, vollständig verhindert werden. Wenn keine Dämonen anwesend sind, so werden die freien Bewegungen der Moleküle im Mittel zur Folge haben, daß Temperaturunterschiede ausgeglichen werden. Würden wir zulassen, daß dieser Ausgleich für eine gewisse Zeit fortschreitet, und dann die Bewegungen aller Moleküle umkehren, so würden wir das Gegenteil eines Ausgleiches beobachten. Wenn jedoch die Molekülzahl sehr groß ist, wie es in einem Gas der Fall ist, so wird sich durch irgendwelche geringfügige Abweichungen von einer absolut genauen Umkehrung die Zeit, während der eine derartige Zunahme der Ungleichheiten erfolgt, erheblich verkürzen. Mit anderen Worten, die Wahrscheinlichkeit, daß eine Geschwindigkeitsverteilung auf-

---

*) Ursprünglich veröffentlicht in: Proc. roy. Soc. [Edinburgh] 8 (1874) 325–334; nachgedruckt in: W. Thomson: Mathematical and Physical Papers, Bd. 5. Cambridge University Press, 1911, S. 11–20.

tritt, die für eine merkliche Zeitdauer zu einer Zunahme von Temperaturungleichheiten führt, ist sehr gering. Wenn wir ferner die Tatsache berücksichtigen, daß kein physikalisches System vollständig von seiner Umgebung isoliert werden kann, sondern vielmehr im Prinzip immer mit allen anderen Molekülen im Weltall in Wechselwirkung steht, und wenn wir der Überzeugung sind, daß die Anzahl dieser Moleküle unendlich ist, so können wir schließen, daß es unmöglich ist, daß spontan Temperaturunterschiede auftreten. Es wird eine zahlenmäßige Rechnung angegeben, um diesen Schluß zu veranschaulichen.

In der abstrakten Dynamik hat die momentane Bewegungsumkehr jedes sich bewegenden Teilchens eines Systems zur Folge, daß sich das System rückwärts bewegt, und zwar jedes seiner Teilchen auf seiner alten Bahn und mit derselben Geschwindigkeit wie zuvor, wenn es sich wieder in derselben Lage befindet. Das heißt, mathematisch gesprochen, eine beliebige Lösung geht wieder in eine Lösung über, wenn man t in $-t$ ändert. In der physikalischen Dynamik liegt diese einfache und vollständige Umkehrbarkeit nicht vor, und zwar auf Grund von Kräften, die abhängen von der Reibung von Festkörpern; unvollständiger Fluidität von Flüssigkeiten; unvollkommener Elastizität von Festkörpern; von Temperturungleichheiten, die durch Spannungen in Festkörpern und Flüssigkeiten hervorgerufen werden, und nachfolgender Wärmeleitung; von unvollkommener magnetischer Remanenz; von zurückbleibender elektrischer Polarisation von Dielektrika; von Wärmeerzeugung durch elektrische Ströme, die durch Bewegung induziert werden; Diffusion von Flüssigkeiten, Lösung von festen Körpern in Flüssigkeiten und anderen chemischen Umwandlungen; und von Absorption von Strahlungswärme und Licht. Die Untersuchung dieser Wirkungen im Zusammenhang mit dem hierfür von Joule bewiesenen alles beherrschenden Gesetz der Energieerhaltung brachten mich vor 23 Jahren zu der Theorie der Energiedissipation, die ich zunächst 1852 der Royal Society von Edinburgh in einer Arbeit mit dem Titel

"On a Universal Tendency in Nature to the Dissipation of Mechanical Energy" mitgeteilt habe.

Das Wesentliche der JOULEschen Entdeckung besteht darin, daß die physikalischen Erscheinungen einem dynamischen Gesetz unterworfen sind. Würde dann zu einem gewissen Zeitpunkt die Bewegung jedes Materieteilchens im Weltall genau umgekehrt, so würde sich von der Zeit an der Lauf der Natur einfach umkehren. Die berstende Schaumblase am Fuße eines Wasserfalles würde wieder zusammengehen und in das Wasser hinabsteigen; die Energie der Wärmebewegungen würde sich wieder konzentrieren und die ganze Masse den Wasserfall in Tropfen hinaufwerfen, die ihrerseits wieder eine dichte Säule aufsteigenden Wassers bilden. Wärme, die durch die Reibung von festen Körpern erzeugt und durch Leitung und Strahlung mit Absorption dissipiert worden ist, würde wieder zu der Berührungsstelle zurückkehren und den sich bewegenden Körper entgegen der Kraft, der er vorher unterworfen war, zurückwerfen. Geröllblöcke würden aus dem Schlamm das Material zurückholen, das benötigt wird, um sie wieder in ihren ursprünglichen zackigen Formen aufzubauen, und sie würden sich wieder zu der Bergspitze vereinigen, von der sie früher weggebrochen sind. Und wenn auch die materialistische Auffassung vom Leben wahr wäre, würden die Lebewesen mit bewußter Kenntnis der Zukunft, aber ohne Erinnerung an die Vergangenheit, rückwärts wachsen und würden wieder ungeboren werden. Die realen Lebenserscheinungen liegen jedoch unendlich jenseits des menschlichen Wissens, und es ist höchst nutzlos, spekulative Folgerungen aus einer vorgestellten Umkehrung derselben ziehen zu wollen. Weitaus anders steht es jedoch mit der Umkehr der Bewegungen der vom Leben unbeeinflußten Materie, von der eine sehr elementare Betrachtung zu der vollständigen Erklärung der Theorie der Energiedissipation führt.

Um einen der einfachsten Fälle der Energiedissipation zu nehmen — die Wärmeleitung durch einen Festkörper —, betrachte man einen Metallstab, der an einem Ende wärmer als am anderen ist, und überlasse ihn sich selbst. Um jegliche unnötige Komplikation durch Berücksichtigung des Wärmeverlusts oder -gewinns zu vermeiden, stelle man sich vor, der Stab sei mit einem wärmeundurchlässigen Stoff angestrichen. Um etwas Bestimmtes vor Augen zu haben, stelle man sich vor, eine Hälfte des Stabes habe zunächst eine einheitliche Temperatur, und die andere Hälfte von ihm habe eine andere einheitliche Temperatur. Dann setzt sogleich eine Wärmediffusion ein, und die Temperaturverteilung wird immer weniger ungleich und strebt zu vollständiger Gleichförmigkeit, ohne diesen letzten Zustand aber in einer endlichen Zeit vollkommen zu erreichen. Dieser Diffusionsprozeß könnte durch eine Armee MAXWELLscher „intelligenter Dämonen“[1]) vollständig verhindert werden, die an der Oberfläche oder, wie wir sie mit Professor JAMES THOMSON nennen können, an der Grenzfläche stationiert sind, die den heißen von dem kalten Teil des Stabes trennt. Um genau zu sehen, wie dies zu geschehen hat, betrachte man statt eines Festkörpers lieber ein Gas, da wir über die Molekülbewegungen eines Gases mehr Bescheid wissen, während wir von den Molekülbewegungen eines festen Körpers wenig oder gar keine Ahnung haben. Man nehme einen Krug her, dessen obere Hälfte mit kalter Luft oder einem kalten Gas gefüllt ist, während seine untere Hälfte Luft oder Gas derselben Art, aber von einer höheren Temperatur enthält, und verschließe die Mündung des Kruges mit einem luftdichten Deckel. Wenn das enthaltende Gefäß völlig wärmeundurchlässig wäre, würde die Wärmediffusion in dem Gas demselben Gesetz wie in dem Festkörper genügen, obgleich die Wärmediffusion in dem Gas vor allem durch die Diffusion der Moleküle erfolgt, von denen jedes seine Energie mit sich trägt, und nur zu einem kleinen Anteil ihres Gesamtbetrages durch Energie-

---

[1]) Die Definition des Dämons ist nach dem Gebrauch dieses Wortes durch MAXWELL ein mit freiem Willen und mit hinreichend feiner Tast- und Wahrnehmungsorganisation begabtes Wesen, das dadurch fähig ist, einzelne Moleküle der Materie zu beobachten und auf sie einzuwirken.

austausch zwischen Molekül und Molekül; wohingegen in dem Festkörper nur geringe oder keine Stoffdiffusion erfolgt und die Wärmediffusion vollständig oder zumindest fast vollständig durch die Energieübertragung von einem Molekül zum anderen stattfindet. FOURIERS vorzügliche mathematische Analyse gibt in jedem Falle die Statistik des Diffusionsprozesses vollständig wieder, ob es sich nun um „Wärmeleitung", wie FOURIER und seine Nachfolger sie genannt haben, oder um die Diffusion eines Stoffes in fluiden (gasförmigen oder tropfbar flüssigen) Medien handelt, von der FICK gezeigt hat, daß sie den FOURIERschen Formeln genügt. Nun nehme man an, die Waffe der idealen Armee sei ein Knüppel oder gleichsam ein molekularer Kricketschläger; und man nehme der Bequemlichkeit halber an, die Masse jedes Dämons mit seiner Waffe sei mehrmals so groß wie die eines Moleküls. Jedesmal, wenn er einem Molekül einen Schlag versetzt, hat er es mit derselben Energie wegzuschicken, wie es vorher gehabt hat. Jeder Dämon hat sich so nahe wie möglich an einem gewissen Standort aufzuhalten und nur solche Abstecher hiervon zu machen, wie zur Ausführung seiner Befehle erforderlich sind. Er darf keinen Kräften ausgesetzt werden, außer denen, die von Stößen mit Molekülen herrühren, und wechselseitigen Kräften zwischen Teilen seiner eigenen Masse, seine Waffe eingeschlossen. Somit kann durch seine willkürlichen Bewegungen die Bewegung seines Schwerpunktes nicht beeinflußt werden, es sei denn durch Stöße mit Molekülen.

Die gesamte Trennfläche zwischen heiß und kalt ist in kleine Flächenstücke zu teilen, von denen jedes je einem Dämon zugewiesen wird. Die Pflicht jedes Dämonen besteht darin, seine Parzelle zu bewachen und nach gewissen bestimmten Anordnungen Moleküle zurückzujagen oder es ihnen zu erlauben, von einer Seite aus zu passieren. Zunächst mögen die Befehle lauten, keinem Molekül zu erlauben, von irgendeiner Seite her hindurchzutreten. Die Wirkung hiervon wird dieselbe sein, wie wenn die Trennfläche durch eine materie- und wärmeundurchlässige Barriere versperrt wäre. Da der Gasdruck nach Voraussetzung in dem heißen und dem kalten Teil gleich ist, wird der resultierende Impuls, der jedem Dämon von irgendeiner beträchtlichen Anzahl von Molekülen übertragen wird, Null sein; daher kann er seine Schläge so einrichten, daß er sich niemals in eine größere Entfernung von seinem Standort wegbewegt. Nunmehr möge jeder Dämon, statt alle Moleküle an der Durchquerung der zugeteilten Fläche zu hindern und sie zurückzujagen, hundert willkürlich gewählten Molekülen gestatten, von der heißen Seite her zu passieren, und der gleichen Anzahl von Molekülen werde auf dem anderen Weg von der kalten Seite die Durchquerung erlaubt, wobei diese so gewählt seien, daß sie denselben Gesamtbetrag und denselben resultierenden Impuls wie die ersteren besitzen. Dies möge in gewissen aufeinanderfolgenden kleinen gleichen Zeitintervallen immer wieder erfolgen, wobei dafür Sorge getragen werde, daß sich, wenn die spezifizierte Energie- und Impulsbilanz nicht hinsichtlich je hundert sukzessive passierenden Molekülen exakt erfüllt ist, der Fehler nicht fortpflanzt, sondern, so gut es geht, bei den nächsten hundert korrigiert wird. Auf diese Weise wird auf beiden Wegen durch die Fläche eine gewisse vollkommen regelmäßige Gasdiffusion einsetzen, bei der die ursprünglichen verschiedenen Temperaturen auf den beiden Seiten der Trennfläche ungeändert erhalten bleiben.

Man nehme nun an, daß als Anfangsbedingung die Temperatur und der Druck des Gases jeweils durchweg im Gefäß gleich sind, und es werde gefordert, einen Temperaturunterschied herzustellen, aber den Druck in irgend zwei Teilen A und B des ganzen Raumes gleich zu lassen. Dazu stationiere man die Armee auf der Trennfläche, wie zuvor beschrieben. Man gebe jetzt den Befehl aus, daß jeder Dämon alle Moleküle in jeder Richtung von der Durchquerung seines Flächenstückes abzuhalten hat mit Ausnahme von 100 beliebig gewählten von A

kommenden, um sie nach B zu lassen, sowie einer größeren Anzahl von Molekülen mit einer geringeren Energie, aber gleichem Impuls, die von B nach A passieren dürfen. Dies werde immer und immer wieder wiederholt. Die Temperatur in A wird dann unaufhörlich sinken und die Molekülzahl darin ständig zunehmen, bis in B nicht mehr genug Moleküle mit hinreichend kleinen Geschwindigkeiten sind, um die Bedingung für die Erlaubnis zum Durchqueren von B nach A zu erfüllen. Wenn danach keinem Molekül mehr erlaubt wird, die Trennfläche in irgendeiner Richtung zu passieren, wird der Endzustand in A sehr große Kondensation und sehr niedrige Temperatur, Verdünnung und sehr hohe Temperatur in B und gleiche Drücke in A und B sein. Der Prozeß der Herstellung von Temperatur- und Dichteunterschieden kann jederzeit gestoppt werden, indem man die Befehle in die vorher spezifisierten abändert und auf diese Weise in gewissem Maße eine Diffusion auf jedem Weg durch die Trennfläche erlaubt, bei der eine gewisse gleichförmige Temperaturdifferenz mit Druckgleichheit auf beiden Seiten aurechterhalten wird.

Wenn die einzelnen Moleküle durch keinen auswählenden Einfluß wie den des idealen „Dämons" geleitet werden, müssen ihre freien Bewegungen und Stöße im Mittel zur Folge haben, daß die Energieverteilung unter ihnen im großen und ganzen ausgeglichen wird; und nach einer hinreichend langen Zeit von der vorausgesetzten Anfangsordnung ab muß der Energieunterschied zwischen irgend zwei gleichen Volumina, von denen jedes eine sehr große Anzahl von Molekülen enthält, zu der Gesamtenergie in jedem von ihnen in einem sehr kleinen Verhältnis stehen; oder, strenger gesprochen, die Wahrscheinlichkeit dafür, daß die Energiedifferenz irgendeinen festgesetzten Anteil der Gesamtenergie in einem von ihnen übersteigt, ist sehr gering. Man nehme nun an, die Temperatur sei nach Ablauf einer gewissen Zeit vom Versuchsbeginn nahezu ausgeglichen, und es werde augenblicklich die Bewegung jedes Moleküls umgekehrt. Dann wird jedes

Molekül seinen früheren Weg zurückverfolgen, und am Ende eines zweiten Zeitintervalles, das gleich dem verflossenen ist, wird sich jedes Molekül wieder an derselben Stelle befinden und sich mit derselben Geschwindigkeit bewegen wie zu Beginn, so daß die gegebene ungleiche Anfangstemperaturverteilung wieder erreicht wird, nur mit dem Unterschied, daß sich jetzt jedes Molekül in der umgekehrten Richtung wie derjenigen seiner Anfangsbewegung bewegt. Dieser Unterschied wird nicht verhindern, daß sofort wieder ein Ausgleichsprozeß beginnt, der, wenn auch bei ganz verschiedenen Bahnen der einzelnen Moleküle, im Durchschnitt nach demselben Gesetz fortschreiten wird wie derjenige, der unmittelbar danach, nachdem das System sich erstmalig selbst überlassen worden war, eingesetzt hat.

Achteten wir lediglich auf Molekülanhäufungen und berechneten wir ihre Energie pauschal, so würde uns nicht auffallen, daß in dem sehr speziellen Fall, den wir gerade betrachtet haben, der Fortgang der Entwicklung in einer Aufeinanderfolge von Zuständen bestand, bei der bis zu einem gewissen Zeitpunkt die Energieverteilung immer mehr von der Gleichförmigkeit abweicht. Da die Molekülzahl endlich ist, liegt es auf der Hand, daß kleine endliche Abweichungen von der angenommenen absolut genauen Umkehr nicht verhindern können, daß die Energieverteilung ungleichförmiger wird. Je größer jedoch die Molekülzahl ist, um so kürzer wird die Zeitspanne sein, während der die Zunahme der Ungleichheit fortschreitet; und nur, wenn wir die Molekülzahl als praktisch unendlich groß ansehen, können wir es als praktisch unmöglich ansehen, daß spontan eine ungleichförmige Verteilung entsteht. Und in der Tat, bewegt sich irgendeine, wenn auch große Anzahl vollkommen elastischer Moleküle im Inneren eines vollkommen starren Gefäßes und wird diese für eine hinreichend lange Zeit ungestört gelassen, so daß sie nur gegenseitige Stöße und Stöße gegen die Wände des sie enthaltenden Gefäßes erleiden, so muß es sich immer wieder ereignen, daß sich (beispielsweise) etwas mehr als

$^9/_{10}$ der Gesamtenergie in einer Hälfte des Gefäßes und weniger als $^1/_{10}$ der Gesamtenergie in der anderen Hälfte befindet. Ist aber die Molekülzahl sehr groß, so wird dies bedeutend seltener vorkommen als der Fall, daß etwas mehr als $^6/_{10}$ in einer Hälfte und etwas weniger als $^4/_{10}$ in der anderen sind. Indem wir als Zeiteinheit die mittlere Dauer freier Bewegung zwischen aufeinanderfolgenden Stößen wählen, ist leicht einzusehen, daß die Wahrscheinlichkeit dafür, daß sich während der Zeiteinheit von einem festgesetzten Zeitpunkt an in einer Hälfte des Gefäßes mehr als ein festgesetzter Prozentsatz über die Hälfte der Energie befindet, um so kleiner ist, je größer die Dimensionen des Gefäßes sind und je größer der festgesetzte Prozentsatz ist. Es ist eine seltsame, aber nichtsdestoweniger richtige Auffassung des bekannten Wärmeleitungsgesetzes, zu sagen, daß es sehr unwahrscheinlich ist, daß im Verlauf von tausend Jahren eine Hälfte des Eisenstabes von selbst um einen Grad wärmer als die andere Hälfte wird und daß die Wahrscheinlichkeit dafür, daß dieses Ereignis vor Ablauf von 1000000 Jahren eintritt, 1000mal so groß ist wie die, daß es im Laufe von 1000 Jahren erfolgt, und daß es sicher im Verlauf einer gewissen sehr langen Zeit eintreten wird. Es sei aber daran erinnert, daß wir vorausgesetzt haben, daß der Stab mit einem undurchlässigen Überzug bedeckt ist. Man lasse dieses unmögliche Ideal beiseite und glaube daran, daß die Molekülzahl im Universum unendlich groß ist; dann können wir sagen, es wird niemals eine Hälfte des Stabes wärmer werden als die andere, es sei denn durch die Wirkung äußerer Wärme- und Kältequellen. Dieses eine Beispiel reicht aus, um die philosophischen Grundlagen zu erklären, auf denen die Theorie der Energiedissipation ruht.

Man nehme jedoch einen anderen Fall, in dem die Wahrscheinlichkeit schnell berechnet werden kann. Ein hermetisch abgeschlossener Glaskrug mit Luft enthalte 2000000000000 Sauerstoff- und 8000000000000 Stickstoffmoleküle. Zu irgendeiner Zeit in unendlich ferner

Zukunft werde geprüft, wie groß die Anzahl der günstigen Fälle gegen einen ist, daß in einem festgelegten Teil des Gefäßes, das volumenmäßig $^1/_5$ des Gesamtvolumens beträgt, alle Sauerstoff- und keine Stickstoffmoleküle gefunden werden. Die Zahl, die die Antwort in arabischer Ziffernschreibweise ausdrückt, hat etwa 2173220000000 Stellen. Andererseits ist die Anzahl der günstigen Fällen gegen einen, daß sich genau $^2/_{100}$ der Gesamtzahl der Stickstoffteilchen und gleichzeitig genau $^2/_{10}$ der Gesamtzahl der Sauerstoffteilchen in dem erstgenannten Teil des Gefäßes aufhalten, nur $4021 \cdot 10^9$ zu 1.

Anhang

Berechnung der Wahrscheinlichkeit hinsichtlich der Diffusion von Gasen

Der Einfachheit halber werde ich annehmen, der Wirkungsbereich jedes Moleküls sei im Vergleich zu seinem durchschnittlichen Abstand von seinem nächsten Nachbarn unendlich klein; auf diese Weise wird die Summe der Volumina der Wirkungssphären aller Moleküle unendlich klein sein im Vergleich zum Gesamtvolumen des enthaltenden Gefäßes. Der Kürze halber werde der Raum außerhalb der Wirkungssphäre jedes Moleküls freier Raum genannt, und von einem Molekül werde gesagt, es befinde sich zu einem gewissen Zeitpunkt im freien Raum, wenn seine Wirkungssphäre gänzlich im freien Raum liegt, d. h., wenn sich seine Wirkungssphäre nicht mit der Wirkungssphäre irgendeines anderen Moleküls überlappt. A, B mögen irgendzwei einzelne Teile des ganzen enthaltenden Gefäßes bezeichnen, und a, b seien die Volumina dieser Teile. Dann ist die Chance dafür, daß sich zu einem gewissen Zeitpunkt ein einzelnes Molekül von was für einem Gas auch immer in A befindet, gleich $a/(a+b)$. Es können sich jedoch zu derselben Zeit viele oder wenige andere Moleküle in A befinden, weil ihre Chance, sich in irgendwelchen festgelegten Teilen des freien Raumes zu befinden, zu deren Volumina proportional sind und unserer Annahme zufolge das Volumen des freien Raumes in A, selbst wenn alle anderen Moleküle in A wären, durch ihre Gegenwart nicht merklich vermindert würde. Die Chance, daß von n im ganzen Raum befindlichen Molekülen i genau bestimmte einzelne Moleküle in A sind und die anderen $n-i$ Moleküle gleichzeitig in B, ist

$$\left(\frac{a}{a+b}\right)^i\left(\frac{b}{a+b}\right)^{n-i} \quad \text{oder} \quad \frac{a^i b^{n-i}}{(a+b)^n}.$$

Daher ist die Wahrscheinlichkeit dafür, daß die Molekülzahl in A genau i und in B genau $n-i$ ist, wobei nicht darauf geachtet werde, um welche einzelnen Moleküle es sich dabei handelt, gleich einem Bruch, der $(a+b)^n$ als Nenner und als Zähler dasjenige Glied bei der Entwicklung dieses Binoms besitzt, das $a^i b^{n-i}$ enthält, d. h., sie ist gleich

$$\frac{n(n-1)\cdots(n-i+1)}{1\cdot 2\cdots i}\left(\frac{a}{a+b}\right)^i\left(\frac{b}{a+b}\right)^{n-i}.$$

Nennen wir dies T_i, so haben wir

$$T_{i+1} = \frac{n-i}{i+1}\,\frac{a}{b}\,T_i.$$

Daher ist T_i das größte Glied, wenn i die kleinste ganze Zahl ist, für die

$$\frac{n-i}{i+1} < \frac{b}{a}$$

gilt, d. h., wenn i die kleinste ganze Zahl ist, die

$$n\frac{a}{a+b} - \frac{b}{a+b}$$

übersteigt. Wenn somit a und b kommensurabel sind, so ist das größte Glied dasjenige, für das

$$i = n \frac{a}{a+b}$$

gilt.

Um diese Ergebnisse auf die im vorstehenden Artikel behandelten Fälle anzuwenden, setze man an erster Stelle

$$n = 2 \cdot 10^{12},$$

da dies die Anzahl der Sauerstoffteilchen ist; und man wähle $i = n$. Auf diese Weise finden wir für die Wahrscheinlichkeit dafür, daß sich alle Sauerstoffteilchen in A befinden,

$$\left(\frac{a}{a+b}\right)^{2 \cdot 10^{12}}.$$

Analog finden wir für die Wahrscheinlichkeit dafür, daß sich alle Stickstoffteilchen im Raume B aufhalten,

$$\left(\frac{b}{a+b}\right)^{8 \cdot 10^{12}}.$$

Daher ist die Wahrscheinlichkeit dafür, daß der ganze Sauerstoff in A und der ganze Stickstoff in B ist,

$$\left(\frac{a}{a+b}\right)^{2 \cdot 10^{12}} \cdot \left(\frac{b}{a+b}\right)^{8 \cdot 10^{12}}.$$

Nun ist nach Annahme

$$\frac{a}{a+b} = \frac{2}{10}$$

und daher

$$\frac{b}{a+b} = \frac{8}{10};$$

folglich beträgt die gesuchte Wahrscheinlichkeit

$$\frac{2^{26 \cdot 10^{12}}}{10^{10^{13}}}.$$

Man nenne sie $1/N$ und bezeichne mit log den gemeinen Logarithmus. Wir haben dann

$$\begin{aligned}\log N &= 10^{13} - 26 \cdot 10^{12} \cdot \log 2 = (10 - 26 \log 2) \cdot 10^{12} \\ &= 2173220 \cdot 10^{6}.\end{aligned}$$

Dies ist zu dem im obigen Text festgestellten Resultat äquivalent. Der Logarithmus einer so großen Zahl, die auf höchstens dreizehn bedeutsame Stellen genau gegeben ist, kann nicht mehr als die Stellenzahl der in arabischer Ziffernschreibweise ausgedrückten Antwort auf die gestellte Fragen liefern.

Die Berechnung von T_i für den Fall, daß i und $n - i$ sehr große Zahlen sind, wird durch die STIRLINGsche Formel ermöglicht, nach der wir näherungsweise

$$1 \cdot 2 \cdot \ldots \cdot i = i^{i+1/2} \varepsilon^{-i} \sqrt{2\pi}$$

und somit

$$\frac{n(n-1) \cdots (n-i+1)}{1 \cdot 2 \cdot \ldots \cdot i} = \frac{n^{n+1/2}}{\sqrt{2\pi}\, i^{i+1/2} (n-i)^{n-i+1/2}}$$

haben. Daher bekommen wir für den Fall

$$i = n \frac{a}{a+b},$$

der nach den vorstehenden Formeln für T_i seinen größten Wert liefert,

$$T_i = \frac{1}{\sqrt{2\pi n e f}}$$

mit

$$e = \frac{a}{a+b} \quad \text{und} \quad f = \frac{b}{a+b}.$$

Es sei somit beispielsweise $n = 2 \cdot 10^{12}$,

$$e = 0{,}2, \quad f = 0{,}8;$$

dann bekommen wir

$$T_i = \frac{1}{800000\sqrt{\pi}} = \frac{1}{1418000}.$$

Dies drückt die Chance dafür aus, daß sich $4 \cdot 10^{11}$ Sauerstoffmoleküle in A und $16 \cdot 10^{11}$ in B aufhalten. Gerade die Hälfte dieses Bruches gibt die Wahrscheinlichkeit dafür an, daß die Stickstoffmoleküle in genau demselben Verhältnis zwischen A und B verteilt sind, weil die Anzahl der Stickstoffmoleküle viermal so groß wie diejenige der Sauerstoffmoleküle ist.

Wenn n die Anzahl der Moleküle eines Gases und n' diejenige der Moleküle eines anderen bezeichnet, so ist die Wahrscheinlichkeit dafür, daß jedes davon zwischen A und B entsprechend dem genauen Volumenverhältnis verteilt ist,

$$\frac{1}{2\pi e f \sqrt{n n'}}.$$

Der Wert für den angenommenen Fall, daß es sich um Sauerstoff und Stickstoff handelt, ist

$$\frac{1}{2\pi \cdot 0{,}16 \cdot 4 \cdot 10^{12}} = \frac{1}{4021 \cdot 10^{9}},$$

und das ist das in der Schlußfolgerung des obigen Textes festgestellte Ergebnis.

4. Über die Beziehung eines allgemeinen mechanischen Satzes zum zweiten Hauptsatze der Wärmetheorie*)

von

LUDWIG BOLTZMANN

Zusammenfassung

LOSCHMIDT hat darauf hingewiesen, daß nach den Gesetzen der Mechanik ein System nach irgendeinem Kraftgesetz in Wechselwirkung stehender Teilchen, das von gewissen festgelegten Anfangsbedingungen aus eine Folge von Zuständen durchlaufen hat, diese Folge in umgekehrter Richtung durchlaufen und wieder zu seinem Anfangszustand zurückkehren wird, wenn man die Geschwindigkeiten aller Teilchen umkehrt. Diese Tatsache läßt es als zweifelhaft erscheinen, ob es möglich ist, einen rein mechanischen Beweis für den zweiten Hauptsatz der Thermodynamik zu geben, der aussagt, daß die Entropie für eine beliebige derartige Folge immer wachsen muß.

Da die Entropie abnehmen würde, wenn das System diese Folge in umgekehrter Richtung durchläuft, erkennen wir, daß die Tatsache, daß die Entropie in Wahrheit bei allen physikalischen Prozessen unserer eigenen Welt zunimmt, nicht allein aus der Natur der zwischen den Teilchen wirkenden Kräfte hergeleitet werden kann, sondern eine Folge der Anfangsbedingungen zu sein scheint. Trotzdem setzen wir, um einen mechanischen Beweis des zweiten Hauptsatzes zu geben, keine spezielle Art von Anfangsbedingungen voraus, wenn wir die Absicht haben, uns auf einen statistischen Standpunkt zu stellen. Wenn auch ein beliebiger einzelner ungleichförmiger Zustand (der geringer Entropie entspricht) dieselbe Wahrscheinlichkeit wie irgendein einzelner (hoher

*) Ursprünglich veröffentlicht in: Sitz.-Ber. Akad. Wiss. Wien (II) 75 (1877) 67–73; nachgedruckt in: L. BOLTZMANN: Wissenschaftliche Abhandlungen, Bd. 2. J. A. Barth, Leipzig 1909, S. 116–122.

Entropie entsprechender) gleichförmiger Zustand hat, gibt es doch viel mehr gleichförmige als nichtgleichförmige Zustände. Bei zufälliger Wahl des Anfangszustandes entwickelt sich infolgedessen das System fast mit Sicherheit nach einem gleichförmigen Zustand hin, und die Entropie muß fast sicher wachsen.

In seiner Abhandlung über den Zustand des Wärmegleichgewichts eines Systems von Körpern, mit Rücksicht auf die Schwerkraft, hat LOSCHMIDT einen Satz ausgesprochen, welcher ein Bedenken gegen die Möglichkeit eines rein mechanischen Beweises des zweiten Hauptsatzes involviert. Da dasselbe äußerst scharfsinnig erdacht ist und mir für das richtige Verständnis des zweiten Hauptsatzes von hoher Bedeutung zu sein scheint, an der bezeichneten Stelle aber eine mehr philosophische Einkleidung gefunden hat, in der es vielleicht manchem Physiker nur schwer verständlich sein wird, so will ich zunächst versuchen, es mit anderen Worten wiederzugeben. Gesetzt wir wollten auf rein mechanischem Wege beweisen, daß alle Naturprozesse immer so vor sich gehen, daß dabei

$$\int \frac{dQ}{T} \leqq 0$$

ist, so fassen wir dabei die Körper als Aggregate materieller Punkte auf. Die zwischen diesen materiellen Punkten tätigen Kräfte fassen wir als Funktionen der relativen Lage der materiellen Punkte auf. Wenn sie als Funktion dieser relativen Lage bekannt wären, so würden wir sagen, das Wirkungsgesetz der Kräfte wäre bekannt. Damit die wirkliche Bewegung der materiellen Punkte, also die Zustandveränderungen der Körper berechnet werden könnten, müßten zudem noch die Anfangspositionen und die Anfangsgeschwindigkeiten der sämtlichen materiellen Punkte bekannt sein. Wir sagen, die Anfangsbedingungen müßten gegeben sein. Will man den zweiten Hauptsatz mechanisch beweisen, so sucht man ihn immer aus der Natur des Wirkungsgesetzes der Kräfte ohne jede Hinzuziehung der Anfangsbedingungen zu beweisen, über die man gar nichts weiß. Man sucht also zu beweisen, daß — wie immer die Anfangsbedingungen sein mögen — die Zustandsveränderungen der Körper immer so vor sich gehen, daß

$$\int \frac{dQ}{T} \leqq 0.$$

Nehmen wir jetzt an, es seien gewisse Körper als ein Inbegriff gewisser materieller Punkte gegeben. Die Anfangsbedingungen zur Zeit Null seien so beschaffen, daß die Körper Zustandsveränderungen durchmachen, für welche

$$\int \frac{dQ}{T} \leqq 0$$

ist. Wir wollen zeigen, daß dann immer bei unverändertem Wirkungsgesetze der Kräfte andere Anfangsbedingungen gefunden werden können, für welche umgekehrt

$$\int \frac{dQ}{T} \geqq 0$$

ist. Denn betrachten wir die Positionen der Geschwindigkeiten aller materiellen Punkte nach Verlauf einer beliebigen Zeit t_1. Wir wollen jetzt an die Stelle der früheren Anfangsbedingungen folgende setzen: Sämtliche materiellen Punkte[1]) sollen zu Anfang der Zeit, also zur Zeit Null, dieselben Positionen haben, welche sie im Verlaufe der den früheren Anfangsbedingungen entsprechenden Bewegung zur Zeit t_1 hatten, und auch ganz dieselben, aber

[1]) Es sind dabei alle materiellen Punkte aller Körper zu verstehen, welche mit den betrachteten Körpern irgenwie entweder direkt in Wechselwirkung stehen oder erst in zweiter Linie, indem sie mit Körpern in Wechselwirkung stehen, die wieder mit den betrachteten Körpern in Wechselwirkung stehen, oder erst in dritter, vierter Linie usw. Strenggenommen sind alle materiellen Punkte des Universums zu verstehen; denn einen Körperkomplex, der mit den übrigen Körpern des Universums in gar keiner Beziehung stünde, können wir nicht wirklich herstellen, wohl aber uns denken.

entgegengesetzt gerichteten Geschwindigkeiten. Wir wollen einen solchen Zustand Kürze halber künftig immer als denjenigen bezeichnen, welcher dem früher zur Zeit t_1 herrschenden gerade entgegengesetzt ist.

Es ist klar, daß die materiellen Punkte dieselben Zustände, die sie unter den früheren Anfangsbedingungen in direkter Weise durchliefen, jetzt in der verkehrten Weise durchlaufen werden. Den Anfangszustand, welchen sie früher zur Zeit Null hatten, nehmen sie jetzt erst nach Verlauf der Zeit t_1 an. Wenn also früher

$$\int \frac{dQ}{T} \leqq 0$$

war, so ist es jetzt $\geqq 0$. Über das Vorzeichen dieses Integrales kann also nicht aus dem Wirkungsgesetze der Kräfte,[2]) sondern bloß aus den Anfangsbedingungen ein Schluß gezogen werden. Daß dieses Integral bei allen Vorgängen der Welt, in welcher wir leben, wie die Erfahrung lehrt, $\leqq 0$ ist, ist nicht in dem Wirkungsgesetze der in derselben vorhandenen Kräfte, sondern bloß in den Anfangsbedingungen begründet. Wäre zur Zeit Null der Zustand sämtlicher materieller Punkte des Universums gerade der entgegengesetzte von demjenigen, welcher sonst zu einer viel späteren Zeit t_1 eintritt, so würde der Verlauf sämtlicher Begebenheiten zwischen den Zeiten t_1 und Null gerade der verkehrte sein, also immer so beschaffen, daß

$$\int \frac{dQ}{T} \geqq 0$$

ist. Jeder Versuch, aus der Natur der Körper und dem Wirkungsgesetze der zwischen ihnen tätigen Kräfte ohne

[1]) Es braucht nicht erst erwähnt zu werden, daß bei einer Anschauung über die Wirkungsweise der Naturkräfte, wobei dies nicht richtig ist, wie es z. B. eine dynamische sein könnte, auch das Folgende seine Anwendbarkeit verliert.

Hinzuziehung der Anfangsbedingung zu beweisen, daß

$$\int \frac{dQ}{T} \leqq 0$$

ist, muß also vergeblich sein. Man sieht, daß dieser Schluß viel Verlockendes an sich hat und daß man ihn geradezu als ein interessantes Sophisma bezeichnen muß. Um dem Trugschlusse, welcher hierin liegt, näher auf die Spur zu kommen, wollen wir uns sogleich ein System einer endlichen Zahl materieller Punkte denken, welches mit dem ganzen übrigen Universum in gar keiner Wechselwirkung steht.

Wir denken uns eine überaus große, aber nicht unendliche Zahl absolut elastischer Kugeln, welche sich in einem allseitig geschlossenen Gefäße bewegen, dessen Wände vollkommen unbeweglich und ebenfalls absolut elastisch sind. Von außen sollen keine Kräfte auf unsere Kugeln wirken. Sei zur Zeit Null die Verteilung der Kugeln im Gefäße eine ungleichförmige gewesen; rechts seien z. B. die Kugeln viel dichter als links, oben seien die geschwinderen, unten die langsameren Kugeln gewesen, und ähnliches. Das Sophisma ginge jetzt dahin, daß ohne Zuziehung der Anfangsbedingungen nicht bewiesen werden könne, daß sich die Kugeln mit der Zeit gleichförmig mischen werden. Bei den Anfangsbedingungen, welche wir ursprünglich voraussetzten, sollen die Kugeln z. B. zur Zeit t_1 fast gleichförmig gemischt sein. Wir können dann an die Stelle der ursprünglichen Anfangsbedingungen die Zustandsverteilung setzen, welche derjenigen gerade entgegengesetzt ist, die gemäß der ursprünglichen Anfangsbedingungen nach Verlauf der Zeit t_1 eingetreten wäre. Dann werden die elastischen Kugeln im Verlaufe der Zeit sich immer mehr sondern; zur Zeit t_1 endlich wird eine ganz ungleichförmige Zustandsverteilung eintreten, obwohl die Zustandsverteilung zu Anfang fast gleichförmig war. Es ist dabei folgendes zu bedenken: Ein Beweis, daß nach Verlauf einer gewissen Zeit t_1 die Mischung der Kugeln mit absoluter Notwendigkeit eine gleichförmige sein müsse, wie immer die Zustandsverteilung zu Anfang der Zeit gewesen sein mag, kann nicht geliefert werden. Dies lehrt schon die Wahrscheinlichkeitsrechnung selbst; denn jede noch so ungleichförmige Zustandsverteilung ist, wenn auch im höchsten Grade unwahrscheinlich, doch nicht absolut unmöglich. Ja es ist klar, daß jede einzelne gleichförmige Zustandsverteilung, welche bei einem bestimmten Anfangszustande nach Verlauf einer bestimmten Zeit entsteht, gerade so unwahrscheinlich ist wie eine einzelne noch so ungleichförmige Zustandsverteilung, gerade so wie im Lottospiele jede einzelne Quinterne ebenso unwahrscheinlich ist wie die Quinterne 1, 2, 3, 4, 5. Nur daher, daß es viel mehr gleichförmige als ungleichförmige Zustandsverteilungen gibt, stammt die größere Wahrscheinlichkeit, daß die Zustandsverteilung mit der Zeit gleichförmig wird. Man kann also nicht beweisen, daß, wie immer die Positionen und Geschwindigkeiten der Kugeln zu Anfang gewesen sein mögen, nach Verlauf einer sehr langen Zeit die Verteilung immer gleichförmig sein muß, sondern bloß, daß unendlich vielmal mehr Anfangszustände nach Verlauf einer bestimmten längeren Zeit zu einer gleichförmigen als zu einer ungleichförmigen Zustandsverteilung führen und daß auch im letzteren Falle nach Verlauf einer noch längeren Zeit die Zustandsverteilung wieder gleichförmig wird. Der LOSCHMIDTsche Satz lehrt also bloß Anfangszustände kennen, welche wirklich nach Verlauf einer bestimmten Zeit t_1 zu einer höchst ungleichförmigen Zustandsverteilung führen; liefert aber nicht den Beweis, daß nicht unendlich vielmal mehr Anfangsbedingungen nach Verlauf derselben Zeit t_1 zu einer gleichförmigen führen würden. Ja im Gegenteile dies letztere folgt sogar aus dem Satze selbst, denn, da es unendlich vielmal mehr gleichförmige als ungleichförmige Zustandsverteilungen gibt, so muß auch die Zahl der Zustände, welche nach Verlauf einer gewissen Zeit t_1 auf gleichförmige Verteilungen folgen, viel größer sein als die Zahl derjenigen, welche auf ungleichförmige folgen, und die letzteren sind ja nach LOSCHMIDT als Anfangsbedingungen zu wählen, wenn sich nach der Zeit t_1 eine ungleichförmige Zustansverteilung einstellen soll.

Man könnte sogar aus dem Verhältnisse der Zahl der verschiedenen Zustandsverteilungen deren Wahrscheinlichkeit berechnen, was vielleicht zu einer interessanten Methode der Berechnung des Wärmegleichgewichtes führen würde. Genau analog verhält es sich mit dem zweiten Hauptsatze. Es ist nun wenigstens in einigen Fällen gelungen nachzuweisen, daß, wenn ein System von einer ungleichförmigen zu einer gleichförmigeren Zustandsverteilung übergeht, dann $\int dQ/T$ für dasselbe negativ sein wird, dagegen positiv im umgekehrten Falle. Da nun endlich vielmal mehr gleichförmige als ungleichförmige Zustandsverteilungen existieren, so ist der letztere Fall außerordentlich unwahrscheinlich und für die Praxis kann er als unmöglich angesehen werden: geradeso wie es als unmöglich betrachtet werden kann, daß zu Anfang in einem Gefäße Sauerstoff und Stickstoff derart gemischt gewesen seien, daß nach Verlauf eines Monats der Sauerstoff sich chemisch rein in der unteren, der Stickstoff in der oberen Hälfte ansammelt, was nach der Wahrscheinlichkeitsrechnung nur äußerst unwahrscheinlich, aber nicht unmöglich ist. Es scheint mir trotzdem der LOSCHMIDTsche Satz von großer Wichtigkeit zu sein, weil er zeigt, wie innig der zweite Hauptsatz mit der Wahrscheinlichkeitsrechnung in Verbindung steht, während der erste von ihr ganz unabhängig ist. In allen Fällen, wo $\int dQ/T$ negativ sein kann, sind auch einzelne sehr unwahrscheinliche Anfangsbedingungen möglich, bei denen es positiv ist; und der Beweis, daß es fast immer negativ sein wird, kann nur durch Wahrscheinlichkeitsrechnung geführt werden. Es scheint mir, daß bei geschlossenen Bahnen der Atome $\int dQ/T$ immer Null sein muß, was also unabhängig von der Wahrscheinlichkeitsrechnung bewiesen werden kann. Bei ungeschlossenen Bahnen dagegen kann es auch negativ sein. Noch einer eigentümlichen Konsequenz des LOSCHMIDTschen Satzes will ich hier Erwähnung tun, nämlich daß, wenn wir die Zustände des Weltalls in unendlich ferne Vergangenheit verfolgen, wir im Grunde genommen ebenso berechtigt sind, als sehr wahrscheinlich anzunehmen, daß wir zu einem Zustande gelangen werden, in welchem endlich alle Temperaturdifferenzen aufgehört haben, als wenn wir die Zustände des Weltalls in fernste Zukunft verfolgen. Es ist dies analog folgendem Falle: Wenn wir wissen, daß in einem Gase zu einer gewissen Zeit eine ungleichförmige Zustandsverteilung vorhanden ist und daß das Gas schon sehr lange Zeit vorher ohne äußere Einflüsse in demselben Gefäße vorhanden war, so müßten wir schließen, daß viel früher die Zustandsverteilung gleichförmig war und der seltene Fall eintrat, daß sie allmählich ungleichförmig wurde. Mit anderen Worten: irgendeine ungleichförmige Zustandsverteilung führt nach Verlauf einer langen Zeit t_1 zu einer nahe gleichförmigen. Die der letzteren entgegengesetzte führt nach Verlauf derselben Zeit t_1 wieder zur anfänglichen ungleichförmigen (genauer gesprochen der ihr entgegengesetzten). Die der anfänglichen Zustandsverteilung entgegengesetzte aber würde, als Anfangsbedingung gewählt, nach Verlauf der Zeit t_1 ebenfalls nahezu zu einer gleichförmigen Zustandsverteilung führen.

Vielleicht aber läßt diese Verweisung des zweiten Hauptsatzes in das Gebiet der Wahrscheinlichkeitsrechnung dessen Anwendung auf das ganze Universum überhaupt höchst bedenklich erscheinen, so gewiß auch die Gesetze der Wahrscheinlichkeitsrechnung sich bei jedem im Laboratorium ausgeführten Experimente bestätigen werden.

5. Über das Dreikörperproblem und die Gleichungen der Dynamik*)

von

HENRI POINCARÉ

Zusammenfassung

POISSON hat zu zeigen versucht, daß ein mechanisches System in dem Sinne stabil ist, daß es im Laufe der Zeit zu einer Konfiguration zurückkehrt, die seiner ursprünglichen sehr nahe benachbart ist. Er hat nicht gemeint, daß alle Lösungen der Gleichungen der Dynamik stabil sein würden: Stabilität kann von den Anfangsbedingungen abhängen.

Es wird bewiesen, daß es unendlich viele Möglichkeiten gibt, die Anfangsbedingungen so zu wählen, daß das System unendlich oft so nahe, wie man will, zu seiner Ausgangslage zurückkehrt. Es gibt auch unendlich viele Lösungen, die diese Eigenschaft nicht aufweisen, es wird jedoch gezeigt, daß diese unstabilen Lösungen als „Ausnahme" angesehen werden können und daß man sagen kann, sie haben die Wahrscheinlichkeit Null.

§ 1. *Bezeichnungen und Definitionen*

Wir betrachten ein Differentialgleichungssystem

$$\frac{\mathrm{d}x_1}{\mathrm{d}t} = X_1, \quad \frac{\mathrm{d}x_2}{\mathrm{d}t} = X_2, \ldots, \quad \frac{\mathrm{d}x_n}{\mathrm{d}t} = X_n, \tag{1}$$

---

*) Ursprünglich veröffentlicht unter dem Titel „Sur le problème des trois corps et les équations de dynamique" in: Acta math. **13** (1890) 1–270; nachgedruckt in: Henri Poincaré: Œuvres, Bd. 7. Gauthier-Villars, Paris 1952, S. 262–479.

in dem t die unabhängige Variable darstellt, die wir die Zeit nennen werden, während $x_1, x_2, \ldots, x_n$ die unbekannten Funktionen und $X_1, X_2, \ldots, X_n$ gegebene Funktionen von $x_1, x_2, \ldots, x_n$ sind. Wir nehmen im allgemeinen an, daß die Funktionen $X_1, X_2, \ldots, X_n$ für alle reellen Werte der $x_1, x_2, \ldots, x_n$ analytisch und eindeutig sind.

. . . .

Wir betrachten insbesondere den Fall $n = 3$; dann können wir x_1, x_2 und x_3 als die Koordinaten eines Punktes P im Raum ansehen ... Wenn wir die Zeit t variieren lassen, beschreibt der Punkt P eine gewisse Kurve im Raum, die wir eine *Trajektorie* nennen. Jeder partikulären Lösung der Gleichungen (1) entspricht eine Trajektorie und umgekehrt.

Wenn die Funktionen X_1, X_2 und X_3 eindeutig sind, geht durch jeden Raumpunkt eine und nur eine Trajektorie hindurch. Die einzige Ausnahme tritt dann ein, wenn eine dieser drei Funktionen unendlich wird oder wenn sie alle drei Null sind.

. . . .

[Eine Relation der Form

$$F(x_1, x_2, \ldots, x_n) = \text{const},$$

worin die $x_1, x_2, \ldots, x_n$ Lösungen des Gleichungssystems (1) sind, heißt ein Integral dieser Gleichungen. Allgemeiner können wir eine Beziehung der Form

$$F_1(x_1, x_2, \ldots, x_n, x_1', x_2', \ldots, x_n') = \text{const}$$

vorliegen haben, wo $x_1', x_2', \ldots, x_n'$ eine andere Lösung desselben Gleichungssystems ist; oder wir können es mit einer Relation zu tun haben, die eine beliebige Anzahl solcher Lösungen enthält.

Die hier wiedergegebenen Auszüge entstammen den Seiten 8, 10 und 67–73 des Originals; die in der Note des Herausgebers zusammengefaßte Definition von Integralinvarianten ist den Seiten 52–55 entnommen.

Eine Relation, in die ein Integral über eine unendliche Anzahl derartiger Lösungen eingeht, ist als eine *Integralinvariante* des Systems bekannt. Das wichtigste Beispiel ist ein über alle in einem gewissen Volumen des Raumes enthaltenen Lösungen erstrecktes Integral:

$$\iiint \mathrm{d}x\,\mathrm{d}y\,\mathrm{d}z = \text{const.}$$

Mit anderen Worten, das von einer festgelegten Menge von Anfangskoordinaten, denen ein Gebiet möglicher Lagen des Punktes P entspricht, eingenommene Volumen bleibt invariant, wenn man jeden dieser Punkte auf der durch das Gleichungssystem bestimmten Trajektorie bewegt. Diese „Erhaltung des Volumens im Phasenraum" ist in der statistischen Mechanik auch als Satz von LIOUVILLE bekannt.]

. . . .

§ 8. *Anwendung von Integralinvarianten*

Das Interesse an Integralinvarianten rührt von den folgenden Sätzen her, von denen wir häufig Gebrauch machen werden.

Wir haben oben [§ 1] Stabilität dadurch definiert, daß wir gesagt haben, der bewegliche Punkt P müsse in einem endlichen Abstand von seiner Ausgangsstelle bleiben; manchmal versteht man Stabilität jedoch auch in einem anderen Sinne. Damit Stabilität vorliegt, ist es notwendig, daß der Punkt P nach einer hinreichend langen Zeit wenn auch nicht zu seiner Ausgangslage selbst, so doch wenigstens beliebig nahe zu seiner Ausgangslage zurückkehrt.

In diesem letzteren Sinne wird die Stabilität von POISSON[1]) aufgefaßt. Als er gezeigt hat, daß die großen Achsen invariant bleiben, wenn man die zweiten Potenzen der Massen berücksichtigt, lag ihm dabei lediglich daran zu zeigen, daß die Reihenentwicklungen der großen Achsen nur periodische Glieder der Form $\sin \alpha t$ oder $\cos \alpha t$ oder gemischte Glieder der Form $t \sin \alpha t$ oder

[1]) S. D. POISSON: Nouv. Bull. Sci. Soc. philomat. Paris 1 (1808) 191; Mém. Acad. roy. Sci. Inst. France 7 (1827) 199.

$t \cos \alpha t$ enthalten, aber keinerlei säkulare Glieder der Form t oder t^2. Das bedeutet nicht, daß die großen Achsen einen gewissen Wert nicht überschreiten können, denn ein gemischtes Glied $t \cos \alpha t$ kann über jegliche Grenze wachsen; es bedeutet nur, daß die großen Achsen unendlich oft wieder ihre ursprünglichen Werte annehmen.

Besteht für alle Lösungen Stabilität im Sinne von POISSON? POISSON war nicht dieser Meinung, denn in seinem Beweis wird explizit angenommen, daß die mittleren Bewegungen nicht kommensurabel sind; sie gilt daher nicht für irgendwelche beliebige Anfangsbedingungen der Bewegung.

Die Existenz asymptotischer Lösungen, die wir später nachweisen werden, stellt einen ausreichenden Beweis dafür dar, daß der Punkt P bei geeigneter Wahl der Anfangslage nicht unendlich oft beliebig nahe zu seiner Ausgangslage zurückkehrt.

Ich beabsichtige jedoch zu zeigen, daß man in dem Sonderfall des Dreikörperproblems die Anfangslage von P auf unendlich viele Weisen so wählen kann, daß er unendlich oft beliebig nahe zu seiner Ausgangslage zurückkehrt.

Mit anderen Worten, es gibt unendlich viele partikuläre Lösungen des Problems, die im zweiten Sinne des Wortes, dem von POISSON, keine Stabilität aufweisen; es gibt aber auch unendlich viele, die stabil sind. Ich will hinzufügen, daß die ersteren als „exzeptionell" angesehen werden können, und will später versuchen, die genaue Bedeutung dessen herauszustellen, was ich mit diesem Wort meine.

Es sei $n = 3$, und man nehme an, daß x_1, x_2, x_3 die Koordinaten eines Punktes P im Raum darstellen.

Satz 1. Angenommen, der Punkt P bleibt in einer endlichen Entfernung und das Volumen $\int dx_1\, dx_2\, dx_3$ ist eine Integralinvariante; wenn man dann irgendein Gebiet r_0 betrachtet, so wird es, wie klein es auch sein mag, Trajektorien geben, die es unendlich oft durchqueren.

Man nehme insbesondere an, daß P ein beschränktes Gebiet R nicht verläßt. Das Volumen dieses Gebietes R bezeichne ich mit V.

Nun denken wir uns ein sehr kleines Gebiet r_0 und bezeichnen das Volumen dieses Gebietes mit v. Durch jeden Punkt von r_0 geht eine Trajektorie hindurch, von der man annehmen kann, daß sie von einem beweglichen Punkt durchlaufen wird, der dem durch unsere Differentialgleichungen definierten Gesetz genügt. Dann wollen wir unendlich viele bewegliche Punkte betrachten, die zur Zeit 0 das Gebiet r_0 erfüllen und sich hernach gemäß diesem Gesetz bewegen. Sie erfüllen zur Zeit τ ein gewisses Gebiet r_1, zur Zeit 2τ ein Gebiet r_2 usw. und zur Zeit $n\tau$ ein Gebiet r_n. Ich kann annehmen, daß τ so groß und r_0 so klein ist, daß r_0 und r_1 keinen Punkt gemein haben.

Da das Volumen eine Integralinvariante ist, haben die verschiedenen Gebiete $r_0, r_1, \ldots, r_n$ dasselbe Volumen v. Wenn diese Gebiete keinen Punkt gemein haben, wird das Gesamtvolumen größer als nv sein; da aber alle diese Gebiete innerhalb R liegen, ist das Gesamtvolumen kleiner als V. Wenn man nun

$$n > \frac{V}{v}$$

hat, so müssen wenigstens zwei unserer Gebiete einen nichtleeren Durchschnitt haben. Es seien r_p und r_q diese beiden Gebiete $(q > p)$. Wenn r_p und r_q einen gemeinsamen Punkt besitzen, so ist klar, daß auch r_0 und r_{p-q} einen Punkt gemeinsam haben müssen.

Allgemeiner, wenn man keine k Gebiete finden kann, die einen nichtleeren Durchschnitt besitzen, so kann ein beliebiger Raumpunkt zu höchstens $k - 1$ der Gebiete $r_0, r_1, \ldots, r_n$ gehören. Das Gesamtvolumen, das von diesen Gebieten eingenommen wird, wird dann größer als $nv/(k-1)$ sein. Gilt dann

$$n > (k-1)\frac{V}{v},$$

so müssen k Gebiete einen Durchschnitt haben. Es seien

$$r_{p_1}, r_{p_2}, \ldots, r_{p_k}$$

diese Gebiete. Dann werden

$$r_0, r_{p_2-p_1}, r_{p_3-p_1}, \ldots, r_{p_k-p_1}$$

einen nichtleeren Durchschnitt aufweisen.

Wir betrachten nun die Frage von einem anderen Gesichtspunkt aus. In Analogie zu der Terminologie des vorangegangenen Abschnitts wollen wir sagen, daß das Gebiet r_n der n-te Nachfolger von r_0 und daß r_0 der n-te Vorgänger von r_n ist.

Wir wollen dann annehmen, daß r_p der erste der sukzessiven Nachfolger von r_0 ist, der mit r_0 einen nichtleeren Durchschnitt hat. r_0' sei dieser Durchschnitt; s_0' sei der p-te Vorgänger von r_0', der gleichfalls ein Teil von r_0 sein wird, da sein p-ter Nachfolger ein Teil von r_p ist.

Schließlich sei r_{p_1}' der erste der Nachfolger von r_0', der mit r_0' einen Durchschnitt hat; r_0'' sei dieser Durchschnitt; dann wird sein $(p + p_1)$-ter Vorgänger, den ich s_0'' nennen will, ein Teil von s_0' und daher von r_0 sein.

Somit wird s_0'' Untermenge von r_0 sowie von ihrem p-ten und $(p + p_1)$-ten Nachfolger sein.

Indem wir auf dieselbe Weise fortfahren, können wir r_0''' aus r_0'' ebenso bilden, wie r_0'' aus r_0' und r_0' aus r_0 hervorgegangen ist; in gleicher Weise bilden wir $r_0^{\mathrm{IV}}, \ldots, r_0^n, \ldots$

Ich will annehmen, daß der erste der sukzessiven Nachfolger von r_0^n, der mit r_0^n einen Durchschnitt hat, derjenige der Ordnung p_n ist.

Den Vorgänger der Ordnung $p + p_1 + p_2 + \cdots + p_{n-1}$ von r_0^n will ich s_0^n nennen.

Die s_0^n werden sowohl Teile von r_0 als auch von ihren n-ten Nachfolgern der Ordnung

$$p, p + p_1, p + p_1 + p_2, \ldots, p + p_1 + p_2 + \cdots + p_{n-1}$$

sein.

Außerdem wird s_0^n Teil von s_0^{n-1}; s_0^{n-1} Teil von s_0^{n-2} sein und so fort.

Es wird dann Punkte geben, die gleichzeitig den Gebieten $r_0, s_0', s_0'', \ldots, s_0^n, s_0^{n+1}, \ldots$ ad infinitum angehören. Die Menge dieser Punkte wird ein Gebiet σ bilden, das sich auf einen oder auf mehrere Punkte reduzieren kann.

Dann wird das Gebiet σ Teil von r_0 wie auch von seinen Nachfolgern der Ordnung $p, p + p_1, \ldots, p + p_1 + \cdots p_n$, $p + p_1 + \cdots + p_n + p_{n+1}, \ldots$ ad infinitum sein.

Mit anderen Worten, alle Trajektorien, die von einem der Punkte von σ ihren Ausgang nehmen, werden unendlich oft durch das Gebiet r_0 verlaufen, q. e. d.

Korollar. Es folgt aus dem Vorstehenden, daß es unendlich viele Trajektorien gibt, die unendlich oft durch das Gebiet r_0 laufen können; es können jedoch auch andere existieren, die es nur eine endliche Anzahl von Malen durchqueren. Ich will jetzt erklären, warum diese letzteren Trajektorien als „exzeptionell" angesehen werden können.

Da dieser Ausdruck nicht an sich schon einen genauen Sinn hat, muß ich zunächst seine Definition vervollständigen.

Wir werden übereinkommen zu sagen, daß die Wahrscheinlichkeit dafür, daß die Anfangslage des beweglichen Punktes zu einem gewissen Gebiet r_0 gehört, zu der Wahrscheinlichkeit dafür, daß diese Anfangslage zu einem anderen Gebiet r_0' gehört, im selben Verhältnis wie das Volumen von r_0 zu dem Volumen von r_0' steht.

Mit den auf diese Weise definierten Wahrscheinlichkeiten will ich beweisen, daß die Wahrscheinlichkeit dafür, daß eine von einem Punkt von r_0 ausgehende Trajektorie höchstens k-mal durch dieses Gebiet verläuft, gleich Null ist, wie groß auch k und wie klein auch das Gebiet r_0 sein mag. Das meine ich gerade damit, wenn ich sage, daß die Trajektorien, die r_0 nur endlich oft durchqueren, exzeptionell sind.

Ich nehme an, daß die Anfangslage des Punktes P zu r_0 gehört, und ich will die Wahrscheinlichkeit dafür berechnen, daß die von diesem Punkt ausgehende Trajektorie im Zeitintervall zwischen dem Zeitpunkt 0 und dem Zeitpunkt $n\tau$ nicht $(k + 1)$-mal r_0 passiert.

Wir haben gesehen, daß man, wenn für das Volumen v von r_0

$$n > \frac{kV}{v}$$

gilt, $k + 1$ Gebiete finden kann, die ich

$$r_0, r_{\alpha_1}, r_{\alpha_2}, \ldots, r_{\alpha k}$$

nenne und die einen Durchschnitt haben. s_{α_k} sei dieser Durchschnitt, s_0 sein Vorgänger der Ordnung α_k; und mit s_p werde der p-te Nachfolger von s_0 bezeichnet.

Ich behaupte, daß die Trajektorie von P, die von einer zu s_0 gehörigen Anfangslage ausgeht, das Gebiet r_0 zwischen den Zeitpunkten 0 und $n\tau$ mindestens $(k + 1)$-mal durchquert. Insbesondere wird sich der bewegliche Punkt, der diese Trajektorie beschreibt, zur Zeit 0 im Gebiet s_0, zur Zeit $p\tau$ in s_p und zur Zeit $n\tau$ in s_n befinden. Er muß daher zwischen 0 und $n\tau$ die folgenden Gebiete durchlaufen:

$$s_0, s_{\alpha k - \alpha k-1}, s_{\alpha k - \alpha k-2}, \ldots, s_{\alpha k - \alpha_2}, s_{\alpha k - \alpha_1}, s_{\alpha k}.$$

Nun behaupte ich, daß alle diese Gebiete Teil von r_0 sind. Es ist nämlich s_{α_k} nach Definition Teil von r_0; s_0 ist Teil von r_0, da sein α_k-ter Nachfolger s_{α_k} Teil von r_{α_k} ist; und allgemein ist $s_{\alpha_k - \alpha_i}$ Teil von r_0, weil sein α_i-ter Nachfolger s_{α_k} Teil von r_{α_i} ist.

Dann durchquert der bewegliche Punkt das Gebiet r_0 mindestens $(k + 1)$-mal, q. e. d.

Nun sei σ_0 derjenige Teil von r_0, der weder zu s_0 noch zu irgendeinem ähnlichen Gebiet gehört, so daß die von den verschiedenen Punkten von σ_0 ausgehenden Trajektorien zwischen den Zeitpunkten 0 und $n\tau$ nicht wenigstens $(k + 1)$-mal durch r_0 verlaufen. w sei das Volumen von σ_0.

Die gesuchte Wahrscheinlichkeit, d. h. die Wahrscheinlichkeit dafür, daß unsere Trajektorie während dieses Zeitintervalles r_0 nicht $(k + 1)$-mal durchquert, ist dann gleich w/v.

Nun durchquert nach Voraussetzung eine beliebige von σ_0 ausgehende Trajektorie r_0 nicht $(k+1)$-mal und durchquert *a fortiori* σ_0 nicht $(k+1)$-mal. Man hat dann

$$w < \frac{kV}{v},$$

und somit ist unsere Wahrscheinlichkeit kleiner als

$$\frac{kV}{nv}.$$

Nun kann man immer, wie groß auch k und wie klein v sein mag, n so groß wählen, daß dieser Ausdruck so klein wird, wie man will. Daher ist die Wahrscheinlichkeit dafür, daß unsere Trajektorie, die von einem Punkt von r_0 ausgeht, zwischen den Zeiten 0 und ∞ dieses Gebiet nicht mehr als k-mal durchquert, gleich Null, q. e. d.

Erweiterung von Satz I. Wir haben angenommen:

1. $n = 3$.
2. Das Volumen ist ein invariantes Integral.
3. Der Punkt P hat in endlichem Abstand zu bleiben.

Der Satz ist auch dann noch richtig, wenn das Volumen kein invariantes Integral ist, vorausgesetzt, es existiert noch eine andere positive Invariante:

$$\int M \, dx_1 \, dx_2 \, dx_3.$$

Es ist auch noch für $n > 3$ richtig, wenn es eine positive Invariante

$$\int M \, dx_1 \, dx_2 \, dx_3$$

gibt und wenn von $x_1, x_2, \ldots, x_n$, den Koordinaten des Punktes P im n-dimensionalen Raum, verlangt wird, daß sie endlich bleiben.

Es gibt sogar noch eine gültige strengere Fassung.

Angenommen, von $x_1, x_2, \ldots, x_n$ werde nicht verlangt, daß sie endlich bleiben, die über den ganzen n-dimensionalen Raum erstreckte positive Integralinvariante

$$\int M \, \mathrm{d}x_1 \, \mathrm{d}x_2 \cdots \mathrm{d}x_n$$

habe aber einen endlichen Wert. Auch dann ist der Satz noch richtig.

Hier ist noch ein oft auftretender Fall.

Angenommen, man kennt ein Integral der Gleichungen (1):

$$F(x_1, x_2, \ldots, x_n) = \text{const.}$$

Wenn $F = \text{const}$ die allgemeine Gleichung eines Systems geschlossener Flächen im n-dimensionalen Raum ist oder wenn F mit anderen Worten eine eindeutige Funktion ist, die unendlich wird, wenn eine der Variabeln $x_1, x_2, \ldots, x_n$ nicht mehr endlich bleibt, so ist klar, daß $x_1, x_2, \ldots, x_n$ immer endlich bleiben, da F einen konstanten endlichen Wert beibehält; man hat dann die Bedingungen des Satzes erfüllt.

Nunmehr nehme man aber an, daß die Flächen $F = \text{const}$ nicht geschlossen sind; dann kann trotzdem der Fall eintreten, daß das über die ganze Menge von Werten der x mit

$$C_1 < F < C_2$$

erstreckte invariante positve Integral

$$\int M \, \mathrm{d}x_1 \, \mathrm{d}x_2 \cdots \mathrm{d}x_n$$

einen endlichen Wert hat; der Satz bleibt auch dann in Kraft.

6. Mechanistische Weltauffassung und Erfahrung*)

von

HENRI POINCARÉ

Zusammenfassung

Die Verfechter der mechanistischen Weltauffassung sind bei ihren Versuchen, den Mechanismus mit den Tatsachen der Erfahrung in Einklang zu bringen, auf verschiedene Hindernisse gestoßen. Nach der mechanistischen Annahme müssen alle Erscheinungen reversibel sein, während die Erfahrung zeigt, daß viele Erscheinungen irreversibel sind. Es ist vorgeschlagen worden, die anscheinende Irreversibilität der Naturerscheinungen lediglich auf die Tatsache zurückzuführen, daß die Moleküle für unsere groben Sinne zu klein und zu zahlreich sind, um mit ihnen umgehen zu können, wenn auch ein „MAXWELLscher Dämon" so verfahren könnte und daher in der Lage wäre, die Irreversibilität zu verhindern.

Die kinetische Gastheorie stellt bis jetzt den ernsthaftesten Versuch dar, mechanistische Weltauffassung und Erfahrung miteinander zu versöhnen, sie sieht sich aber noch der Schwierigkeit gegenüber, daß ein mechanisches System nicht einem permanenten Endzustand zustreben kann, sondern immer wieder gelegentlich zu einem sehr nahe bei seinem Anfangszustand gelegenen Zustand zurückkehren muß (Arbeit 5). Diese Schwierigkeit kann nur überwunden werden, wenn man die Annahme zuläßt, daß das Weltall nicht irreversibel gegen einen Endzustand strebt, wie es durch die Erfahrung nahegelegt zu werden scheint, sondern sich von Zeit zu Zeit selbst erneuert und den zweiten Hauptsatz der Thermodynamik umkehrt.

---

*) Ursprünglich veröffentlicht unter dem Titel „Le mécanisme et l'expérience" in: Rev. Métaphys. Morale **1** (1893) 534–537.

Jedermann kennt die mechanistische Weltauffassung, die so viele gute Leute verführt hat, und die verschiedenen Formen, in denen sie auftritt.

Einige stellen sich die materielle Welt als aus Atomen zusammengesetzt vor, die sich auf Grund ihrer Trägheit auf Geraden bewegen; die Geschwindigkeit und Richtung dieser Bewegung kann sich nur ändern, wenn zwei Atome zusammenstoßen.

Andere lassen Fernwirkung zu und nehmen an, daß die Atome eine Anziehung (oder Abstoßung) aufeinander ausüben, die nach einem gewissen Gesetz von ihrem Abstand abhängt.

Der erste Standpunkt stellt offensichtlich nur einen Sonderfall des zweiten dar; was ich jetzt sagen will, gilt sowohl für den einen wie für den anderen. Die wichtigsten Schlußfolgerungen sind auch auf die kartesische mechanistische Auffassung anwendbar, in der eine kontinuierlich verteilte Materie angenommen wird.

Es würde vielleicht angebracht sein, hier die metaphysischen Schwierigkeiten zu diskutieren, mit denen diese Auffassungen zu tun haben, ich besitze aber dazu nicht die erforderliche Sachkenntnis. Anstatt mit den Lesern dieser Revue Dinge zu diskutieren, die sie besser als ich kennen, ziehe ich es vor, von Gegenständen zu sprechen, mit denen sie weniger vertraut sind, die sie aber indirekt interessieren mögen.

Ich will mich hier mit den Hindernissen befassen, denen die Mechanisten begegnet sind, als sie ihr System mit den experimentellen Tatsachen in Einklang bringen wollten, und mit den Anstrengungen, die sie unternommen haben, um diese Hindernisse zu überwinden oder sie zu umgehen.

Nach der mechanistischen Hypothese müssen alle Erscheinungen *umkehrbar* sein; die Sterne beispielsweise könnten ihre Bahnen auch in umgekehrtem Sinne durchlaufen, ohne das NEWTONsche Gesetz zu verletzen; und dies würde sogar für ein ganz beliebiges Anziehungsgesetz gelten. Es handelt sich hierbei somit nicht um einen der

Astronomie eigentümlichen Fall; Reversibilität ist eine notwendige Folge aller mechanistischen Hypothesen.

Die Erfahrung bietet andererseits eine Anzahl irreversibler Erscheinungen. Bringt man beispielsweise einen warmen und einen kalten Körper zusammen, so wird der erstere seine Wärme an den letzteren abgeben; die umgekehrte Erscheinung tritt niemals auf. Nicht nur, daß der kalte Körper seine Wärme nicht dem warmen Körper zurückgibt, die er ihm entzogen hat, als er mit ihm in direktem Kontakt stand; es ist auch nicht möglich, den ursprünglichen Zustand durch die Anwendung eines Kunstgriffes wiederherzustellen, indem man andere zwischengeschaltete Körper heranzieht, zumindest wird der hierbei erzielte Gewinn durch einen äquivalenten oder größeren Verlust kompensiert. Mit anderen Worten, wenn ein System von Körpern auf einem gewissen Weg von einem Zustand A in einen Zustand B übergehen kann, so kann es weder auf demselben Weg noch auf einem anderen von B nach A zurückkehren. Dieser Umstand ist es, den man im Auge hat, wenn man sagt, daß es nicht nur keine *direkte Umkehrbarkeit*, sondern auch keine *indirekte Umkehrbarkeit* gibt.

Es sind viele Versuche unternommen worden, um diesem Widerspruch zu entgehen; als erstes war da die HELMHOLTZsche Hypothese von „verborgenen Bewegungen". Man erinnere sich an das Experiment, das FOUCAULT im Pantheon mit einem sehr langen Pendel durchgeführt hat. Dieser Apparat scheint sich langsam zu drehen und zeigt auf diese Weise die Erddrehung an. Ein Beobachter, der von der Bewegung der Erde nichts weiß, würde sicherlich schließen, daß mechanische Erscheinungen irreversibel sind. Das Pendel dreht sich immer in derselben Richtung, und es gibt kein Mittel, es im entgegengesetzten Sinne rotieren zu lassen; um das zu tun, müßte man die Richtung der Erddrehung umkehren. Eine solche Änderung ist natürlich unausführbar, für uns ist sie aber denkbar; nicht so jedoch für einen Menschen, der unseren Planeten für unbeweglich hält.

Kann man sich nicht vorstellen, daß es ähnliche Bewegungen in der Molekülwelt gibt, die uns verborgen sind, die wir nicht berücksichtigt haben und deren Richtung wir nicht ändern können?

Diese Erklärung ist verführerisch, sie ist aber unzureichend; sie zeigt, warum es keine *direkte* Reversibilität gibt; man kann aber zeigen, daß sie noch *indirekte* Reversibilität fordert.

Die Engländer haben eine vollkommen andere Hypothese vorgeschlagen. Um sie zu erklären, will ich einen Vergleich heranziehen: Wenn man einen Hektoliter Weizen und ein Korn Gerste hätte, würde es leicht sein, das Korn in der Mitte des Weizens zu verstecken; aber es würde fast unmöglich sein, es wiederzufinden, so daß diese Erscheinung in gewissem Sinne irreversibel zu sein scheint. Das liegt daran, daß die Körper klein und zahlreich sind; die scheinbare Irreversibilität von Naturerscheinungen ist gleichermaßen Folge der Tatsache, daß die Moleküle für unsere groben Sinne zu klein und zu zahlreich sind, um mit ihnen umzugehen.

Um diese Erklärung zu verdeutlichen, führte Maxwell die Fiktion eines „Dämons" ein, dessen Augen scharf genug sind, um die Moleküle zu unterscheiden, und dessen Hände klein und flink genug sind, um sie zu ergreifen. Einem solchen Dämon würde es, wenn man den Mechanisten glaubt, keine Schwierigkeit bereiten, Wärme von einem kalten auf einen warmen Körper übergehen zu lassen.

Die Entwicklung dieses Gedankens hat zu dem Aufstieg der kinetischen Gastheorie Anlaß gegeben, die bis jetzt den ernsthaftesten Versuch darstellt, mechanistische Auffassung und Erfahrung miteinander zu vereinbaren.

Aber alle diese Schwierigkeiten sind nicht überwunden.

Ein leicht zu beweisender Satz sagt uns, daß eine beschränkte Welt, die nur von den Gesetzen der Mechanik beherrscht wird, immer wieder durch einen Zustand gehen wird, der sehr nahe bei ihrem Anfangszustand liegt. Andererseits strebt das Weltall den angenommenen experimentellen Gesetzen zufolge (wenn man ihnen absolute Gültigkeit zubilligt und wenn man sie bis zur letzten Konsequenz ausdeutet) einem gewissen Endzustand zu, von dem es nie wieder abgehen wird. In diesem Endzustand, der eine Art von Tod darstellt, werden alle Körper bei derselben Temperatur in Ruhe sein.

Ich weiß nicht, ob man schon bemerkt hat, daß sich die englischen kinetischen Theorien diesem Widerspruch entziehen können. Die Welt strebt nach ihnen zunächst einem Zustand zu, in dem sie für eine lange Zeit ohne augenfällige Änderung verbleibt; und dies steht mit der Erfahrung in Einklang; aber sie bleibt, wenn das obengenannte Theorem nicht verletzt wird, nicht für immer und ewig darin; sie bleibt darin nur für eine enorm lange Zeit, eine Zeit, die um so länger ist, je mehr Moleküle es gibt. Dieser Zustand wird nicht der Endtod des Weltalls sein, sondern vielmehr eine Art von Schlummer, aus dem es nach Millionen von Millionen Jahrhunderten erwachen wird.

Nach dieser Theorie wird es nicht notwendig sein, das scharfe Sehvermögen, die Intelligenz und die Geschicklichkeit des MAXWELLschen Dämonen zu besitzen, um Wärme von einem kalten Körper auf einen warmen übergehen zu sehen; es wird ausreichen, ein wenig Geduld zu haben.

Es wird sich wahrscheinlich empfehlen, an dieser Stelle abzubrechen und zu hoffen, daß uns eines Tages das Teleskop eine Welt offenbaren wird, die sich im Prozeß des Aufwachens befindet, bei der die Gesetze der Thermodynamik umgekehrt sind.

Leider treten andere Widersprüche auf; MAXWELL hat geistvolle Anstrengungen unternommen, um sie zu überwinden. Ich bin mir aber nicht sicher, ob er Erfolg damit gehabt hat. Das Problem ist so kompliziert, daß es unmöglich ist, es mit voller Strenge zu behandeln. Man ist gezwungen, gewisse vereinfachende Annahmen zu machen; sind sie legitim, sind sie widerspruchsfrei? Ich glaube nicht, daß sie es sind. Ich will sie hier nicht diskutieren;

es liegt jedoch keine Notwendigkeit für eine lange Diskussion vor, um ein Argument anzuzweifeln, von dem die Prämissen scheinbar im Widerspruch zu der Schlußfolgerung stehen, bei dem man in der Tat Reversibilität in den Prämissen und Irreversibilität in der Schlußfolgerung findet.

Somit sind die Schwierigkeiten, die uns angehen, nicht überwunden, und es ist möglich, daß sie es niemals sein werden. Dies würde auf eine definitive Verdammung der mechanistischen Auffassung hinauslaufen, wenn sich die experimentellen Gesetze als von den theoretischen deutlich verschieden erweisen sollten.

7. Über einen Satz der Dynamik und die mechanische Wärmelehre*)

von

Ernst Zermelo

Zusammenfassung

Der Poincarésche Wiederkehrsatz (Arbeit 5) zeigt, daß in einem mechanischen System irreversible Prozesse unmöglich sind. Für diesen Satz wird ein einfacher Beweis gegeben.

Die kinetische Theorie kann keine Erklärung irreversibler Prozesse liefern, wenn sie nicht die unglaubwürdige Annahme macht, daß nur jene Anfangszustände in der Natur realisiert werden, die sich irreversibel entwickeln, während die anderen Zustände, die vom mathematischen Standpunkt aus wahrscheinlicher sind, nicht auftreten. Es wird geschlossen, daß man entweder den zweiten Hauptsatz der Thermodynamik oder die mechanische Wärmetheorie auf wesentlich verschiedene Weise formulieren oder aber die letztere Theorie gänzlich aufgeben muß.

Im zweiten Kapitel der Poincaréschen Preisschrift über das Dreikörperproblem[1]) findet sich ein Satz bewiesen, aus welchem hervorgeht, daß die verbreiteten Vorstellungen von der Wärmebewegung der Moleküle, wie sie z. B. der kinetischen Gastheorie zugrunde liegen, einer wesentlichen Abänderung bedürften, um mit dem thermodynamischen Hauptsatze von der Vermehrung der Entropie vereinbar zu werden. Dieses Poincarésche Theorem sagt aus, *daß in einem System von materiellen*

---

*) Ursprünglich veröffentlicht in: Ann. Phys. [Leipzig] **57** (1896) 485–494.

[1]) H. Poincaré, Sur les équations de la dynamique et le probléme des trois corps, Acta math. **13**, (1890) 1–270; der betreffende Satz S. 67–72.

Punkten unter Einwirkung von Kräften, die allein von der Lage im Raume abhängen, im allgemeinen ein einmal angenommener durch Konfiguration und Geschwindigkeiten charakterisierter Bewegungszustand im Laufe der Zeit, wenn auch nicht genau, so doch mit beliebiger Annäherung noch einmal, ja beliebig oft wiederkehren muß, vorausgesetzt, daß die Koordinaten sowie die Geschwindigkeiten nicht ins Unendliche wachsen. In einem solchen System sind daher, von singulären Anfangszuständen abgesehen, *irreversible Vorgänge unmöglich*, es kann keine eindeutige und stetige Funktion der Zustandsgrößen wie die Entropie fortwährend zunehmen, da jeder endlichen Zunahme bei der Rückkehr in den Anfangszustand wieder eine Abnahme entsprechen müßte. Hr. POINCARÉ bedient sich in der genannten Abhandlung seines Satzes zu astronomischen Erörterungen über die Stabilität des Sonnensystemes, er scheint aber seine Anwendbarkeit auf Systeme von Molekülen oder Atomen und damit auf die mechanische Wärmetheorie nicht bemerkt zu haben, wiewohl er gerade den Grundfragen der Thermodynamik besonderes Interesse zugewandt und auf einem anderen Wege den Nachweis versucht hat, daß die irreversiblen Vorgänge aus der v. HELMHOLTZschen Theorie der „monozyklischen Systeme" nicht immer erklärt werden können.[1]) Um nun das Studium der umfangreichen und vielen Physikern schwerer zugänglichen POINCARÉschen Arbeit nicht voraussetzen zu müssen, schicke ich einen möglichst einfachen Beweis des angeführten Satzes voraus.

Sei N die Anzahl der materiellen Punkte und werden die $n = 6N$ Zustandsgrößen, d. h. die $3N$ Koordinaten und $3N$ Geschwindigkeitskomponenten mit $x_1, x_2, \ldots, x_n$ bezeichnet, so sind die nach der Zeit genommenen Differentialquotienten der ersteren identisch mit den entsprechenden Geschwindigkeitskomponenten, die Ableitungen der letzteren aber, d. h. die Beschleunigungskomponenten, die

---

[1]) H. POINCARÉ, Compt. rend. 108, (1889) 550–552; Vorlesungen über Thermodynamik, S. 294–296.

Kräfte, nach unserer Annahme eindeutige und stetige Funktionen der Koordinaten. Jene sind also von den Koordinaten, diese von den Geschwindigkeiten unabhängig, und die Differentialgleichungen der Bewegung sind von der Form

$$\left.\begin{aligned} &\frac{\mathrm{d}x_\mu}{\mathrm{d}t} = X_\mu(x_1, x_2, \ldots, x_n), \\ &(\mu = 1, 2, \ldots, n), \end{aligned}\right\} \tag{1}$$

wo keine der Funktionen X_μ die entsprechende Variable x_μ selbst enthält, so daß die Beziehung besteht:

$$\frac{\partial X_1}{\partial x_1} + \frac{\partial X_2}{\partial x_2} + \cdots + \frac{\partial X_n}{\partial x_n} = 0. \tag{2}$$

In einem solchen Systeme (1) von Differentialgleichungen erster Ordnung entspricht einem beliebigen Anfangszustand P_0:

$$x_1 = \xi_1, \quad x_2 = \xi_2, \ldots, x_n = \xi_n, \quad (t = t_0)$$

ein bestimmter veränderter Zustand P zur Zeit t, ausgedrückt durch die Integralgleichungen von (1):

$$\left.\begin{aligned} &x_\mu = \varphi_\mu(t - t_0, \xi_1, \xi_2, \ldots, \xi_n), \\ &(\mu = 1, 2, \ldots, n), \end{aligned}\right\} \tag{3}$$

wo die φ_μ eindeutige und stetige Funktionen ihrer sämtlichen Argumente sind, die, unabhängig von der Wahl des Zeitanfanges t_0, durch die Funktionen X_μ allein bestimmt werden. Diese Beziehungen gelten ebenso gut für vorhergehende wie für nachfolgende Zeiten, d. h. ebenso gut für negative wie für positive Werte von $t - t_0$; der Anfangszustand P_0 ist eine beliebige, willkürlich hervorgehobene Phase der Bewegung, die nicht immer zeitlich voranzugehen braucht. Ebenso entspricht auch einem stetig ausgedehnten *Gebiet* g_0 von Anfangszuständen, ausdrückbar durch Beziehungen der Form:

$$F(\xi_1, \ldots, \xi_n) < 0,$$

ein bestimmtes verändertes Gebiet $g = g_t$ zur Zeit t und somit auch dem über g_0 erstreckten n-fachen Integrale

$$\gamma_0 = \int d\xi_1 \, d\xi_2 \cdots d\xi_n,$$

das wir als die „Ausdehnung" von g_0 bezeichnen wollen, im allgemeinen eine andere Ausdehnung von g:

$$\gamma = \int dx_1 \, dx_2 \cdots dx_n.$$

In dem besonderen Falle aber, wo die Funktionen X_μ der Bedingung (2) genügen, ist nach dem Satz von LIOUVILLE[1]) das zweite Integral gleich dem ersten und damit von der Zeit unabhängig, wie auch das Gebiet g_0 oder g, deren jedes durch das andere bestimmt ist, gewählt sein möge, so daß man abgekürzt schreiben kann:

$$d\gamma = dx_1 \, dx_2 \cdots dx_n = d\gamma_0 = \text{const.} \tag{4}$$

„Die Folgezustände, die den Anfangszuständen eines beliebigen Gebietes entsprechen, erfüllen in jedem Augenblick Gebiete von der gleichen Ausdehnung."

Ein beliebiges Gebiet g_0 von Zuständen geht also mit der Zeit stetig in immer neue Gebiete $g = g_t$, die „Phasen" seiner Veränderung, über, welche sämtlich die gleiche Ausdehnung γ besitzen. Alle diese „*späteren*" Phasen g_t $(t \geqq 0)$ bilden zusammen genommen wieder ein stetiges Gebiet G_0, die „*Zukunft*" von g_0, d. h. den Inbegriff aller Zustände, welche *künftig irgend einmal* in endlicher Zeit aus solchen von g_0 hervorgehen. Dieses Gebiet $G = G_0$ wird ganz im Endlichen liegen und eine endliche Ausdehnung $\Gamma \geqq \gamma$ besitzen, wenn wir voraus-

[1]) JACOBI, Dynamik, S. 93; KIRCHHOFF, Theorie der Wärme, S. 142–144.

setzen, daß die Größen $x_1, x_2, \ldots, x_n$ für alle Anfangszustände von g_0 gewisse endliche Grenzen niemals überschreiten. Während sich nun das Gebiet g von g_0 ausgehend mit der Zeit verändert, zugleich mit allen seinen „späteren Phasen", deren jede immer in die folgende übergeht, so ändert sich auch ihre Gesamtheit G wie jedes andere Gebiet und stellt dabei in jedem Augenblick t die „Zukunft" der entsprechenden Phase g_t dar. Nach der Definition der Zukunft erfolgt diese Veränderung in der Weise, daß immer nur frühere Zustände austreten, niemals neue eintreten können: jede Phase von G enthält alle späteren in sich, und die Ausdehnung Γ kann immer *nur abnehmen*. Da aber nach (4) diese Ausdehnung *konstant* bleiben muß, so können die austretenden Zustände niemals Gebiete von endlicher Ausdehnung erfüllen, ihre Anzahl verschwindet gegen die der bleibenden, so daß wir sie als *singuläre* bezeichnen können. Nun ist g_0 in G_0 enthalten, also zum überwiegenden Teil auch in jeder folgenden Phase G_τ, der Zukunft von g_τ, für ein beliebig großes Zeitintervall τ. Das bedeutet aber: es gibt immer Zustände innerhalb g_τ, die später einmal in Zustände von g_0 übergehen, und, ihnen rückwärts entsprechend, Zustände von g_0, die auch nach Ablauf der Zeit τ irgend einmal wieder nach g_0 zurückkehren. Diese letzteren finden sich in allen noch so kleinen Teilen des Gebietes, von denen ja dasselbe wie von g_0 selbst gilt, und hängen stetig zusammen, da mit jedem einzelnen zurückkehrenden Zustand auch seine nächste Umgebung zurückkehren muß, d. h., sie erfüllen das *ganze* Gebiet g_0 mit Ausnahme singulärer Zustände von der Gesamtausdehnung 0. Schließt man daher alle diese singulären Zustände aus, die zu *irgendwelchen* endlichen Zeiten τ gehören, so verbleibt ein Restgebiet g', das nun nicht mehr notwendig stetig zu sein braucht, aber immer noch die überwiegende Mehrzahl der Zustände von g_0 umfaßt. Diese Zustände von g' werden nun nach beliebiger Zeit immer noch einmal, also unendlich oft nach g_0 zurückkehren und damit ihren Anfangszuständen beliebig nahekommen, wenn man g_0 genügend klein angenommen hat.

Damit ist der Satz von POINCARÉ in voller Ausdehnung bewiesen; für den vorliegenden Zweck genügt daher schon der Nachweis, daß die Zustände von g_0 im allgemeinen wenigstens noch *einmal* nach g_0 zurückkehren. Schon hieraus folgt unmittelbar, *daß es keine eindeutige und stetige Funktion $S = S(x_1, x_2, \ldots, x_n)$ des Zustandes geben kann, die für alle Anfangszustände eines noch so kleinen Gebietes beständig zunähme.* Denn wäre S für einen Anfangszustand P_0 während der Zeit τ von einem Werte $< R$ gewachsen auf einen anderen $> R$, so müßte das gleiche gelten von allen Zuständen einer gewissen Umgebung g von P_0, und für die nach g zurückkehrenden Zustände dieses Gebietes müßte die Funktion nachher wieder abnehmen.

Dasselbe läßt sich aber auch sehr einfach direkt beweisen. Würde die Funktion S für alle Anfangszustände von g beständig zunehmen, so würde sie es auch für alle Zustände des größeren Gebietes G, der Zukunft von g, und wegen (4) müßte dann auch das über G erstreckte n-fache Integral

$$\int S \, dx_1 \, dx_2 \cdots dx_n$$

beständig zunehmen. Das ist aber unmöglich, weil sich das Integrationsgebiet G immer nur um singuläre Zustände ohne endliche Ausdehnung verändert, wobei der Wert des Integrales *konstant* bleibt.

Sehr anschaulich wird Bedeutung und Beweis des entwickelten Satzes für den Fall $n = 3$, wenn man die Variablen x_1, x_2, x_3 als die Koordinaten eines materiellen Punktes im Raume auffaßt. Dann bestimmen die Gleichungen (1) in Verbindung mit (2) oder mit (4) eine *stationäre Strömung einer inkompressiblen Flüssigkeit*, und zwar in einem *geschlossenen* Gefäße, wenn die Größen x_μ nicht ins Unendliche wachsen sollen. Einem bestimmten „Zustand" entspricht hier ein Punkt im Raum, einem in der Zeit veränderten Zustande ein in Bewegung begriffener materieller Punkt. Die von diesen Flüssigkeitspunkten beschriebenen Bahnen, die „Stromlinien“, bilden in stetiger Zusammensetzung „Stromröhren“ oder „Stromfäden“, je nachdem sie von geschlossenen Kurven oder von Flächenstücken ausgehen, und bleiben bei der stationären Bewegung immer unverändert. Nun lehrt die Anschauung, daß hier alle Stromfäden *in sich selbst zurücklaufen* müssen, weil die durchströmende Flüssigkeit weder die Röhren durchbrechen noch sich im Inneren irgendwo ansammeln kann. Daraus folgt aber, daß jedes endliche Flüssigkeitsteilchen einem einmal angenomenen Orte immer wieder so nahe kommen muß, als man will, wenn man nur die Flüssigkeitsfäden dünn genug annimmt und genügende Zeit zur Verfügung hat. Daneben gibt es freilich auch nicht zurückkehrende singuläre Stromlinien, z. B. solche, die sich umströmten eingeschlossenen festen Körpern oder Hohlräumen zwischen den nach den verschiedenen Seiten ausweichenden übrigen Stromlinien *asymptotisch nähern*; diese vermögen aber niemals Stromfäden von endlicher Dicke zu bilden. Sollte dagegen die Strömung ein *Geschwindigkeitspotential* besitzen, so müßte dasselbe in dem vollständig geschlossenen Gefäße notwendig *mehrdeutig* sein, während von der Funktion S in unserer Betrachtung ausdrücklich *Eindeutigkeit* gefordert wurde. Auch in dem allgemeineren Falle $n > 3$ ist es bei der weitgehenden Analogie oft von heuristischem Wert, die gleiche Ausdrucksweise beizubehalten und die Gleichungen (1) und (2) oder (4) als die einer „stationären Strömung einer inkompressiblen Flüssigkeit in einem Raume von n Dimensionen“ zu deuten.

Das Ergebnis unserer Betrachtung ist also das folgende:

In einem System beliebig vieler materieller Punkte, deren Beschleunigungen nur von ihrer Lage im Raum abhängen, gibt es keine „irreversiblen“ Vorgänge für alle Anfangszustände, die ein noch so kleines Gebiet von endlicher Ausdehnung erfüllen, falls sowohl die Koordinaten als die Geschwindigkeiten der Punkte endliche Grenzen niemals überschreiten.

Der Satz gilt aber auch allgemeiner, insbesondere für ein *beliebiges* mechanisches System mit den verallgemeinerten Koordinaten q_μ und ihren Bewegungsmomenten p_μ, dessen Bewegungsgleichungen sich in der HAMILTONschen Form schreiben lassen:

$$\frac{\mathrm{d}p_\mu}{\mathrm{d}t} = \frac{\partial H}{\partial q_\mu}, \qquad \frac{\mathrm{d}q_\mu}{\mathrm{d}t} = -\frac{\partial H}{\partial p_\mu},$$

und das wir als ein „konservatives" bezeichnen können, weil hier alle Kräfte ein Potential besitzen und daher die mechanische Energie erhalten bleibt. In einem solchen System nämlich ist offenbar immer

$$\frac{\partial}{\partial p_\mu}\frac{\mathrm{d}p_\mu}{\mathrm{d}t} + \frac{\partial}{\partial q_\mu}\frac{\mathrm{d}q_\mu}{\mathrm{d}t} = 0,$$

und mit dem Analogon der Beziehung (2) müssen auch alle aus ihr fließenden Folgerungen ihre Gültigkeit behalten.

Nach der mechanischen Theorie in ihrer gewöhnlichen atomistischen Darstellung wäre nun die ganze Natur als ein System der betrachteten Art aufzufassen: alle Naturvorgänge sind nichts als Bewegungen der Atome oder Moleküle, die entweder selbst als ausdehnungslose Punkte oder als Aggregate solcher Punkte behandelt werden können und ausschließlich „Zentralkräften", die ein Potential haben und von den Geschwindigkeiten unabhängig sind, unterliegen. Eben diese Annahme sucht man in der „kinetischen Gastheorie" durchzuführen, indem man die Moleküle eines „vollkommenen Gases" als abstoßende Zentren, als elastische Kugeln oder mit BOLTZMANN als elastische feste Körper anderer Gestalt, jedenfalls aber als „konservative" Systeme in dem angegebenen Sinne betrachtet, nur daß man sich hier bei der Wirkung zweier Moleküle aufeinander auf „Stoßkräfte" beschränkt, d. h. auf Abstoßungen, die erst bei sehr großer gegenseitiger Annäherung wirksam werden.

Unter diesen Voraussetzungen könnten also auf Grund der hervorgehenden Betrachtungen „irreversible“ Vorgänge für allgemeinere Anfangszustände nur dadurch möglich werden, daß, von einer gleichförmig fortschreitenden Bewegung des Gesamtschwerpunktes natürlich abgesehen, Moleküle sich ins Unendliche zerstreuen oder schließlich unendlich große Geschwindigkeiten gewinnen. Ist aber das erstere durch die besondere Natur des Systems, das wir uns z. B. von einer festen Hülle umgeben denken können, ausgeschlossen, so ist es auch das letztere auf Grund des Prinzips von der Energie. Denn sonst müßte zur Erreichung einer unendlich großen lebendigen Kraft erst eine unendlich große Arbeit geleistet werden, was nur bei unbegrenzter Annäherung zweier anziehenden Zentren eintreten könnte, während wir doch nach unserer Erfahrung bei sehr großer Annäherung schlechterdings keine anderen als abstoßende Kräfte voraussetzen dürfen. Haben wir z. B. ein in ein festes Gefäß mit elastischen und für Wärme undurchdringlichen Wänden eingeschlossenes Gas, so gäbe es zwar im allgemeinen eine unendliche Mannigfaltigkeit von Anfangszuständen der Moleküle, für welche das Gas *bleibenden* Zustandsänderungen, wie Reibung, Wärmeleitung oder Diffusion entgegenginge. Aber daneben gäbe es noch sehr viel mehr von vornherein ebenso mögliche Anfangszustände, wie man sie schon durch beliebig kleine Verrückungen eines Moleküls aus den früheren erhalten könnte, für welche anstatt solcher irreversiblen Prozesse alle Zustände sich mit beliebig kleinen Abänderungen in dem oben angegebenen Sinne *periodisch wiederholten*. Das müßte auch gelten, wenn etwa der auf unsere Sinne wirkende *physikalische* Zustand, z. B. die Temperatur, und mit ihm auch der Wert der Entropie, nicht durch den augenblicklichen *Bewegungszustand* definiert wäre, sondern erst durch eine endliche *Folge von Bewegungen*, die aber jedenfalls durch den anfänglichen Bewegungszustand *bestimmt* wäre und mit ihm immer wiederkehren müßte.

Um daher die allgemeine Gültigkeit des zweiten Hauptsatzes festzuhalten, wäre man zu der Annahme genötigt, daß trotz ihrer geringeren Anzahl gerade jene zu irreversiblen Vorgängen führenden Anfangszustände in der Natur einmal *verwirklicht* seien, während die anderen, mathematisch betrachtet, wahrscheinlicheren tatsächlich *nicht vorkämen.*

So unwiderleglich eine solche Annahme auch wäre, so wenig entspräche sie unserem Kausalitätsbedürfnis und jedenfalls dem Geiste der mechanischen Naturbetrachtung selbst, der uns immer nötigen wird, alle *denkbaren* mechanischen Anfangszustände, wenigstens innerhalb gewisser Grenzen, auch als physikalisch *möglich* vorauszusetzen, zumal solche, die eine überwiegende Mehrheit ausmachen und von wirklich vorkommenden nur beliebig wenig abweichen. Beziehen sich doch, strenggenommen, alle unsere Naturgesetze nicht auf *bestimmte* Größen oder Vorgänge, die sich genau ja niemals beobachten lassen, sondern immer nur auf gewisse Spielräume, Annäherungen und Wahrscheinlichkeiten, während Singularitäten ausschließlich als Grenzfälle in der Abstraktion existieren. Die hier erörterte Annahme stände also einzig da in der Physik, und ich glaube daher nicht, daß sie irgend jemand würde dauernd befriedigen können.

Daß *nicht alle denkbaren* Anfangszustände dem zweiten Hauptsatz entsprechen können, geht schon daraus hervor, daß bei einer *Umkehrung der Geschwindigkeitsrichtungen* aller Moleküle zu einem beliebigen Zeitpunkt sich auch der ganze zeitliche Verlauf eines Vorganges *umkehren* müßte. In der Tat ist auch dieses Bedenken schon längst gegen die mechanische Ableitung irreversibler Prozesse geltend gemacht worden und hat noch im Winter 1894/95, angeregt durch eine Äußerung CULVERWELLS, zu einer ausgedehnten Diskussion dieser Fragen in der „*Nature*" Veranlassung gegeben, ohne indes, wie mir scheint, zu einer befriedigenden Lösung geführt zu haben. Es ließ sich eben nicht beweisen, daß der physikalische Zustand eines Gases, auf den es allein ankommt, für gleiche und entgegengesetzte Geschwindigkeiten aller

Moleküle immer derselbe sein müsse, in welchem Falle allein hier von einer wirklichen Umkehrung des Vorganges gesprochen werden dürfte, und es blieb ferner noch die Möglichkeit offen, daß wenigstens für ein ausgedehntes *Gebiet* von Anfangszuständen beständige Vermehrung der Entropie stattfinden könne. Beides sind Einwände gegen die angegebene Argumentation, die erst durch die Anwendung des POINCARÉschen Satzes beseitigt werden.

Nach alledem bestände also die Notwendigkeit, entweder dem CARNOT-CLAUSIUSschen Prinzip oder aber der mechanischen Grundansicht eine prinzipiell andere Fassung zu geben, sofern man sich immer noch nicht entschließen kann, die letztere überhaupt endlich aufzugeben. Geringere Abänderungen würden hier, wie mir scheint, kaum zum Ziele führen. Wollte man beispielsweise versuchen, die zwischen den Molekülen oder Atomen wirkenden Kräfte statt allein von ihrer gegenseitigen Lage auch von ihren Geschwindigkeiten abhängig zu machen, womit allerdings die Anwendbarkeit unseres Satzes vermieden würde, so müßte man, um nicht gegen das Prinzip der Energie zu verstoßen, Zusatzkräfte einführen, deren Arbeit beständig verschwindet, deren *Richtung* also durch die Geschwindigkeiten mit bestimmt wird. Dann aber könnten die Kräfte nicht mehr unabhängig voneinander nach Wirkung und Gegenwirkung von Punkt zu Punkt wirken, wie doch der ganzen Atomtheorie wesentlich ist.

Aber mag es auch gelingen, durch geeignete Abänderung der Voraussetzungen, z. B. unter Zugrundelegung der HERTZschen „Prinzipien der Mechanik“[1]), dem dargelegten Widerspruche zu entgehen, so ist es doch jedenfalls *unmöglich*, auf Grund der *bisherigen* Theorie ohne Spezialisierung der Anfangszustände eine mechanische

[1]) Die v. HELMHOLTZsche Theorie der „zyklischen Systeme“ in ihrer ursprünglichen Form dagegen würde von den Folgerungen des POINCARÉschen Satzes mit betroffen werden, da sie in letzter Linie gleichfalls, wenn auch in anderer Form, auf die HAMILTONschen Gleichungen zurückgeht.

Ableitung des zweiten Hauptsatzes durchzuführen, und es ist ebenso unmöglich, unter den gleichen Voraussetzungen das bekannte Gesetz der Geschwindigkeitsverteilung unter den Gasmolekülen, wie seine Entdecker MAXWELL und BOLTZMANN wollten, als den nach einiger Zeit sich regelmäßig einstellenden stationären Endzustand zu erweisen. Von einer eingehenden Prüfung der bisherigen Versuche einer solchen Ableitung im einzelnen, namentlich der von BOLTZMANN und LORENTZ (in den Berichten der Wiener Akademie)[1]), habe ich bei der Schwierigkeit des Gegenstandes vorläufig Abstand genommen, um lieber mit möglichster Klarheit darzulegen, was mir hier als streng beweisbar und prinzipiell wichtig erscheint, und dadurch zu einer erneuten Erörterung und schließlichen Lösung der vorliegenden Frage beizutragen.

---

[1]) Neuerdings zusammengestellt in BOLTZMANNS „Vorlesungen über Gastheorie", Bd. 1, 1896.

8. Entgegnung auf die wärmetheoretischen Betrachtungen des Hrn. E. Zermelo

von

Ludwig Boltzmann

Zusammenfassung

Der Poincarésche Satz, auf den sich die Bemerkungen von Zermelo gründen (Arbeit 7), ist offensichtlich korrekt, seine Anwendung durch Zermelo auf die Theorie der Wärme ist es aber nicht. Die Besonderheit der H-Kurve (Entropie gegen Zeit), die aus der kinetischen Theorie hergeleitet werden kann, ist derart, daß ein Anfangszustand, der von der Maxwellschen Verteilung beträchtlich abweicht, mit außerordentlich großer Wahrscheinlichkeit gegen diese Verteilung streben und während außerordentlich langer Zeit von ihr nur um verschwindend kleine Beträge abweichen wird. Natürlich wird, wenn man lange genug wartet, der Anfangszustand gelegentlich wiederkehren, die Wiederkehrzeit ist aber so groß, daß keine Chance besteht, die Wiederkehr je zu beobachten.

Im Widerspruch zu der Behauptung von Zermelo ist die Anzahl der singulären Anfangszustände, die sich nicht der Maxwellschen Verteilung nähern, sehr klein im Vergleich zur Anzahl derjenigen, die sich so verhalten. Es bereitet folglich keine Schwierigkeit, irreversible Prozesse mittels der kinetischen Theorie zu erklären.

Nach dem molekularkinetischen Gesichtspunkt ist der zweite Hauptsatz der Thermodynamik lediglich ein Satz der Wahrscheinlichkeitsrechnung. Die Tatsache, daß wir niemals Ausnahmen beobachten, beweist nicht, daß der statistische Standpunkt falsch ist, da die Theorie voraussagt, daß die Wahrscheinlichkeit für eine Ausnahme, wenn die Molekülzahl groß ist, praktisch gleich Null ist.

*) Ursprünglich veröffentlicht in: Ann. Phys. [Leipzig] 57 (1896) 773–784.

Schon CLAUSIUS, MAXWELL u. a. haben wiederholt darauf hingewiesen, daß die Lehrsätze der Gastheorie den Charakter statistischer Wahrheiten haben. Ich habe besonders oft und so deutlich als mir möglich war betont[1]), daß das MAXWELLsche Gesetz der Geschwindigkeitsverteilung unter Gasmolekülen keineswegs wie ein Lehrsatz der gewöhnlichen Mechanik aus den Bewegungsgleichungen allein bewiesen werden kann, daß man vielmehr nur beweisen kann, daß dasselbe weitaus die größte Wahrscheinlichkeit hat und bei einer großen Anzahl von Molekülen alle übrigen Zustände damit verglichen so unwahrscheinlich sind, daß sie praktisch nicht in Betracht kommen. An derselben Stelle habe ich auch betont, daß der zweite Hauptsatz vom molekulartheoretischen Standpunkte ein bloßer Wahrscheinlichkeitssatz ist. Die Abhandlung des Hrn. ZERMELO „Über einen Satz der Dynamik und die mechanische Wärmetheorie"[2]) zeigt nun zwar, daß meine betreffenden Arbeiten trotzdem nicht verstanden worden sind, demungeachtet muß ich mich über diese Abhandlung freuen, als über den ersten Beweis, daß diesen Arbeiten in Deutschland überhaupt Aufmerksamkeit geschenkt wird.

Der von Hrn. ZERMELO zu Anfang auseinandergesetzte Satz POINCARÉs ist selbstverständlich richtig, aber dessen Anwendung auf die Wärmetheorie ist es nicht.

Ich habe den Beweis des MAXWELLschen Geschwindigkeitsverteilungsgesetzes aus dem Satze abgeleitet, daß nach den Wahrscheinlichkeitsgesetzen eine gewisse Größe H (gewissermaßen das Maß des Grades der Abweichung des herrschenden Zustandes vom MAXWELLschen) für ein in einem ruhenden Gefäße ruhendes Gas nur abnehmen kann. Die Art und Weise dieser Abnahme wird am besten

---

[1]) L. BOLTZMANN: Sitz.-Ber. Akad. Wiss. Wien **75** (1877) 67; **76** (1877) 373 **78** (1878) 740; Der zweite Hauptsatz der Wärmetheorie, Rede gehalten am 29. Mai 1886. Almanach Wiener Akad. (Populäre Schriften Nr. 3) **36** (1886) 225; Nature [London] **51** (1895) 413; Vorlesungen über Gastheorie, Bd. 1. J. A. Barth, Leipzig 1895, S. 42.

[2]) E. ZERMELO: Ann. Phys. [Leipzig] **57** (1896) 485.

klar, wenn man sich, wie ich es[1]) tat, die Zeit als Abszisse und die dazu gehörigen Werte der Größe H, vermindert um deren kleinsten Wert $H_{\min}$, als Ordinate aufgetragen denkt, wodurch man die sogenannte H-Kurve erhält.

Setzt man, wie es bei dem in meiner Gastheorie § 5 auseinandergesetzten Beweise ausdrücklich geschieht, zuerst die Anzahl der Gasmoleküle unendlich und läßt erst nachher die Zeit der Bewegung sehr groß werden, so erhält man in der weitaus überwiegenden Mehrheit der Fälle eine Kurve, welche sich asymptotisch der Abszissenachse nähert. Dann ist auch, wie man leicht sieht, der POINCARÉsche Satz nicht anwendbar.

Nimmt man aber die Zeit der Bewegung unendlich groß, dagegen die Anzahl der Moleküle zwar sehr, aber nicht absolut unendlich groß an, so hat die H-Kurve einen anderen Charakter. Sie verläuft, wie ich schon am zitierten Orte in der Nature zeigte, fast immer sehr nahe der Abszissenachse. Nur äußerst selten erhebt sie sich höher über dieselbe, was wir einen Buckel nennen wollen, und zwar nimmt die Wahrscheinlichkeit eines Buckels mit wachsender Höhe desselben rapid ab. Für jede Zeit, für welche die Ordinate der H-Kurve sehr klein ist, herrscht fast genau die MAXWELLsche Geschwindigkeitsverteilung; bedeutende Abweichung von derselben aber finden an den hohen Buckeln der H-Kurve statt. Hr. ZERMELO glaubt nun aus dem POINCARÉschen Satze schließen zu können, daß sich das Gas nur bei gewissen singulären Anfangszuständen, deren Anzahl unendlich klein ist gegen die aller möglichen Anfangszustände, dem MAXWELLschen Geschwindigkeitsverteilungsgesetze immer mehr nähert, während bei den meisten Anfangszuständen dieses Gesetz nicht Platz greift. Dies scheint mir nicht richtig zu sein. Gerade für gewisse singuläre Anfangszustände tritt das MAXWELLsche Geschwindigkeitsverteilungsgesetz niemals ein, z. B. wenn alle Moleküle anfangs in einer an beiden Enden auf der Gefäß-

[1]) L. BOLTZMANN, Nature [London] 51 (1895) 413.

wand senkrechten Geraden lagen. In der weitaus (unendlich) überwiegenden Mehrzahl von Anfangsbedingungen dagegen hat die H-Kurve den soeben geschilderten Charakter.

Liegt der Anfangszustand des Gases auf einem enorm hohen Buckel, d. h., weicht er gänzlich von der MAXWELLschen Geschwindigkeitsverteilung ab, so wird sich der Zustand mit enormer Wahrscheinlichkeit dieser Geschwindigkeitsverteilung nähern und während enorm langer Zeit nur verschwindend wenig davon abweichen. Allerdings kann man, wenn die Zeit der Bewegung noch mehr verlängert wird, wieder zu einem größeren Buckel der H-Kurve gelangen, ja, wenn diese Verlängerung nur genügend fortgesetzt wird (also selbstverständlich für in mathematischem Sinn unendlich lange Bewegungsdauer unendlich oft), muß sogar der alte Zustand wiederkehren.

Hr. ZERMELO hat daher vollständig recht, wenn er behauptet, daß die Bewegung im mathematischen Sinne eine periodische ist, aber, weit entfernt meine Sätze zu widerlegen, ist diese Periodizität vielmehr in vollster Harmonie mit denselben. Man vergesse nicht, daß die MAXWELLsche Geschwindigkeitsverteilung kein Zustand ist, wobei jedem Molekül ein bestimmter Ort und eine bestimmte Geschwindigkeit angewiesen wird und welcher etwa dadurch erreicht wird, daß sich der Ort und die Geschwindigkeit jedes Moleküls diesem bestimmten Orte und dieser bestimmten Geschwindigkeit asymptotisch nähern. Unter einer endlichen Zahl von Molekülen kann überhaupt niemals exakt, sondern nur mit großer Annäherung die MAXWELLsche Geschwindigkeitsverteilung bestehen. Diese ist keineswegs eine ausgezeichnete singuläre Geschwindigkeitsverteilung, welcher unendlich vielmal mehr Nicht-MAXWELLsche Geschwindigkeitsverteilungen gegenüberstehen; sondern sie ist im Gegenteile dadurch charakterisiert, daß die weitaus größte Zahl der überhaupt möglichen Geschwindigkeitsverteilungen die charakteristischen Eigenschaften der MAXWELLschen haben und gegenüber dieser Zahl die Anzahl derjenigen möglichen Geschwindigkeitsverteilungen, welche bedeutend von der MAXWELLschen abweichen, verschwindend klein ist. Während daher Hr. ZERMELO sagt, die Anzahl derjenigen Zustände, welche schließlich zum MAXWELLschen führen, sei verschwindend gegenüber der aller möglichen Zustände, so behaupte ich dagegen, daß überhaupt die weitaus größte Zahl der gleich möglichen Zustände „MAXWELLsche" sind und dagegen die Zahl der wesentlich von der MAXWELLschen Geschwindigkeitsverteilung abweichenden nur verschwindend klein ist.[1])

Für das erste Molekül ist jeder Ort im Raume und für dessen erste Geschwindigkeitskomponente jede mit dem Energieprinzip verträgliche Größe gleich wahrscheinlich. Kombiniert man aber alle Zustände aller Moleküle, so erhält man in den weitaus meisten Fällen mit großer Annäherung das MAXWELLsche Geschwindigkeitsverteilungsgesetz. Nur ganz wenige Kombinationen geben eine total davon abweichende Zustandsverteilung.

Ein Analogon hierfür bietet die Theorie der Methode der kleinsten Quadrate, wo für jeden Elementarfehler ein positiver oder ein gleicher negativer Wert als gleich wahrscheinlich angenommen und dann bewiesen wird, daß wenn man alle möglichen Werte der Elementarfehler in allen möglichen Weisen kombiniert, bei der größten Mehrzahl der Kombinationen das GAUSSsche Fehlergesetz herauskommt und nur bei verhältnismäßig verschwindend wenigen Kombinationen bedeutende Abweichungen davon eintreten, welche also nicht unmöglich, aber unendlich unwahrscheinlich sind.

Ein noch einfacheres Beispiel bietet das Würfelspiel. Bei 6000 Würfen mit demselben Würfel wird man beiläufig 1000 Einser-, 1000 Zweierwürfe usw. machen, aber keineswegs deshalb, weil die gerade zufällig eingetretene Reihenfolge der Würfe wahrscheinlicher wäre als eine Reihe von 6000 Einserwürfen, sondern bloß, weil

[1]) Über das, was hierbei unter gleich möglichen Zuständen zu verstehen ist, vgl. meine eingangs zitierten Abhandlungen.

weit mehr mögliche Kombinationen auf eine nahe gleiche Zahl von Einserwürfen, Zweierwürfen usw. als auf lauter Einserwürfe führen.

Die Wahrscheinlichkeitsrechnung führt daher, wie längst bekannt, ebenfalls zu dem Resultate, daß eine Wiederkehr des ursprünglichen Zustandes durchaus nicht mathematisch ausgeschlossen ist, ja daß dieselbe sogar zu erwarten ist, wenn die Zeit der Bewegung genügend lange ausgedehnt wird, da die Wahrscheinlichkeit eines dem Anfangszustande sehr nahe liegenden Zustandes sehr klein, aber nicht unendlich klein ist. Die Konsequenz des POINCARÉschen Satzes, daß abgesehen von wenigen singulären Zustandsverteilungen ein dem Anfangszustand sehr naher Zustand nach einer, wenn auch sehr langen Zeit immer wiederkehren muß, steht daher in vollstem Einklange mit meinen Lehrsätzen.

Nur der Schluß, daß an den mechanischen Grundanschauungen irgend etwas geändert oder diese gar aufgegeben werden müßten, darf daraus nicht gezogen werden. Dieser Schluß wäre nur berechtigt, wenn sich aus den mechanischen Grundanschauungen irgendeine mit der Erfahrung in Widerspruch stehende Konsequenz ergäbe. Dies wäre aber nur der Fall, wenn Hr. ZERMELO beweisen könnte, daß die Zeitdauer dieser Periode, innerhalb welcher der alte Zustand des Gases nach dem POINCARÉschen Satze eintreten muß, eine beobachtbare Länge hat. Es dürfte nun zwar schon a priori evident sein, daß, wenn etwa eine Trillion winziger Kugeln, jede mit einer großen Geschwindigkeit begabt, zu Anfang der Zeit in einer Ecke eines Gefäßes mit absolut elastischen Wänden beisammen waren, sich dieselben in kurzer Zeit ziemlich gleichmäßig im Gefäße verteilen werden und daß die Zeit, wo sich alle ihre Stöße so kompensiert haben, daß sie alle wieder in derselben Ecke zusammenkommen, so groß sein muß, daß sie niemand zu erleben imstande ist. Zum Überfluß ergibt die im Anhange begefügte Rechnung für diese Zeit einen Betrag, dessen enorme Größe wahrhaft beruhigend ist. So wenig nun die im Anhange gegebene Rechnung irgendeinen Anspruch auf Genauigkeit machen kann, so zeigt dieselbe doch, daß aus dem POINCARÉschen Satze jedenfalls nicht bewiesen werden kann, daß die theoretische Existenz einer Periode, nach welcher derselbe Zustand des Gases wiederkehrt, irgend einen Widerspruch mit der Erfahrung involviere, da die Länge dieser Periode jeder Beobachtbarkeit spottet. Die Zustände, die wir beobachten, aber fallen ja alle in die Zwischenzeit zwischen den Anfang und das Ende der Periode, wo der POINCARÉsche Satz Zustände, die sich im beliebigen Grade den MAXWELLschen nähern, nicht ausschließt.

Der ZERMELOsche Fall ist daher nur einer jener vielen Fälle (und zwar ein gegen die Gastheorie besonders wenig beweisender), wo ein theoretisch nur sehr unwahrscheinlicher Zustand praktisch als niemals eintretend betrachtet werden muß. So müssen z. B. selbst bei gewöhnlicher Temperatur im Knallgase einzelne Moleküle mit großer Geschwindigkeit zu zweien und selbst zu dreien aufeinander stoßen. Dasselbe muß sich also auch bei gewöhnlicher Temperatur in Wasser verwandeln.

Um ein anderes Beispiel zu geben, ist der Fall, daß in einem Gase während einer Sekunde kein Molekül auf einen Stempel von bestimmter Größe stößt, nur sehr unwahrscheinlich, nicht unmöglich.

Die Zeit, wie lange man warten müßte, bis im Knallgase bei gewöhnlicher Temperatur eine meßbare Wassermenge entsteht oder bis ein nicht allzu kleiner Stempel während einer Sekunde einen meßbar kleineren Druck als den durchschnittlichen Gasdruck erfährt, sind bei weitem nicht so lange als die ZERMELOsche Periode, aber doch ausreichend lang, um jede Beobachtbarkeit auszuschließen. Ein Argument gegen die Gastheorie könnte aus solchen Betrachtungen nur dann abgeleitet werden, wenn derartige Erscheinungen in Fällen ausblieben, wo sie nach der Rechnung in beobachtbaren Zeiten eintreten müßten. Dies scheint aber nicht der Fall zu sein, im Gegenteil: bei einer Temperatur, die tiefer als die allgemeine Umsetzungstemperatur ist, wurden wirklich Spuren chemischer Umsetzungen gefunden; ebenso wurden an ganz kleinen, in einem Gase befindlichen Körperchen Bewegungen wahrgenommen, welche davon herrühren können, daß in solchen Fällen in der Tat auf einem gegen ihre ganze Oberfläche nicht mehr verschwindenden Teil derselben bald ein etwas größerer, bald ein etwas kleinerer Druck wirkt.

Wenn daher Hr. Zermelo aus der theoretischen Notwendigkeit, daß in einem Gase der Anfangszustand wiederkehren muß, ohne zu berechnen, nach wie langer Zeit dies geschehen muß, den Schluß zieht, daß die Hypothesen der Gastheorie verlassen oder im Fundamente verändert werden müssen, so gleicht er einem Würfelspieler, welcher berechnet hat, daß die Wahrscheinlichkeit, 1000 mal hintereinander ein Auge zu werfen, nicht gleich Null ist, und nun schließt, daß seine Würfel falsch sein müssen, weil ihm dieser Fall noch nie vorgekommen ist.

Mit dem Vorgebrachten hängt nach meinen Ausführungen an den eingangs zitierten Stellen der zweite Hauptsatz aufs innigste zusammen. Auch er ist nach den molekular-theoretischen Anschauungen lediglich ein Wahrscheinlichkeitssatz. Nach diesen Anschauungen kann nicht aus den Bewegungsgleichungen bewiesen werden, daß sich alle Erscheinungen immer in einem bestimmten Sinne abspielen müßten. Bei allen Erscheinungen, wo nur sichtbare Bewegungen vorkommen, wo sich also die Körper bloß als Ganzes bewegen, muß jeder Bewegungssinn gleichberechtigt sein. Wo dagegen die Bewegung auf eine sehr große Anzahl sehr kleiner Moleküle übergeht, dürfen wir, abgesehen von verschwindend wenigen Fällen, die um so weniger zur Beobachtung gelangen können, je mehr Moleküle ins Spiel kommen, den Übergang von einem unwahrscheinlichen zu einem wahrscheinlicheren Zustande, also immerwährende Veränderungen in einem bestimmten Sinne erwarten wie in einem Gase den Eintritt der Maxwellschen Zustandsverteilung. Wenn dagegen die Bewegungen einzelner Moleküle in Frage kämen, wäre dies nicht mehr zu erwarten.

Der erste und zweite Fall bestätigen sich in der Erfahrung: der dritte Fall wurde noch niemals realisiert. Seine Möglichkeit ist daher nicht bewiesen, aber auch nicht widerlegt. Namhafte Forscher, z. B. HELMHOLTZ[1]), glaubten an dieselbe, und wie ich in meinem Buche über Gastheorie nachzuweisen suchte,[2]) wird die Ansicht, daß der zweite Hauptsatz ein bloßer Wahrscheinlichkeitssatz sei, durch die Tatsachen nicht nur nicht widerlegt, sondern dieselben schließen sich dieser Ansicht sogar besonders gut an. Auch GIBBS[3]) gelangt aus rein empirischen Tatsachen zu folgendem Schlusse: „The impossibility of an incompensated decrease of entropy seems to be reduced to an improbability."

Wir kommen also zu folgendem Resultate: Wenn man die Wärme als eine Bewegung von Molekülen auffaßt, welche gemäß den allgemeinen Gleichungen der Mechanik stattfindet, und annimmt, daß sich der Komplex von Körpern, den wir wahrnehmen, jetzt gerade in einem sehr unwahrscheinlichen Zustande befindet, so ergibt sich ein Satz, welcher für alle bisher beobachteten Erscheinungen mit dem zweiten Hauptsatze übereinstimmt.

Freilich sobald man Körper von so kleinen Dimensionen beobachtet, daß dieselben nur mehr wenige Moleküle enthalten, muß die Gültigkeit dieses Satzes aufhören. Da aber über das Verhalten so kleiner Körper keinerlei Versuche vorliegen, so widerspricht diese Annahme keiner bisherigen Erfahrung; ja, gewisse mit sehr kleinen, in Gasen befindlichen Körpern vorgenommene Versuche sprechen eher zu ihren Gunsten, wenn man auch noch weit davon entfernt ist, von einem experimentellen Beweise ihrer Richtigkeit sprechen zu können.

---

[1]) H. VON HELMHOLTZ: Berliner Ber. **17** (1884) 172; ebenda, Febr. 1882, S. 34.

[2]) L. BOLTZMANN: Vorlesungen über Gastheorie, Bd. 1. J. A. Barth, Leipzig 1895, S. 61.

[3]) W. GIBBS: Trans. Conn. Acad. **3** (1875) 229; OSTWALDS deutsche Ausgabe S. 198.

Auch wenn die in Frage kommenden Körper sehr viele Moleküle enthalten, müssen noch immer enorm kleine Abweichungen von diesem Satze eintreten, da die Zahl der Moleküle nicht unendlich ist. Allein diese Abweichungen könnten nur in so langen Zeiträumen sich bis zu einem beobachtbaren Werte summieren, daß auch diese Konsequenz der Atomistik nicht durch die Erfahrung widerlegt wird. Dies gilt um so mehr, da ja die Gastheorie nur beansprucht, ein angenähertes Bild der Wirklichkeit zu sein. Störungen, welche die Molekularbewegung durch den Lichtäther, durch elektrische Eigenschaften der Moleküle usw. erfährt, muß sie wegen unserer völligen Unbekanntschaft mit der Natur dieser Agentien vernachlässigen, absolut glatte Wände kommen niemals vor, vielmehr steht jedes Gas mit dem ganzen Universum in Wechselwirkung, und die Zulässigkeit der Gastheorie im großen und ganzen wird daher durch kleine Abweichungen von der Erfahrung nicht widerlegt.

Eine Antwort auf die Frage, woher es komme, daß sich gegenwärtig die uns umgebenden Körper gerade in einem sehr unwahrscheinlichen Zustande befinden, kann man natürlich von der Naturwissenschaft ebensowenig erwarten wie etwa auf die Frage, woher es komme, daß es überhaupt Erscheinungen gibt und daß sich dieselben nach gewissen gegebenen Gesetzen abspielen.

Die Gastheorie ist nicht zu verwechseln mit der Kraftzentrentheorie, d. h. mit der Hypothese, daß sich alle Naturerscheinungen durch Zentralkräfte zwischen materiellen Punkten erklären lassen, da die Gastheorie weder die Voraussetzung macht, daß sich das Verhalten des Lichtäthers, noch daß sich die innere Beschaffenheit der Moleküle durch Kraftzentren erklären läßt, sondern bloß, daß für die Wechselwirkung zweier Moleküle während der Zusammenstöße mit einer für die Erklärung der Wärmeerscheinungen genügenden Annäherung die Lagrangeschen Bewegungsgleichungen gelten.

Gegen diese letztere Kraftzentrentheorie könnte noch eine Konsequenz des Poincaréschen Satzes bezüglich des

Verhaltens des ganzen Universums ins Feld geführt werden. Man könnte sagen, daß nach dem POINCARÉschen Satze auch das ganze Universum nach genügend langer Zeit in seinen Anfangszustand zurückkehren müßte und daher Zeiten kommen müßten, wo sich alle Vorgänge im entgegengesetzten Sinne wie jetzt abspielen. Allein derartige Schlüsse scheinen mir jeder Berechtigung zu entbehren. Wie sollen wir, sobald wir die Sphäre des Beobachtbaren verlassen, entscheiden, ob die Existenzdauer des Universums oder die Anzahl der Kraftzentren, welche es enthält, unendlich groß höherer Ordnung ist? Auch wird dann die Annahme, daß der Bewegungsraum und der gesamte Energieinhalt endlich sind, fraglich. Es führt ja auch die Annahme der unbedingten Gültigkeit des Irreversibilitätsprinzips bei Anwendung auf das Universum unter Voraussetzung einer unendlich langen Dauer desselben bekanntlich zu der kaum mehr verlockenden Konsequenz, daß, wenn sich alle irreversiblen Prozesse abgespielt haben, das Universum noch unendlich lange Zeit ohne jedes Geschehen fortexistieren oder wegen Mangels an Geschehen allmählich verschwinden muß. So wenig es nun berechtigt wäre, hieraus auf die Unrichtigkeit des Irreversibilitätsprinzips Schlüsse zu ziehen, so wenig beweist der gleiche Fall etwas gegen die Atomistik.

Alle gegen die mechanische Naturanschauung erhobenen Einwände sind daher gegenstandslos und beruhen auf Irrtümern. Wer aber die Schwierigkeiten, welche die klare Erfassung der gastheoretischen Sätze bietet, nicht zu überwinden vermag, der sollte in der Tat dem Rate Hrn. ZERMELOS folgen und sich entschließen, dieselbe ganz aufzugeben.

Anhang

Wir setzen ein Gefäß von 1 ccm Rauminhalt voraus. Darin soll sich Luft von gewöhnlicher Dichte, also rund eine Trillion (n) Moleküle befinden. Die Geschwindigkeit eines jeden sei anfangs 500 m pro Sekunde. Der mittlere Abstand der Zentren zweier Nachbarmoleküle ist also etwa 10^{-6} cm.

Wir konstruieren nun um den Mittelpunkt jedes Moleküls einen Würfel von 10^{-7} cm Seitenlänge, welchen wir den Anfangsraum des betreffenden Moleküls nennen. Wir zeichnen ferner das Geschwindigkeitsdiagramm, indem wir die Geschwindigkeit jedes Moleküls vom Koordinatenursprunge aus in Größe und Richtung auftragen. Der Endpunkt dieser Geraden heiße der Geschwindigkeitspunkt des betreffenden Moleküls. Hierauf teilen wir den ganzen unendlichen Raum in lauter Würfel von 1 m Seitenlänge, welche wir die Elementarwürfel nennen. Denjenigen Elementarwürfel, in welchem sich der Geschwindigkeitspunkt eines Moleküls zu Anfang der Zeit befindet, nennen wir den Anfangsraum seines Geschwindigkeitspunktes.

Wir fragen nun zunächst, nach wie langer Zeit gemäß des Poincaréschen Satzes die Zentren sowie die Geschwindigkeitspunkte aller Moleküle wieder gleichzeitig in die betreffenden Anfangsräume zurückkehren müssen, wobei wir, wie man sieht, den Spielraum für das, was wir Rückkehr zu einem gleichen Zustande nennen, gewiß nicht enge gezogen haben, da wir den Geschwindigkeitszustand eines Moleküls als den alten bezeichnen, wenn jede seiner Geschwindigkeitskomponenten zu einem Werte zurückgekehrt ist, der sich um nicht mehr als 1 m von seinem ursprünglichen Werte unterscheidet.

Wir nehmen an, daß jedes Molekül in der Sekunde $4 \cdot 10^9$ Zusammenstöße erfährt. Es erfolgen also im ganzen in der Sekunde etwa $b = 2 \cdot 10^{27}$ Zusammenstöße im Gase. Bei jedem solchen Zusammenstoße werden im allgemeinen die Geschwindigkeitspunkte zweier Moleküle in andere Elementarwürfel versetzt. Nach dem Poincaréschen Satze braucht der ursprüngliche Zustand nicht früher wiederzukehren, bis die Geschwindigkeitspunkte alle möglichen (N) Kombinationen von Elementarwürfeln durchlaufen haben.

Das erste Molekül kann alle Geschwindigkeiten von

Null bis $(500 \cdot 10^9 = a)$ m/s annehmen. Hat es die Geschwindigkeit v_1 m/s, so kann das zweite noch alle Geschwindigkeiten von Null bis $\sqrt{a^2 - v_1^2}$ m/s annehmen usw.

Die Anzahl aller möglichen Kombinationen aller Geschwindigkeitspunkte in die verschiedenen Elementarwürfel ist also:

$$N = (4\pi)^{n-1} \int_0^a v_1^2 \mathrm{d}v_1 \int_0^{\sqrt{a^2 - v_1^2}} v_2^2 \,\mathrm{d}v_2 \cdots \int_0^{\sqrt{a^2 - v_1^2 \cdots v_{n-2}^2}} v_{n-1}^2 \,\mathrm{d}v_{n-1}$$

$$= \frac{\pi^{\frac{3n-3}{2}} a^{3(n-1)}}{2 \cdot 3 \cdot 4 \cdots [3(n-1)/2]}$$

oder

$$\frac{2 \cdot (2\pi)^{\frac{3n-4}{2}} a^{3(n-1)}}{3 \cdot 5 \cdot 7 \cdots 3(n-1)},$$

je nachdem n ungerade oder gerade ist.

Da jede dieser Kombinationen durchschnittlich nach $1/b$ Sekunden wechselt, so werden sie alle in N/b Sekunden durchlaufen sein. Nach dieser Zeit also müßten alle Moleküle bis auf eines das erlangt haben, was wir ihren ursprünglichen Geschwindigkeitszustand nannten. Dabei ist noch die Geschwindigkeitsrichtung dieses letzten Moleküls gar nicht beschränkt, ebensowenig die Lage des Mittelpunktes irgendeines Moleküls. Damit aber der Zustand wieder der alte würde, müßte auch der Mittelpunkt jedes Moleküls wieder in seinen Anfangsraum zurückkehren, also die obige Zahl noch mit einer zweiten von ähnlicher Größenordnung multipliziert werden.

Wie groß aber schon die Zahl N/b ist, davon erhält man einen Begriff, wenn man bedenkt, daß sie viele Trillionen Stellen hat. Wenn dagegen um jeden mit dem besten Fernrohr sichtbaren Fixstern so viele Planeten, wie um die Sonne kreisten, wenn auf jedem dieser Planeten so viele Menschen wie auf der Erde wären und jeder dieser Menschen eine Trillion Jahre lebte, so hätte die Zahl der Sekunden, welche alle zusammen erleben, noch lange nicht fünfzig Stellen.

Wären hingegen die Gasmoleküle anfangs im Gefäße ziemlich gleichmäßig verteilt, hätten aber alle genau dieselbe Geschwindigkeit, so würde sich schon nach einhundertmilliontel Sekunde sehr nahe die MAXWELLsche Geschwindigkeitsverteilung hergestellt haben. Die Vergleichung dieser Zahlen zeigt einerseits, einen wie kleinen Bruchteil der Zahl aller möglichen Zustandsverteilungen diejenigen bilden, welche von der MAXWELLschen erheblich abweichen, andererseits wie zweifellos solche Sätze, welche theoretisch nur den Charakter von Wahrscheinlichkeitssätzen haben, praktisch mit Naturgesetzen gleichbedeutend sind.

9. Über mechanische Erklärungen irreversibler Vorgänge. Eine Antwort auf Hrn. Boltzmanns „Entgegnung"*)

von

Ernst Zermelo

Zusammenfassung

Boltzmann hat eingeräumt (Arbeit 8), daß die gemeinhin angenommene Fassung des zweiten Hauptsatzes der Thermodynamik mit dem mechanischen Standpunkt unvereinbar ist. Während der Autor die Ansicht vertritt, der erstere, ein Prinzip, das eine Fülle begründeter experimenteller Tatsachen zusammenfaßt, sei zuverlässiger als ein auf nicht nachprüfbaren Hypothesen gegründeter mathematischer Satz, will Boltzmann den mechanischen Standpunkt bewahren, indem er den zweiten Hauptsatz in einen „bloßen wahrscheinlichkeitstheoretischen Satz" abändert, der nicht immer gültig zu sein braucht.

Die Boltzmannsche Aussage, die statistische Formulierung des zweiten Hauptsatzes sei in Wahrheit zu der üblichen äquivalent, stützt sich auf postulierte Eigenschaften der H-Kurve, die er nicht bewiesen hat und die unmöglich zu sein scheinen. Seine Begründung dafür, daß ein willkürlich gewählter Anfangszustand wahrscheinlich ein Maximum auf der H-Kurve sein wird, würde, wenn sie richtig wäre, beweisen, daß die H-Kurve vollständig aus Maxima besteht, was Unsinn ist.

Der einzige Weg, auf dem die mechanische Theorie zu Irreversibilität führen kann, ist der, eine neue physikalische Annahme einzuführen zu dem Zweck, daß der Anfangszustand immer einem Punkt bei einem oder kurz nach einem Maximum auf der H-Kurve entspricht; das würde aber darauf hinauslaufen, das anzunehmen, was bewiesen werden sollte.

---

*) Ursprünglich veröffentlicht in: Ann. Phys. [Leipzig] **60** (1897) 392–398.

Durch meine Abhandlung im letzten Märzheft dieser Zeitschrift „Über einen Satz der Dynamik und die mechanische Wärmetheorie“[1]) hat sich Hr. BOLTZMANN zu einer sofortigen „Entgegnung“[2]) veranlaßt gefunden, einer Entgegnung freilich, in der ich eher eine Bestätigung als eine Widerlegung meiner Ausführungen erblicken kann. Nicht nur den zugrunde liegenden Satz POINCARÉs erkennt Hr. BOLTZMANN als „selbstverständlich richtig“ an, sondern auch seine Anwendbarkeit auf ein abgeschlossenes System von Gasmolekülen im Sinne der kinetischen Theorie. In der Tat seien in einem solchen Systeme die Vorgänge, mathematisch betrachtet, *periodischer* Natur, also *nicht irreversibel* im strengen Sinne, so daß eine wirklich *fortdauernde* Vermehrung der Entropie, wie der zweite Hauptsatz in seiner gewöhnlichen Fassung sie fordert, *nicht* angenommen werden dürfe. Eben dies zu beweisen und damit eine gesicherte Grundlage für die Erörterung der prinzipiellen Frage zu gewinnen, war das Ziel meiner Arbeit; Hrn. BOLTZMANNs gastheoretische Untersuchungen wurden mir erst später bekannt, schienen mir aber diese allgemeine Aufklärung noch keineswegs, wie er selbst annimmt, überflüssig zu machen.

Die von mir (S. 493) behauptete „Notwendigkeit, entweder dem CARNOT-CLAUSIUSschen Prinzip oder aber der mechanischen Grundansicht eine prinzipiell andere Fassung zu geben“, wäre also zugestanden, und nur die Entscheidung zwischen den beiden Möglichkeiten bliebe zunächst noch dem Einzelgeschmack überlassen. Hier würde ich allerdings, und ich wohl nicht allein, die einfache Zusammenfassung einer Fülle gesicherter *Erfahrungen* zu einem einzigen allgemeingültigen Satze nach den Regeln der Induktion für zuverlässiger halten als eine ihrer Natur nach niemals direkt beweisbare *Theorie* und wäre daher *diese* eher aufzugeben oder abzuändern bereit wie *jenen*, wenn doch einmal beide nicht zu vereinigen

[1]) E. ZERMELO, Wied. Ann. 57 (1896) 485.
[2]) H. BOLTZMANN, Wied. Ann. 57 (1896) 773.

sind. — Hr. BOLTZMANN dagegen, der an der herkömmlichen mechanischen Auffassung gar nichts geändert wissen will, verwandelt den zweiten Hauptsatz in einen „bloßen Wahrscheinlichkeitssatz“ von zeitlich beschränkter Gültigkeit; er hält aber diese Abänderung, deren *prinzipielle* Bedeutung er selbst nicht verkennen wird, für durchaus unbedenklich, ja unwesentlich, denn „praktisch“ seien beide Fassungen „völlig gleichbedeutend“. Sehen wir nun, wie weit ihm dies nachzuweisen gelungen ist.

Das eine ist zweifellos richtig, was Hr. BOLTZMANN betont: bei der ungeheuren Anzahl der Moleküle in einem endlichen Gasvolumen wird auch die mittlere Dauer der POINCARÉschen Perioden, in denen sich jeder Zustand wiederholt, allzu groß werden, als daß eine direkte *Beobachtung* der theoretisch nachgewiesenen Periodizität zu erwarten wäre. Nur seine numerische Abschätzung (S. 782—784), der er einen einzelnen exzeptionellen Anfangszustand, eine ganz bestimmte Kombination der Moleküle zugrunde legt, kann ich hier nicht für maßgebend halten; handelt es sich doch in der Praxis immer nur um den „physikalischen Zustand“, der durch sehr viel verschiedene Kombinationen verwirklicht werden und darum auch sehr viel früher wiederkehren kann. Auch genügte es für meinen Zweck bereits, die Wiederkehr irgendeines anderen Zustandes von gleichem oder kleinerem Entropiewerte nachzuweisen, und die Perioden einer solchen einzelnen Funktion S werden je nach ihrer Natur verschieden, im ganzen aber durchaus nicht mehr so „beruhigend“ groß ausfallen. Immerhin wird es auch solche Funktionen geben, deren Periodizität sich gleichwohl noch jeder Beobachtung entzieht, und zu ihnen mag auch gerade die Entropiefunktion gehören.

Für eine solche Funktion kann nun allerdings der Fall eintreten, daß sie beständig zuzunehmen *scheint*, weil der theoretisch immer vorhandene absteigende Ast der periodischen Kurve erst so spät beginnt, daß er praktisch nicht mehr in Betracht kommt. Daraus folgt aber noch keineswegs, daß es auch Funktionen gebe, für welche *immer* nur der aufsteigende, niemals der absteigende zur Erscheinung gelangte, was doch von dem mechanischen Analogon der Entropiefunktion gelten müßte. Diese Eigenschaft für die in unserer Zeit nun einmal geltenden Anfangszustände einfach als Tatsache hinzunehmen, geht doch wohl nicht an; denn es handelt sich ja nicht um eine bestimmte, nur einmal vorhandene Variable, wie z. B. die Exzentrizität der Erdbahn, die jetzt gerade auf noch sehr lange Zeit im Abnehmen begriffen ist, sondern um die Entropie *jedes beliebigen* Systemes, solange es der Einwirkung äußerer Kräfte entzogen ist. Woher kommt es also, daß in einem solchen System immer nur *Zunahme* der Entropie, *Ausgleichung* der Temperatur- und Konzentrationsunterschiede, niemals aber von selbst das Gegenteil eintritt? Und welches Recht haben wir, dieselbe Erscheinung auch wenigstens für die nächste Zukunft zu erwarten? Darauf muß durchaus eine befriedigende Antwort gegeben werden, wenn von einer wirklichen mechanischen Analogie zum zweiten Hauptsatze die Rede sein soll.

Auch die Wahrscheinlichkeitsrechnung, richtig angewendet, kann hier, wie mir scheint, nicht helfen, weil eben jeder Zunahme eine (später irgendeinmal eintretende) Abnahme entspricht und daher beide gleich wahrscheinlich, ihre Wahrscheinlichkeiten wenigstens von gleicher Ordnung sein müßten. Meines Erachtens in Übereinstimmung mit der Poincaréschen Definition in der angeführten Abhandlung[1]) kann die Wahrscheinlichkeit für das Bestehen einer bestimmten Eigenschaft des molekularen Zustandes, z. B. auch für einen bestimmten Wert der Funktion S, nur gemessen werden durch die „Ausdehnung“[2]) γ des „Gebietes“ g aller möglichen Zustände, welche diese Eigenschaft besitzen, dividiert natürlich durch die Gesamtausdehnung Γ des ein für

[1]) Poincaré, Acta math. **13** (1890) 71.
[2]) Zermelo, Wied. Ann. **57** (1896) 487.

allemal gegebenen Gebietes G aller überhaupt möglichen Zustände. Da nun aber nach dem LIOUVILLEschen Satze jede Ausdehnung γ in der Zeit unveränderlich ist, so muß auch die betreffende Eigenschaft, der betreffende Wert der Funktion, für jede spätere Zeit ebenso wahrscheinlich sein wie für den Anfangszustand, den Beginn der Bewegung, so daß eine überwiegende Zu- oder Abnahme auch aus Wahrscheinlichkeitsgründen nicht zu erwarten wäre.

Hr. BOLTZMANN verfährt anders. Er nimmt eine Funktion H an, deren Kurve, bezogen auf die Zeit t als Abszisse, im allgemeinen sehr nahe der t-Achse verläuft und nur selten einzelne Erhebungen, „Buckel", besitzt, die um so seltener, um so unwahrscheinlicher sein sollen, je größer sie sind.[1]) Daß er diese Beschaffenheit wirklich von seiner anders definierten Funktion H *nachgewiesen* habe, kann ich nicht finden, da nach meiner Auffassung Wahrscheinlichkeit und Dauer eines Zustandes nicht identisch sind; indessen Funktionen von der angegebenen Eigenschaft mag es ja geben. Von dieser Funktion H nimmt er weiter an, daß sie anfangs einen ungewöhnlich großen Wert H_0 besitze, also einem Buckel angehöre, und folgert daraus, daß die Kurve diesen Buckel bald überschreiten und fast bis auf Null abnehmen werde, um schließlich wieder außerordentlich lange dicht an der Abszissenachse zu verlaufen. Entspricht nun diesem Grenzwerte Null der Funktion H eine durch das MAXWELLsche Gesetz ausgedrückte Verteilung der Geschwindigkeiten, so kann allerdings das Verhalten dieser H-Kurve als Erläuterung für die wahrscheinlichkeitstheoretische Bedeutung des Verteilungsgesetzes, die ich meinerseits aber auch gar nicht bestritten habe, aufgefaßt werden. Nur einen „stationären *End*zustand" im strengen Sinne stellt das Gesetz eben nicht dar, weil sich die Kurve, wenn auch nach langer Zeit, schließlich doch wieder zu neuen Buckeln erhebt, und wenn auch Hr. BOLTZMANN selbst diesen MAXWELLschen Zustand nur empi-

---

[1]) BOLTZMANN, Wied. Ann. 57 (1896) 774.

risch angenähert als „Endzustand" gelten lassen will, so schien mir doch *diese* Auffassung aus seinen früheren Schriften nicht mit hinreichender Deutlichkeit hervorzugehen.

Hier handelt es sich aber nicht um das MAXWELLsche Gesetz, sondern um die Analogie, die zwischen den Eigenschaften der H-Kurve und dem zweiten Hauptsatze der Wärmetheorie bestehen soll, und diese Analogie ist es eben, die ich bestreite. Es genügt doch nicht zu zeigen, daß alle Störungen *schließlich* wieder zu einem lange dauernden Gleichgewichtszustande zurückführen, sondern es wäre nachzuweisen, daß die Veränderungen *beständig im selben Sinne*, im Sinne des Ausgleiches erfolgen, daß die Funktion H während beobachtbarer Zeit *immer nur* abnimmt oder daß wenigstens geringe, praktisch unmerkbare Zunahmen durch unmittelbar folgende stärkere Abnahmen aufgehoben werden; dieser Nachweis aber läßt sich meines Erachtens für die H-Funktion so wenig führen wie für irgendeine andere. Offenbar kann der Anfangszustand, dessen Wahrscheinlichkeit ja nur vom Anfangswerte H_0 abhängen soll, ebensogut vor wie hinter dem Maximum, ebensogut im aufsteigenden wie im absteigenden Aste gelegen sein, und im ersteren Falle müßte zunächst eine *Zunahme* erfolgen, die ebenso lange dauern könnte wie die Abnahme nachher, solange noch $H > H_0$ ist. Jeder beobachteten Abnahme $H_1 \cdots H_2$ im absteigenden Aste entspräche eine gleich große Zunahme $H_2 \cdots H_1$ im vorhergehenden aufsteigenden, mit der einen könnte der Vorgang um nichts leichter beginnen als mit der anderen. Auch wenn die Aufstiege immer in kürzerer Zeit erfolgten und daher unwahrscheinlicher wären als die Abstiege, wozu aber nach den gemachten Voraussetzungen gar kein Grund vorliegt, so würden sie doch zugleich um so *steiler* sein und dadurch, wie ich glaube, ebenso gut ins Gewicht fallen.

Hrn. BOLTZMANNS Meinung scheint nun freilich, wenn ich ihn richtig verstanden habe,)[1] dahin zu gehen, daß die

---

[1]) BOLTZMANN, Vorlesungen über Gastheorie, S. 44.

Anfangszustände mit erheblichen H-Werten, sagen wir $H_0 > H'$, damit der doch einmal vorhandene Buckel nicht unnötig groß und zugleich unnötig unwahrscheinlich angenommen zu werden brauchte, in der Regel *Maxima* darstellen müßten, und dann allerdings würde immer nur der aufsteigende Ast beobachtet werden können. Wie ich mir das vorstellen soll, weiß ich nicht. Da sollen also die Schnittpunkte der Kurve mit einer Parallelen zur Abszissenachse $H = H_0$ meistens Maxima sein und zwar für alle beträchtlicheren Werte $H_0 > H'$; wo bleiben dann aber die übrigen Punkte dieser Buckel ($H > H'$), welche *keine* Maxima sind? Sollten die in der Tat gegen die Maxima in der Minderheit sein? Es ist klar, daß die Betrachtung nur Sinn haben kann, wenn man die Maxima nicht als mathematische Punkte betrachtet, sondern ihnen eine gewisse Breite, eine gewisse Zeitdauer zugesteht. Dann müßte eben für jeden Anfangszustand der Wert der Funktion eine längere oder kürzere Zeit nahezu unverändert *andauern*, eine Art labilen Gleichgewichtes darstellen, während doch der *Erfahrung* zufolge, z. B. bei der Wärmeleitung, der Ausgleichsvorgang um so *schneller* beginnt, je größer die anfänglichen Temperaturdifferenzen sind, d. h., je weiter der Anfangszustand vom stabilen Gleichgewichte entfernt ist. Aber auch davon abgesehen, begreife ich nicht, was denn überhaupt in der ganzen Betrachtung der *Anfangs*zustand außer seiner geringen Wahrscheinlichkeit, die er doch mindestens mit den benachbarten teilt, vor den übrigen voraus haben soll. Hr. Boltzmann nimmt die ganze H-Kurve, also wohl die sämtlichen vom System zu durchlaufenden Zustände, als *gegeben* an und fragt nun nach der Wahrscheinlichkeit eines bestimmten Anfangszustandes, d. h. desjenigen in der Kurve enthaltenen Zustandes, von welchem aus das System nach Ausschließung äußerer Kräfte sich tatsächlich zu bewegen beginnt. Nun kann aber, wie die Erfahrung lehrt, auch ist hier für das Gegenteil kein Grund gegeben, durch geeignete Einwirkung *jeder beliebige* mögliche Zustand hervorgerufen und dann das System isoliert, sich selbst überlassen, d. h. aber, jeder beliebige Zustand P_0 zum Anfangszustande gemacht werden. Alsdann wird das System, solange es isoliert bleibt, alle auf P_0 *folgenden* Zustände P der Reihe nach wirklich durchlaufen, während die vorhergehenden nur mathematisch zu ergänzen blieben. Wäre nun die obige Argumentation richtig, stellten in der Tat die Anfangszustände meistens Maxima der H-Funktion dar, so müßte dasselbe auch von *allen übrigen* Zuständen gelten, für welche H über H' hinausgeht, da eben jeder nach Belieben zum Anfangszustande gemacht werden könnte, vor allem aber, weil der ganze Wahrscheinlichkeitsschluß auf jeden anderen Zustand mit demselben Recht wie auf den Anfangszustand anwendbar wäre. Alle diese Zustände müßten ebenfalls Maxima darstellen, die Kurve müßte von einer gewissen Höhe *ab aus lauter Maximis bestehen*, was widersinnig ist, da die Funktion doch keinesfalls konstant sein soll. Um also auch nur ein empirisch angenähertes Analogon des Entropiesatzes zu gewinnen, genügte es keineswegs, den Anfangszustand als äußerst unwahrscheinlich vorauszusetzen, man müßte vielmehr immer noch die *neue Annahme* hinzufügen, daß im Anfange die H-Kurve gerade ein Maximum besitze oder ein solches eben überschritten habe, d. h. aber, solange man eine solche Annahme nicht aus der *physikalischen Entstehung* des Anfangszustandes begreiflich machen kann, man müßte eben das voraussetzen, was man beweisen will; anstatt einer Erklärung wäre das ein Verzicht auf jede Erklärung.

Ich habe mich also noch keineswegs davon überzeugen können, daß Hrn. BOLTZMANNS Wahrscheinlichkeitsbetrachtungen, auf denen „die klare Erfassung der gastheoretischen Sätze“[1]) beruhen soll, in der Tat imstande seien, die aus dem POINCARÉschen Satze fließenden Bedenken gegen die Möglichkeit einer mechanischen Erklärung irreversibler Vorgänge zu zerstreuen, selbst wenn man auf die strenge Irreversibilität zugunsten einer bloß

[1]) BOLTZMANN, Wied. Ann. 57 (1896) 778.

empirischen verzichtet. Ist es doch schon a priori klar, daß der Wahrscheinlichkeitsbegriff gar nichts Zeitliches enthält und daher aus ihm auch nichts auf die *Richtung*, in der die Vorgänge sich abspielen, geschlossen werden kann; vielmehr würde jede solche Herleitung sich mit genau demselben Rechte, indem man Anfangs- und Endzustand vertauscht, auch auf den *umgekehrten* Vorgang, den Verlauf in entgegengesetzter Richtung anwenden lassen. Zutreffender daher auf die vorliegende Streitfrage als das von Hrn. Boltzmann angeführte Beispiel des Würfelspielers scheint mir das folgende zu sein. Zwei Spieler, nehmen wir an, hätten die Beobachtung gemacht, daß die von ihnen benutzten Würfel aus einer bestimmten Bezugsquelle beim Beginn ihrer Benutzung immer eine bestimmte Augenzahl, sagen wir, die Eins bevorzugten, daß sie also bei den ersten 600 Würfen nicht 100mal, sondern etwa 200mal die Eins aufzuweisen pflegten, bei den nächsten 600mal aber schon weniger oft und nach längerer Fortsetzung des Spieles zuletzt unter je 600 Würfen die Eins ebenso wie jede andere Zahl durchschnittlich 100mal. Der eine Spieler nun würde diese Erscheinung ganz in Ordnung finden, weil sich doch die Gesetze der Wahrscheinlichkeitslehre immer erst nach längerem Spiele geltend machen könnten, der andere aber erklärte: Nein! Diese Würfel müssen jedenfalls gefälscht sein, und erst bei längerer Benutzung nehmen sie durch Abschleifung oder dergleichen ihren normalen Zustand an. — Dieser letzteren Meinung wäre ich nun auch.

Ebenso wenig aber wie das allgemeine Irreversibilitäts*prinzip* werden sich die einzelnen irreversiblen *Prozesse* selbst ohne neue physikalische Annahmen aus den mechanischen Voraussetzungen erklären lassen, wenigstens nicht in bezug auf ihren zeitlichen Verlauf. Namentlich gilt dies auch von der Differentialgleichung der Wärmeleitung und Diffusion: $\partial u/\partial t = a^2\, \partial^2 u/\partial x^2$, die ihrer Natur nach ausschließlich nicht umkehrbare Vorgänge darstellt. Die Versuche, auch diese Differentialgleichung allein aus den mechanischen Grundgleichungen in Verbindung mit Wahrscheinlichkeitsbetrachtungen abzuleiten, wie sie u. a. von CLAUSIUS, MAXWELL und BOLTZMANN angestellt wurden, können daher nicht zum Ziele führen, weil sie Unmögliches unternehmen, und ein scheinbares Gelingen könnte nur auf Fehlschlüssen beruhen. Zu den Hauptfehlern der hierzu verwendeten Methoden scheint mir vor allem die unbeweisbare, weil unrichtige Annahme zu gehören, daß der molekulare Zustand eines Gases nach Hrn. BOLTZMANNS Ausdruck jedesmal ein „ungeordneter" sei und alle möglichen Richtungen und Kombinationen überall gleichmäßig vertreten, wenn man über den wahren Zustand, der doch immer vom „geordneten" Anfangszustand abhängig sein wird, nichts Bestimmtes aussagen kann. Die Wahrscheinlichkeitstheorie, meine ich, berechtigt solche Annahmen in gewissem Umfange höchstens für den *Anfangszustand*; die Wahrscheinlichkeit späterer Zustände aber und damit der Vorgänge selbst müßte immer erst durch die der zugehörigen Anfangszustände ausgedrückt werden, und erst dann ließe sich über Zulässigkeit solcher Durchschnittsannahmen entscheiden. Die Schwierigkeiten, auf einem ähnlichen Wege die Untersuchungen wenigstens im wahrscheinlichkeitstheoretischen Sinne *streng* durchzuführen, mögen gewiß sehr groß sein, doch scheinen sie mir nicht durchaus unüberwindlich; jedenfalls würden sie allein die Mängel der bisherigen „statistischen Methode" offenbar noch nicht rechtfertigen können, für prinzipielle Fragen wie die vorliegende aber dürften meines Erachtens immer nur solche Entwicklungen in Betracht kommen, deren mathematische Berechtigung außer Zweifel steht. Auf diese Andeutung muß ich mich vorläufig beschränken, hoffe aber, bei späterer Gelegenheit noch ausführlicher auf diese methodologischen Fragen zurückzukommen.

Aus den großen Erfolgen der kinetischen Gastheorie in der Erklärung von *Zustands*beziehungen darf ihre völlige Durchführbarkeit, ihre Anwendbarkeit auch auf *zeitliche*

---

[1]) BOLTZMANN, Gastheorie, 1896, S. 21.

Vorgänge nicht gefolgert werden, denn beides sind getrennte Gebiete; gibt sie uns auch auf dem einen ein in vielen Beziehungen zutreffendes und darum wertvolles Bild, so muß sie doch auf dem anderen, wo es sich vor allem um die Erklärung irreversibler Vorgänge handelt, ohne ganz neue Annahmen, das ist noch jetzt meine Überzeugung, notwendig versagen.

10. Zu Hrn. Zermelos Abhandlung „Über die mechanische Erklärung irreversibler Vorgänge"*)[1]

von

LUDWIG BOLTZMANN

Zusammenfassung

Der zweite Hauptsatz der Thermodynamik kann aus der mechanischen Theorie bewiesen werden, wenn man annimmt, der gegenwärtige Zustand des Weltalls oder zumindest desjenigen Teils, der uns umgibt, habe seine Entwicklung mit einem unwahrscheinlichen Zustand begonnen und befinde sich noch in einem relativ unwahrscheinlichen Zustand. Dies ist eine vernünftig zu machende Annahme, da sie uns in den Stand setzt, die Erfahrungstatsachen zu erklären, und man sollte nicht erwarten, sie aus irgendeiner grundlegenderen herleiten zu können.

Die Anwendbarkeit der Wahrscheinlichkeitsrechnung auf physikalische Sachverhalte, die von ZERMELO angefochten worden ist, kann nicht streng bewiesen werden, die Tatsache jedoch, daß man niemals jene Ereignisse beobachtet, die theoretisch ganz selten sein sollten, stellt sicherlich kein gültiges Argument gegen die Theorie dar.

Man mag darüber Spekulationen anstellen, ob sich das Weltall als Ganzes in thermischem Gleichgewicht befindet und ob es daher tot ist, es wird doch lokale Abweichungen vom Gleichgewicht geben, die die relativ kurze Zeit von wenigen Äonen dauern können. Für das Weltall als Ganzes gibt es keine Unterscheidung zwischen „Rückwärts"- und „Vorwärts"-Richtungen der Zeit, für die Welten aber, auf denen Lebewesen existieren und die sich daher in relativ unwahrscheinlichen Zuständen befinden, wird die Zeit-

---

*) Ursprünglich veröffentlicht in: Ann. Phys. [Leipzig] 59 (1896) 793–801.

[1]) E. ZERMELO: Ann. Phys. [Leipzig] 59 (1896) 793. [Arbeit 9].

richtung durch die Richtung wachsender Entropie bestimmt, die von weniger wahrscheinlichen Zuständen zu wahrscheinlicheren führt.

Ich will mich in der Duplik so kurz fassen, als ohne Gefährdung der Klarheit möglich ist.

§ 1. Der zweite Hauptsatz wird mechanisch durch die natürlich unbeweisbare Annahme A erklärt, daß das Universum, wenn man es als mechanisches System auffaßt, oder wenigstens ein sehr ausgedehnter, uns umgebender Teil desselben von einem sehr unwahrscheinlichen Zustande ausging und sich noch in einem solchen befindet. Wenn man daher ein kleineres System von Körpern in dem Zustande, in dem es sich gerade befindet, plötzlich von der übrigen Welt abschließt, so befindet sich dasselbe vermöge der Annahme über den Zustand des Universums anfangs oft in einem ganz unwahrscheinlichen Zustande und dieser geht dann, solange das System abgeschlossen ist, in immer wahrscheinlichere über. Dagegen hat es eine an Unmöglichkeit grenzende Unwahrscheinlichkeit, daß das abgeschlossene System sich anfangs im Wärmegleichgewichte befand und sich, während es abgeschlossen ist, soweit davon entfernt, daß seine Entropieverminderung wahrnehmbar wäre.

Es handelt sich also nicht um das Verhalten eines ganz beliebigen, sondern eines gerade dem jetzigen Weltzustande entnommenen Systems (l. c. S. 795). Dies hat der Anfangszustand vor den späteren Zuständen voraus (l. c. S. 798), wodurch Hrn. ZERMELOs Schluß entfällt, daß alle Punkte der H-Kurve Maxima sein müßten (l. c. S. 798). Daher kommt es, daß die Entropie jedesmal zunimmt, sich Temperatur- und Konzentrationsunterschiede ausgleichen (l. c. S. 795), daß der Anfangswert des H ein solcher ist, der in beobachtbarer Zeit fast ausnahmslos abnimmt (l. c. S. 797), daß Anfangs- und Endzustand nicht vertauschbar sind (l. c. S. 799). Die Annahme A ist die nach den Gesetzen der Mechanik begreifliche physikalische Erklärung der Besonderheit der Anfangszustände

(l. c. S. 799) oder besser ein einheitlicher, diesen Gesetzen entsprechender Gesichtspunkt, der die Art der Besonderheit des Anfangszustandes in jedem speziellen Falle voraussagen läßt; denn niemand wird verlangen, daß man das letzte Erklärungsprinzip selbst wieder erkläre.

Würden wir dagegen über den gegenwärtigen Zustand des Universums keine Voraussetzung machen, so könnten wir natürlich nicht erwarten, daß sich das vom Universum abgetrennte System, dessen Anfangszustand dann ein ganz beliebiger wäre, eher anfangs als später in einem unwahrscheinlichen Zustande befinde. Dann wäre vielmehr zu erwarten, daß es sich schon im Momente der Abtrennung im Wärmegleichgewichte befindet. Unter den wenigen Fällen, wo dies nicht eintreffen würde, wären solche am häufigsten, wo der Zustand des Systems, wenn man ihn in der Zeit (immer im abgetrennten Zustande) vor- oder rückwärts verfolgt, sich fast augenblicklich einem wahrscheinlicheren nähert. Noch weit seltener wären Fälle, wo der Zustand während längerer Zeit noch unwahrscheinlicher wird; diese aber wären ebenso häufig wie die, wo er die gleiche Zeit nach rückwärts verfolgt, noch unwahrscheinlicher wird.

§ 2. Die Anwendbarkeit der Wahrscheinlichkeitsrechnung auf einen bestimmten Fall kann natürlich niemals exakt bewiesen werden. Wenn von 100000 Objekten einer bestimmten Gattung jährlich etwa 100 durch Brand zerstört werden, so können wir nicht sicher schließen, daß dies auch im nächsten Jahre eintreffen wird. Im Gegenteile, wenn die gleichen Bedingungen durch $10^{10^{10}}$ Jahre andauern würden, so würde es während dieser Zeit oft vorkommen, daß an einem Tage alle 100000 Objekte gleichzeitig abbrennen, und auch daß während eines ganzen Jahres nicht ein einziges Objekt Schaden leidet. Trotzdem vertraut jede Versicherungsgesellschaft der Wahrscheinlichkeitsrechnung.

Um wie viel mehr scheint wegen der großen Zahl der Moleküle in einem Kubikmillimeter die freilich für keinen einzigen speziellen Fall mathematisch beweisbare Annahme gerechtfertigt und allen unseren Erfahrungen entsprechend, daß, wenn zwei materiell verschiedene oder ungleich warme Gase in Berührung gebracht werden, jedes Molekül nicht nur im ersten Momente, sondern während langer Zeit Molekülen von den verschiedensten Zuständen begegnet, entsprechend den Wahrscheinlichkeitsgesetzen, welche durch die an der betreffenden Stelle herrschenden Mittelwerte bestimmt sind. Diese Wahrscheinlichkeitsbetrachtungen können die direkte Verfolgung der Bewegung jedes Moleküls zwar nicht ersetzen, aber wenn man von den verschiedensten, gleichen Mittelwerten entsprechenden (also für die Beobachtung gleichen) Anfangsbedingungen ausgeht, so ist man berechtigt zu erwarten, daß die nach beiden Methoden erhaltenen Resultate bis auf einzelne Ausnahmen genügend übereinstimmen werden, welche relativ noch viel seltener sind als im obigen Beispiele der Fall, daß alle 100000 Objekte am selben Tage verbrennen. Die Annahme, daß diese seltenen Fälle in der Natur nicht zur Beobachtung kommen, ist nicht strenge beweisbar (strenge beweisbar ist das ganze mechanische Bild nicht), aber sie ist nach dem Gesagten so natürlich und naheliegend, so allen Erfahrungen über Wahrscheinlichkeiten von der Methode der kleinsten Quadrate bis zum Würfelspiel entsprechend, daß der Zweifel daran gewiß nicht die Berechtigung des Bildes, wenn es sonst brauchbar ist, in Frage stellen wird.

Ganz unbegreiflich aber ist es mir, wie man darin eine Widerlegung der Anwendbarkeit der Wahrscheinlichkeitsrechnung sehen kann, wenn irgendwelche andere Betrachtungen zeigen, daß innerhalb Äonen hin und wieder Ausnahmen eintreten müssen; denn gerade das lehrt ja die Wahrscheinlichkeitsrechnung ebenfalls.

§ 3. Denken wir uns speziell plötzlich eine Scheidewand, welche zwei mit verschiedenartigen Gasen erfüllte Räume trennte, hinweggezogen. Man dürfte kaum bei irgendeiner andern Gelegenheit (am wenigstens in allen Fällen, wo sich die Methode der kleinsten Quadrate bewährt) so viele voneinander unabhängige, in der verschiedensten Weise wirkende Ursachen haben, welche die Anwendung der Wahrscheinlichkeitsgesetze rechtfertigen. Die Ansicht, daß sich gerade hier die Wahrscheinlichkeitsgesetze nicht bewähren, daß in der Mehrzahl der Fälle die Moleküle nicht diffundieren, daß vielmehr fortwährend große Teile des Gefäßes bedeutend mehr Sauerstoff-, andere wieder mehr Stickstoffmoleküle enthalten werden, kann und will ich nicht dadurch widerlegen, daß ich die Bewegung von Trillionen von Molekülen in Millionen von verschiedenen Fällen exakt rechnend verfolge; so viel Berechtigung dürfte diese Ansicht sicher nicht haben, daß dadurch die Brauchbarkeit des Bildes, welches von der Annahme der Anwendbarkeit der Wahrscheinlichkeitsgesetze ausgeht und daraus die logischen Konsequenzen zieht, in Frage gestellt würde.

Der POINCARÉsche Satz aber spricht nicht gegen, sondern insofern sogar für die Anwendbarkeit der Wahrscheinlichkeitsrechnung, da auch diese lehrt, daß in Äonen wieder verhältnismäßig kurz dauernde Zeiten eintreten werden, während welcher die Zustandswahrscheinlichkeit, die Entropie des Gasgemisches wieder erheblich abnimmt, wo also wieder mehr geordnete, ja hier und da sogar dem Anfangszustande sehr ähnliche Zustände eintreten. In diesen enorm viel späteren Zeiten ist natürlich fortwährend jede bemerkbare Abweichung der Entropie von ihrem Maximalwerte äußerst unwahrscheinlich, aber eine augenblickliche Zu- oder Abnahme derselben gleich wahrscheinlich.

Es ist auch in diesem Beispiele wieder klar, daß sich der Prozeß in beobachtbarer Zeit deshalb in nicht umkehrbarer Weise abspielt, weil man absichtlich von einem ganz unwahrscheinlichen Zustand ausging. Bei den Naturvorgängen wird dies durch die Annahme erklärt, daß man das Körpersystem aus dem Universum ausscheidet, welches augenblicklich einen sehr unwahrscheinlichen Gesamtzustand hat.

Dieses Beispiel zweier anfangs unvermischter Gase gibt uns sogar ein beiläufiges Bild, wie man sich den Anfangszustand der Welt zu denken hat. Denn wenn wir in dem Beispiele eine in einem kleineren Raume befindliche Gasmasse bald nach begonnener Diffusion von der übrigen Gasmasse isolieren, so wird sie bezüglich des Vor- und Rückschritts in der Zeit ganz dieselbe Einseitigkeit zeigen wie das in § 1 isolierte Körpersystem.

§ 4. Ich habe selbst wiederholt gewarnt, einer Ausdehnung unserer Gedankenbilder über die Erfahrung hinaus zu sehr zu vertrauen, und erinnert, daß man darauf, gefaßt sein muß, daß sich die Bilder der heutigen Mechanik und besonders die Auffassung der kleinsten Teilchen der Körper als materielle Punkte als provisorisch herausstellen werden. Unter allen diesen Reserven aber kann derjenige, welcher dazu Lust hat, dem Drange nachgeben, sich spezielle Vorstellungen über das Universum zu machen.

Man hat dann die Wahl zwischen zweierlei Vorstellungen. Man kann nanehmen, daß sich das gesamte Universum gegenwärtig in einem sehr unwahrscheinlichen Zustande befindet. Man kann sich aber auch die Äonen, innerhalb deren wieder unwahrscheinliche Zustände eintreten, winzig gegen die Dauer, die Siriusfernen winzig gegen die Dimensionen des Universums denken. Es müssen dann im Universum, das sonst überall im Wärmegleichgewichte, also tot ist, hier und da solche verhältnismäßig kleine Bezirke von der Ausdehnung unseres Sternenraums (nennen wir sie Einzelwelten) vorkommen, die während der verhältnismäßig kurzen Zeit von Äonen erheblich vom Wärmegleichgewichte abweichen, und zwar ebenso häufig solche, in denen die Zustandswahrscheinlichkeit gerade zu- als abnimmt. Für das Universum sind also beide Richtungen der Zeit ununterscheidbar, wie es im Raum kein Oben oder Unten gibt. Aber wie wir an einer bestimmten Stelle der Erdoberfläche die Richtung gegen den Erdmittelpunkt als nach unten bezeichnen, so wird ein Lebewesen, das sich in einer bestimmten Zeitphase einer solchen Einzelwelt befindet, die Zeitrichtung gegen die unwahrscheinlicheren Zustände anders als die entgegengesetzte (erstere als die Vergangenheit, den Anfang, letztere als die Zukunft, das Ende) bezeichnen und vermöge dieser Benennung werden sich für dasselbe kleine Gebiete, die es aus dem Universum isoliert, „anfangs" immer in einem unwahrscheinlichen Zustande befinden. Diese Methode scheint mir die einzige, wonach man den zweiten Hauptsatz, den Wärmetod jeder Einzelwelt ohne eine einseitige Änderung des ganzen Universums von einem bestimmten Anfangs- gegen einen schließlichen Endzustand denken kann. Die Einwendung, daß ein Gedankenbild, welches so viele tote Teile des Universums zur Erklärung von so wenig belebten braucht, unökonomisch und daher unzweckmäßig sei, lasse ich nicht gelten. Ich erinnere mich noch zu gut einer Person, welche absolut nicht glaubte, daß die Sonne 20 Millionen Meilen von der Erde entfernt sei, denn die Annahme von so viel nur Lichtäther enthaltendem Raum neben so wenig mit Leben erfülltem sei einfach einfältig.

§ 5. Ob man sich in solchen Spekulationen ergehen will, ist natürlich Geschmackssache. Von einer Wahl nach Geschmack zwischen der Carnot-Clausiusschen Fassung und dem mechanischen Bilde aber kann sicher nicht die Rede sein (l. c. S. 791). Die Wichtigkeit der ersteren als des einfachsten Ausdruckes der bisher beobachteten Tatsachen bestreitet niemand. Ich behaupte nur, daß das mechanische Bild in allem wirklich Beobachteten damit übereinstimmt. Daß es auf die Möglichkeit gewisser neuer Beobachtungen, z. B. über die Bewegung kleiner Körperchen in tropfbaren und gasförmigen Flüssigkeiten, über Reibung und Wärmeleitung in äußerst verdünnten Gasen usw. hinweist, daß es in unkontrollierbaren Fragen (z. B. über das Verhalten des Universums oder eines ganz abgeschlossenen Systems während unendlich langer Zeit) nicht mit der Carnot-Clausiusschen Fassung stimmt, mag man einen prinzipiellen Unterschied nennen, jedenfalls scheint es kein Grund, das mechanische Bild aufzugeben, wie Hr. ZERMELO (l. c. S. 794) meint, wenn es sich nicht, was nicht zu erwarten, prinzipiell abändern läßt. Gerade dieser Unterschied scheint mir dafür zu sprechen, daß es die Allseitigkeit unserer Gedankenbilder fördern muß, neben den Konsequenzen des Prinzips in der CARNOT-CLAUSIUSschen Fassung auch die des mechanischen Bildes zu studieren.

Anhang

§ 6. Die Wahrscheinlichkeit eines Zustandes maß ich seit jeher unabhängig vom zeitlichen Verlaufe durch die „Ausdehnung γ" (l. c. S. 795) des ihm entsprechenden Gebietes, wozu ich schon seit 30 Jahren den LIOUVILLEschen Satz benutze.[1]) Der MAXWELLsche Zustand ist bloß deshalb der wahrscheinlichste, weil er in der verschiedensten Weise realisiert sein kann. Die Gesamtausdehnung γ des Gebietes aller jener Zustände, für welche die Geschwindigkeitsverteilung angenähert durch die MAXWELLsche Formel gegeben ist, ist also viel größer als die Gesamtausdehnung des Gebietes aller übrigen Zustände. Nur zur Versinnlichung der in den früheren Paragraphen geschilderten Beziehung zwischen dem zeitlichen Verlaufe der Zustände und deren Wahrscheinlichkeit stellte ich die reziproken Werte der so gemessenen Wahrscheinlichkeit für die verschiedenen zeitlich sich folgenden Zustände durch die H-Kurve dar, falls es sich um eine große, endliche Zahl von unendlich wenig deformierbaren Gasmolekülen handelt. Verschwindend wenige spezielle Anfangszustände ausgenommen, wird dann allerdings auch der wahrscheinlichste Zustand am häufigsten vorkommen (wenigstens bei einer sehr großen Zahl von Molekülen). Die Ordinaten dieser Kurve sind fast ausnahmslos sehr

[1]) Vgl. besonders: Sitz.-Ber. Akad. Wiss. Wien 58 (1868) 517; 63 (1871) 679 und 712; 66 (1872); 76 (1877) 373. Dort habe ich auch für die oben ohne Beweis angeführten Sätze die Beweise geliefert, die alle zu wiederholen hier natürlich der Platz fehlt.

klein, und diese kleinen Ordinaten sind natürlich nicht mit Vorliebe Maxima. Lediglich die Ordinaten von ganz ungewöhnlicher Größe sind es meist, und zwar um so wahrscheinlicher, je größer sie sind. Daß eine sehr große Ordinate H_0 öfter einem Maximum als dem Durchschnittspunkte der Geraden $y = H_0$ mit einem noch größeren Buckel entspricht (l. c. S. 797), kommt von der enormen Zunahme der Seltenheit der Buckel mit wachsender Höhe.

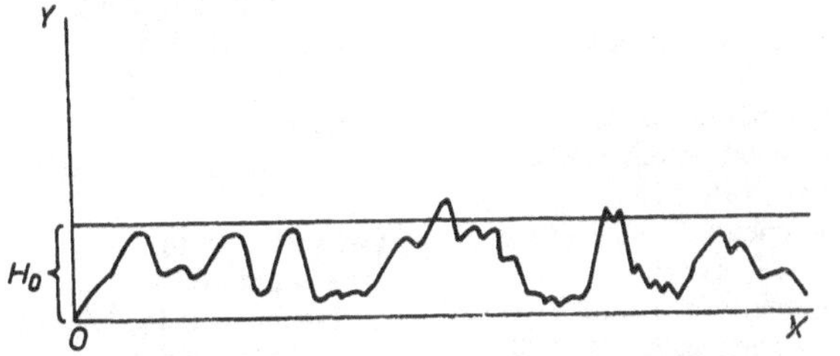

Abb. 10.1

Vgl. die vorstehende Figur, die freilich sehr cum grano zu nehmen ist. Eine richtige Figur hätte der Zinkograph nicht herstellen können, da das, was wir die H-Kurve nannten, auf jeder endlichen Strecke sehr viele Maxima und Minima hat und daher nicht durch einen Strich von kontinuierlich wechselnder Richtung darstellbar ist. Sie hieße besser: Aggegrat vieler sehr naher Punkte oder kleiner horizontaler Striche. Bezüglich des Näheren muß ich auf die „Nature" 1894 und 1895 verweisen.[1])

Auf einen in unseren Händen befindlichen irdischen Körper ist natürlich der POINCARÉsche Satz niemals anwendbar, weil kein solcher ganz abgeschlossen ist, ebensowenig auf ein ganz abgeschlossenes Gas der kinetischen Theorie, wenn man zuerst die Anzahl der Moleküle, dann erst den Quotienten der Zwischenzeit zwischen zwei benachbarten Zusammenstößen in die Beobachtungszeit unendlich werden läßt.

[1]) Nature [London] 51 (1895) 431—581.

Namen- und Sachverzeichnis

Abkühlung durch Ausdehnung 94 ff.
abstrakte Dynamik 26, 227
Adams 23
Altersbestimmung 22
Anfangsbedingungen 240, 241 ff., 248, 273 ff.
Archetypen 28
Atmolyseversuch 89
Aufdrehen von Drähten 46
Ausdehnung 267, 268, 293
Ausdehnungsvermögen 41
Ausnahmetrajektorien 31, 254
äußere Kräfte 72
außerweltliche Korpuskeln 41

Bernoulli 41
Bewegungsgleichung 83 ff., 101
Bewegungsumkehr 227
Boltzmann 9, 16 ff., 25, 27, 30, 31, 71, 275, 290 ff.
Boltzmann-Faktor 17
Boltzmannsche Gleichungen 16
Boylesches Gesetz 10
Buckel 278, 294

Carathéodory 30, 31
Carnot 18
Carnot-Clausiussches Prinzip 274, 291, 307 f.
Chapman 15, 16
Clausius 14, 19, 41, 42, 50, 80, 113, 223, 276, 299
Culverwell 273

Darwin 21, 22, 23
Darwin-Wallacesche Theorie 21
Deformation 45
Demokrit 40
Diffusion 14, 16, 37, 40, 43,
Deformation 45
Demokrit 40
Diffusion 14, 16, 37, 40, 43, 85 ff., 99, 155, 172 ff.
Diffusionsgeschwindigkeit 179
Diffusionskoeffizient 38, 89 ff.
Diffusionskonstante 177, 179
direkte Reversibilität 261
Dreikörperproblem 248 ff.
Drucksystem 78 ff.
Druckungleichheit 99 ff.
Duhem 18
dynamische Theorie 37 ff.

Eddington 24
Ehrenfestsches Urnenmodell 32
elastischer Festkörper 102, 103
Elastizitätskoeffizient 45
Elastizitätstheorie 103
Endtemperaturgleichgewicht 110 ff.
Energetik 18

Energie 80ff.
Energiedissipation 18ff., 23ff., 226ff.
Energieerhaltung 227
ENSKOG 16
Entropie 17, 19, 20, 24, 25, 26, 173, 215ff., 240, 284ff., 292ff., 302
Epikur 40
Erdinneres 21
Ersetzung der Integrale durch Summen 153ff.
EVERETT 39
Evolution 21, 23
ewige Wiederkehr 27ff.

Fluktuations-Dissipationstheorem 14
FORBES 113
Formelastizität 39
FOUCAULTsche Pendeldrehung 260
FOURIER 230
FOURIERsche Theorie der Wärmeleitung 21, 22
Funktionen der Geschwindigkeit 69ff., 73ff.

Gasdruck 44
Gasfluß 44
Gasgemisch 84ff., 105
Gassäule 27, 38
GAY-LUSSAC 94
Geschwindigkeit 44, 122
Geschwindigkeit der Flüssigkeit 77ff.
Geschwindigkeitspotential 270
Geschwindigkeitsrichtung 122
Geschwindigkeitsverteilung 25, 37, 38, 64ff., 112, 119ff., 178, 226
Gesetz der äquivalenten Volumina 40, 43, 49, 69, 92f.
GIBBS 284
Gleichgewichtsbedingung 84ff.
GRAHAM 38, 86, 88, 89, 103, 106, 107, 108

HAMILTONsche Gleichungen 271, 274
harte Kugeln 15
HEINE 29
HELMHOLTZ 19, 260, 284, 274
HERAPATH 42
HERTZ 274
H-Kurve 32, 278ff., 290, 294ff., 302, 208ff.
H-Theorem 17, 25, 26, 31, 116
HUTTON 20
HUXLEY 22

ideale Gase 13
Impulsübertragung 78ff.
indirekte Reversibilität 261
Information 26
innere Reibung 40, 43, 45
Integralinvariante 250
Integrationsgrenzen 131ff.
Interdiffusion 90ff.
Interdiffusionskoeffizient 107
intermolekulare Kräfte 13, 15
inverse Stöße 25
Irreversibilität 17, 18, 24, 26, 31
Irreversibilitätsprinzip 298
irrevesible Prozesse 14, 226, 301ff.

JACOBIsches Prinzip des letzten Multiplikators 137, 189
JEANS 24
JOULE 42, 227, 228

Katastrophenlehre 20
KELVIN 19
kinetische Theorie 13, 14, 16
KOHLRAUSCH 46

Kontinuitätsgleichung 83
Kräfte des Zusammenstoßes 183
Kraftgesetz 59ff.
Kraftzentren 37, 48
Kraftzentrentheorie 285
Kreisprozeß 153
Kultur 23

LAGRANGE 20, 154
LAGRANGEsche Bewegungsgleichungen 285
LAGRANGEsche Methode 162
LAPLACE 20
LEBESGUE 31
Leitfähigkeitskoeffizient 112ff.
LESAGE 41, 42
lineare Elastizität 47
longitudinale Formelastizität 47
LORENTZ 275
LOSCHMIDT 26, 27, 240, 241
LOSCHMIDTscher Satz 245, 246
LOSCHMIDTscher Umkehreinwand 26
LUCRETIUS 40, 41
Luftdruck 41
Luftsäule 110ff.
LYELL 20

MACH 18
Maß einer Punktmenge 31
materialistische Weltanschauung 29
MAXWELL 14, 15, 16, 24, 27, 117, 118, 120ff., 137, 138, 152, 172ff., 180ff., 229, 262, 275, 276, 299
MAXWELLscher Dämon 24, 25, 226, 229ff. 258, 261, 262
MAXWELLsches Kraftgesetz 9, 10
MAXWELLsches Wirkungsgesetz 179
MAXWELLsche Theorie 18
MAXWELLsche Verteilung 15, 17, 26, 116, 171, 172, 276ff., 289, 294ff., 308
mechanische Wärmetheorie 117ff.
mechanistische Weltauffassung 29, 258ff.
mehratomige Gasmoleküle 183ff.
menschliche Geschichte 23
MEYER 43, 104
Mittelwerte 37, 51
mittlere freie Weglänge 14
Modul der Relaxationszeit 102, 103
molekulare Theorie 38
molekulare Theorie zweiter Ordnung 49
Molekülstöße 25, 37

natürliche Zuchtwahl 21
NAVIER-STOKESsche Gleichungen 15, 38
NEWTONsche Mechanik 20
NEWTONsches Gesetz 259
NIETZSCHE 28, 29, 30, 31
Normaldruck 79
NOYLE 10

OSTWALD 18

physikalische Dynamik 26
PLANCK 18
POINCARÉ 28, 29, 30, 31, 264, 265, 293
POINCARÉsche Perioden 202
POINCARÉscher Wiederkehrsatz 264ff., 267ff., 291, 305ff.
POISSON 20, 29, 101, 248, 251
POWER 10
PREVOST 41, 42

Quantentheorie 18

Radioaktivität 22
RANKINE 97
Reibung 172ff.
REICHENBACH 31
Relaxation 14, 38
Relaxationszeit 46
Reversibilitätsparadoxon 26
Reversibilitätsprinzip 27
RIEMANN 155
Rotationsenergie 50
Rückwärtsrichtung der Zeit 301

Saitenschwingungen 151f.
Satz von LIOUVILLE 250, 267, 308
Schallausbreitung 99
Schöpfung 22
Schubmodul 103
Schwankungen 14
schwarze Strahlung 17
Schwerpunkt 50, 52
Sintflut 20
Spannung 45
SPENCER 23
spezifische Wärme 95ff., 181
Stabilität 250ff.
Stabilität eines mechanischen Systems 248
Stabilität des Sonnensystems 20, 29
Starrheit 47
stationäre Bewegung 45
statische Theorie 38
Statistik 24ff.
STEFAN 17, 155, 182
STEFAN-BOLTZMANNsche Formel 17
STOKES 101
Stöße 40ff.
Stoßtheorie 41
Stromröhren 270

TAIT 21, 24
Tangentialdruck 79
TAYLORsche Reihe 140, 170, 175
Temperatur 49
Temperaturgleichgewicht 92ff.
thermische Diffusionseffekte 97ff.
THOMSON 19, 20, 21, 22, 24, 26, 27, 29
THOMSONsches Dissipationsprinzip 19
TOLMAN 9
Torsion 46
TOWNELEY 10
Trajektorie 249
Translationsenergie 50
Translationsgeschwindigkeit 51
Transpiration 103, 106
Transporterscheinungen 37
Transportgleichungen 15, 16
Transportkoeffizienten 13, 14, 15
Transportprozesse 14
Transporttheorie 10
TRUESDELL 30

Umkehrbarkeit 259, 260, 263
Umkehrung der Geschwindigkeitsrichtungen 273
uniformitaristische Theorie 20, 21, 22

VAN DER WAALS 13
verborgene Bewegungen 260
Verteilungsfunktion 115
Viskosität 14, 15, 16, 37, 45, 48, 103, 104
Viskositätskoeffizient 38, 46, 48, 100, 103, 106
Volumenelastizität 39
Vorwärtsrichtung der Zeit 301

Wahrscheinlichkeit 31
Wahrscheinlichkeitsberechnung 235ff., 286ff.
Wahrscheinlichkeitsgesetz 234
Wahrscheinlichkeitsrechnung 118, 303
wahrscheinlichkeitstheoretischer Satz 290
Wärme 80ff.
Wärmebewegung 91ff.
Wärmediffusion 229
Wärmegleichgewicht 26, 115ff.
Wärmeleitung 14, 16, 21, 37, 40, 81ff., 108ff., 155, 172ff., 226, 230, 296
Wärmeleitungsgesetz 234
Wärmeleitungskonstante 181
Wärmetod 19, 23, 24, 27
Wärmeverlustrate 21
WEBER 46
Wechselwirkung 51ff., 223ff.
Wiederkehreinwand 27ff.
Wirkungssphäre 235

Zeitrichtung 32
Zentralkräfte 271
ZERMELO 30, 31, 276ff., 301ff.
ZERMELOsche Periode 282
Zusammenstoß 119ff., 183ff., 188
zweiter Hauptsatz der Thermodynamik 18, 23, 24, 25, 27, 30, 32, 119, 223, 240ff., 258, 272ff., 290, 300
Zyklentheorie 28
zyklische Systeme 274

Der Herausgeber

- gibt durch geeignete Auswahl der bedeutendsten Originalarbeiten einen Überblick über die Weiterentwicklung der kinetischen Theorie nach 1865

- bringt an Hand zweier ausführlicher Arbeiten von Maxwell und Boltzmann die Begründung der Theorie der Transportvorgänge in Gasen mit den Originalherleitungen der Boltzmannschen Transportgleichung und des Boltzmannschen H-Theorems in Erinnerung

- gibt den berühmten Widerstreit über die Irreversibilität (Loschmidtscher Umkehreinwand, Zermeloscher Wiederkehreinwand) wieder

- erleichtert das Verständnis der Originalarbeiten durch einen einleitenden Kommentar vom modernen Standpunkt

WISSENSCHAFTLICHE TASCHENBÜCHER

FSC
www.fsc.org
MIX
Papier | Fördert
gute Waldnutzung
FSC® C083411

Zeitfracht Medien GmbH
Ferdinand-Jühlke-Straße 7
99095 Erfurt, Deutschland
produktsicherheit@kolibri360.de